아이랑 국내 여행

서울·경기·인천

아이랑 국내 여행
서울·경기·인천

지은이 김문환

초판 1쇄 발행일 2025년 1월 20일

기획 및 발행 유명종
편집 이지혜
디자인 이다혜, 이민
조판 신우인쇄
용지 에스에이치페이퍼
인쇄 신우인쇄

발행처 디스커버리미디어
출판등록 제 2021-000025(2004. 02. 11)
주소 서울시 마포구 연남로5길 32, 202호
전화 02-587-5558

ISBN 979-11-88829-47-7 13980

아이랑 국내 여행

서울·경기·인천

김문환 지음

디스커버리미디어

일러두기

<아이랑 국내 여행> 100% 활용법

<아이랑 국내 여행>(서울·경기·인천편)은 아이에게 초점을 맞춘 가이드북입니다.
아이와 함께하는 여행이 즐겁고, 특별하길 바라며 이 책의 특징과 짜임새,
그리고 가이드북을 100% 활용하는 방법을 알려드립니다.
<아이랑 국내 여행>이 친절한 여행 가이드이자 멋진 동행이 되길 기대합니다.

① 누리과정과 초등학생 맞춤 체험 여행 19가지

과학, 자연, 동물, 직업, 안전, 예술, 역사, 생태, 농어촌, 문화유산……. 서울과 수도권에는 여행하면서 놀고, 체험하면서 공부할 수 있는 다양한 공간과 시설이 있습니다. 체험만큼 오래 기억에 남는 여행은 없습니다. 이 책은 누리과정과 초등 교과와 연결되고, 아이가 행복하게 즐길 수 있는 19가지 맞춤 체험 여행을 엄선해서 담았습니다. 19가지 맞춤 체험 여행 정보 중에서 '내 아이에게 딱 맞는' 주제를 골라보세요.

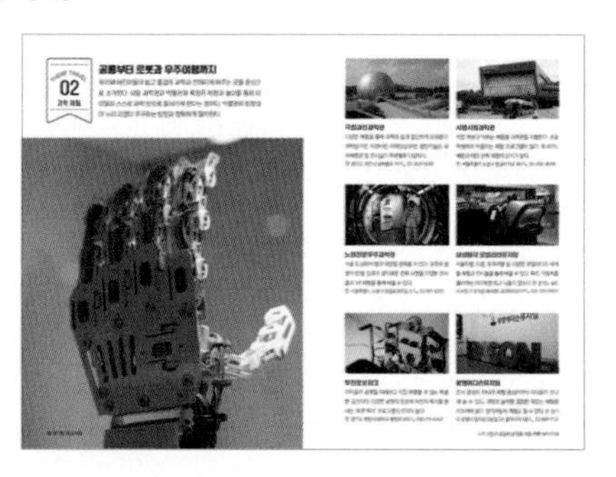

② 동선 고려해 서울과 경기도 권역별로 세분화

광역단체별 정보는 '맞춤 체험 여행 19가지'와 더불어 이 책의 중심 콘텐츠입니다. 광역단체별 정보는 아이와 갈만한 주요 명소와 체험 여행지, 맛집과 카페, 호캉스 호텔과 베이커리 정보를 담고 있습니다. 서울과 경기도의 정보는 위치와 여행 동선을 고려하여 권역별로 세분화하여 안내합니다. 서울은 강북과 강남으로, 경기도는 남부, 서부, 동부, 북부로 나누어 구성했습니다. 가까운 곳부터 편하게 여행하세요.

③ 여행지별 특징과 접근 정보 자세하고 구체적으로

<아이랑 국내 여행>은 여행지별 특징과 접근 정보를 자세하게 안내합니다. 먼저, 모든 여행지마다 '한줄평'란을 만들어 그곳의 특징과 매력, 장점을 한 줄로 요약해 줍니다. 주소와 전화번호, 운영시간과 입장료는 기본이고, 여행지별 추천 나이와 추천 계절도 세심하게 안내합니다. 주차 정보와 부대 시설, 편의시설 정보도 알차게 챙겼습니다. 마지막으로 함께 가면 좋은 주변 명소와 홈페이지까지 꼼꼼하게 담았습니다.

④ 상세 지도, 아이콘과 장소명 동시 표기해 직관성 강화

권역별 상세 지도도 주목해 주세요. 상세 지도엔 책에 나오는 모든 장소를 표기하였습니다. 이뿐만 아니라 지도의 가독성과 직관성을 높이기 위해 여행지와 맛집 등에 아이콘과 장소명을 동시에 표기하였습니다. 여행지엔 카메라 아이콘을, 맛집엔 포크와 나이프를, 카페와 베이커리엔 커피잔을, 그리고 호캉스 호텔엔 침대 아이콘을 넣었습니다. 직관성과 가독성을 높인 권역별 상세 지도 보며 편안하게 여행하세요.

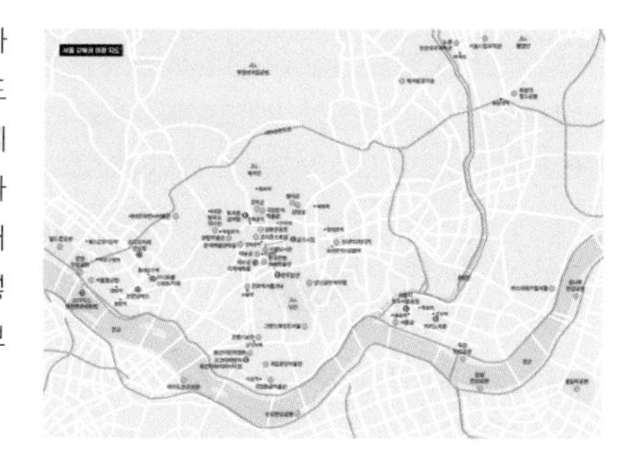

⑤ 권역별로 호캉스 호텔 추천

<아이랑 국내 여행>은 아이 친화적인 호텔을 엄선하여 권역별 여행지에 소개하고 있습니다. 아이를 위한 체험 프로그램, 편의시설과 부대 시설 등을 잘 갖춘 키즈 프렌들리 호텔이면서, 주요 여행지에서 접근성이 뛰어난 호텔만 가려 뽑았습니다. 한 걸음 더 나아가 권역별 호텔 중에서 최고 숙소를 다시 엄선하여 선정하여 '호캉스 체험'을 추천합니다. '호캉스 체험' 호텔은 PART 1의 '맞춤 체험 여행'을 참고해 주세요.

작가의 말

여행하고 체험하며 아이와 추억 만들기

서울·인천·경기도는 생각보다 넓다. 서울과 인천도 그렇지만, 특히 경기도는 31개 도시를 품은 큰 땅이다. 이 세 개 시도를 흔히 수도권이라 부른다. 대한민국의 중심, 대한민국의 심장이라 부를만하다. 수도권엔 아이와 여행할 곳이 차고 넘친다. 서울을 중심으로 여행 트렌드도 전국에서 가장 빨리 바뀐다. 유행에 따라 갑작스럽게 생겨났다가 어느새 사라지는 곳도 많다. 가이드북을 준비하면서 내린 이 책의 방향성은 '세월이 흘러도 여전히 아이와 갈 만한 곳'이었다. 여행지 선정 단계부터 이 기준을 적용했다. 취재와 집필 과정에서도 이 기준을 거듭 확인했다.

두 번째 기준은 양보다 질이었다. 잡다한 곳까지 다 넣어서 양을 늘리기보다 아이와 가기 정말 좋은 곳만 골라 제대로 소개하고자 했다. 이 기준에 맞추어 취재 집중도를 높였다. 사진도 장소마다 다양한 모습을 보여주려고 시간과 정성을 들여 다채롭게 촬영했다. 집필 과정에서도 일목요연하고 담백하지만, 독자가 필요로 하는 정보를 하나라도 더 담으려고 애썼다.

세 번째 기준은 아이 중심 여행지, 그중에서도 체험 여행지를 많이 담는 것이었다. 체험만큼 유익하고, 더불어 아이가 오래 기억하는 건 없다는 생각에서 그렇게 했다. 누리 과정에서도 놀이와 체험을 중심으로, 아이의 자율성과 창의성 신장을 추구한다. 이는 초등 교육 과정도 마찬가지다. 과학, 동물, 직업, 안전, 예술, 생태, 농어촌, 문화유산……. 누리 과정, 초등 교과와 연결되고, 더 나아가 아이가 행복하게 즐길 수 있는 체험 여행지를 엄선해서 담았다.

한 가지 덧붙이면, 이 책은 사랑스러운 딸 '리하'가 돌부터 여섯 살까지 아빠 엄마와 함께 여행하면서 경험한 장소와 성장한 시간이 담겨있다. 그리고 앞으로 리하가 커가며 같이 여행하고 싶은 지역까지 담았다. 수도권을 여행하는 모든 아이의 아빠라는 심정으로 서울·인천·경기도 전역을 구석구석 누볐다.

정보의 홍수에서 아이에게 유익한 명소를 가려내는 건 저자의 몫이고, 기억에 남는 추억을 만드는 건 부모의 몫이 아닐까 싶다. 이 책이 아이와 여행을 떠나는 모든 가족의 여행 길잡이가 되길 기대한다. 자, 아이와 추억을 만드는 특별한 여행, 지금 떠나보자.
이 책이 세상에 나오기까지 힘써주신 유명종 편집장님과 디스커버리미디어 식구들, 그리고 사랑하는 가족을 비롯해 응원해 준 지인분들께 무한한 감사를 전한다.

2025년을 시작하며, 김문환

Contents
목차

PART 1 누리 과정과 초등학생 맞춤 체험 여행 19가지

PART 2 서울 강북권

PART 3 서울 강남권

PART 4 경기도 남부권

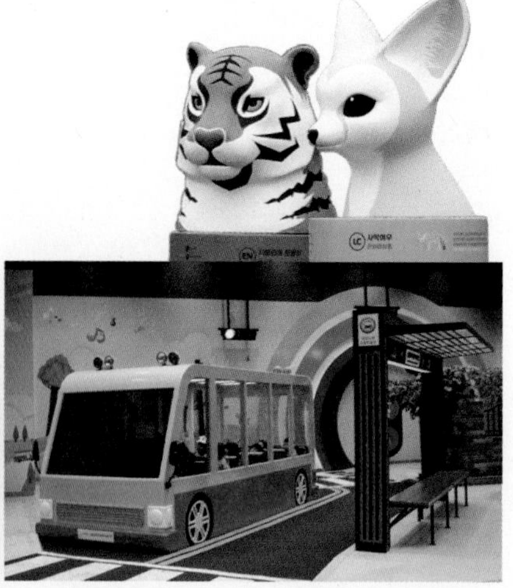

PART 5 경기도 서부권

PART 6 경기도 동부권

PART 7 경기도 북부권

피카소어린이미술관
Picasso
BLUE
SPACE

PART 1

누리 과정과 초등학생 맞춤 체험 여행 19가지

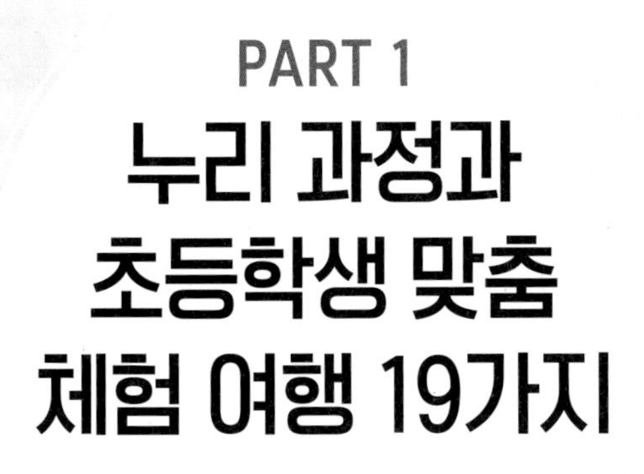

과학, 자연, 동물, 직업, 안전, 예술, 역사, 생태, 농어촌, 문화유산…… 서울과 수도권에는 여행하면서 놀고, 체험하면서 공부할 수 있는 다양한 공간과 시설이 있다. 이 중에서 누리 과정과 초등 교과와 연결되고, 아이가 행복하게 즐길 수 있는 19가지 맞춤 체험 여행을 엄선해서 소개한다.

*누리 과정이란?

3~5세 유아의 전인적 발달과 행복 추구를 위한 국가 교육과정이다. 놀이와 체험을 중심으로, 유아의 자율성과 창의성 신장을 추구한다. 구체적으로는 신체 운동, 의사소통, 사회관계, 예술 경험, 자연 탐구를 통해 건강한 사람, 자주적인 사람, 창의적인 사람, 감성이 풍부한 사람, 더불어 사는 사람을 길러내는 것이다.

아이 손잡고 룰루랄라 소풍 가자

서울과 수도권엔 아이와 가기 좋은 공원이 많다. 월드컵공원, 한강공원, 서울숲, 북서울꿈의숲, 동탄호수공원, 인천대공원. 어디 하나 빠뜨릴 수 없을 만큼 나들이 장소로 좋은 곳들이다. 누리 과정에서 강조하는 신체 운동과 자연 탐구에 제격인 공원을 차례대로 소개한다.

월드컵공원

아이와 가기 좋은 곳은 평화공원의 모험 놀이터이다. 모래 놀이터와 미끄럼틀, 정글짐, 그네, 집라인이 있다. 난지천공원의 유아숲체험원도 소풍 장소로 좋다.

서울특별시 마포구 하늘공원로 95

02-300-5500

한강공원

한강엔 모두 열한 개 강변공원이 있다. 아이와 가기 좋은 곳은 여의도한강공원과 뚝섬한강공원, 광나루한강공원이다. 이 세 곳엔 여름철에 수영장이 문을 연다.

광나루한강공원 서울 강동구 암사동 659-1

뚝섬한강공원 서울 광진구 강변북로 139

여의도한강공원 서울 영등포구 여의동로 330

서울숲

넓은 잔디광장에서 피크닉을 즐기기 좋다. 페달 카트는 아이들이 무척 좋아하는 체험 거리다. 숲속 놀이터, 사슴 생태 우리도 아이가 좋아하는 곳이다.

서울특별시 성동구 뚝섬로 273 02-460-2905

북서울꿈의숲

아이들이 즐길 거리가 풍성하다. 야외 놀이터, 점핑 분수, 여름철 개장하는 물놀이장, 국내 유일의 자연 속 어린이미술관인 상상톡톡 미술관 등이 있다.

서울특별시 강북구 월계로 173 02-2289-4000

동탄호수공원

호수공원 가운데 루나 분수에서 펼쳐지는 분수 쇼가 대표 볼거리이다. 물놀이장, 바닥분수, 숲속마당, 넓은 잔디밭이 있어서 아이와 피크닉을 즐기기 좋다.

경기도 화성시 동탄순환대로 69

인천대공원

어린이동물원, 캠핑장, 인천수목원 등을 갖추고 있다. 인천수목원에서는 수목원 숲 해설, 유아 숲 체험 등의 프로그램을 운영한다. 프로그램은 홈페이지 예약 필수이다.

인천광역시 남동구 장수동 산79 032-466-7282

THEME TRAVEL

02

과학 체험

공룡부터 로봇과 우주여행까지

유아와 어린이들이 쉽고 즐겁게 과학과 친해지게 해주는 곳을 중심으로 소개한다. 이들 과학관과 박물관의 특징은 체험과 놀이를 통해 아이들이 스스로 과학 안으로 들어가게 한다는 점이다. 박물관의 방향성이 누리 과정이 추구하는 방향과 정확하게 일치한다.

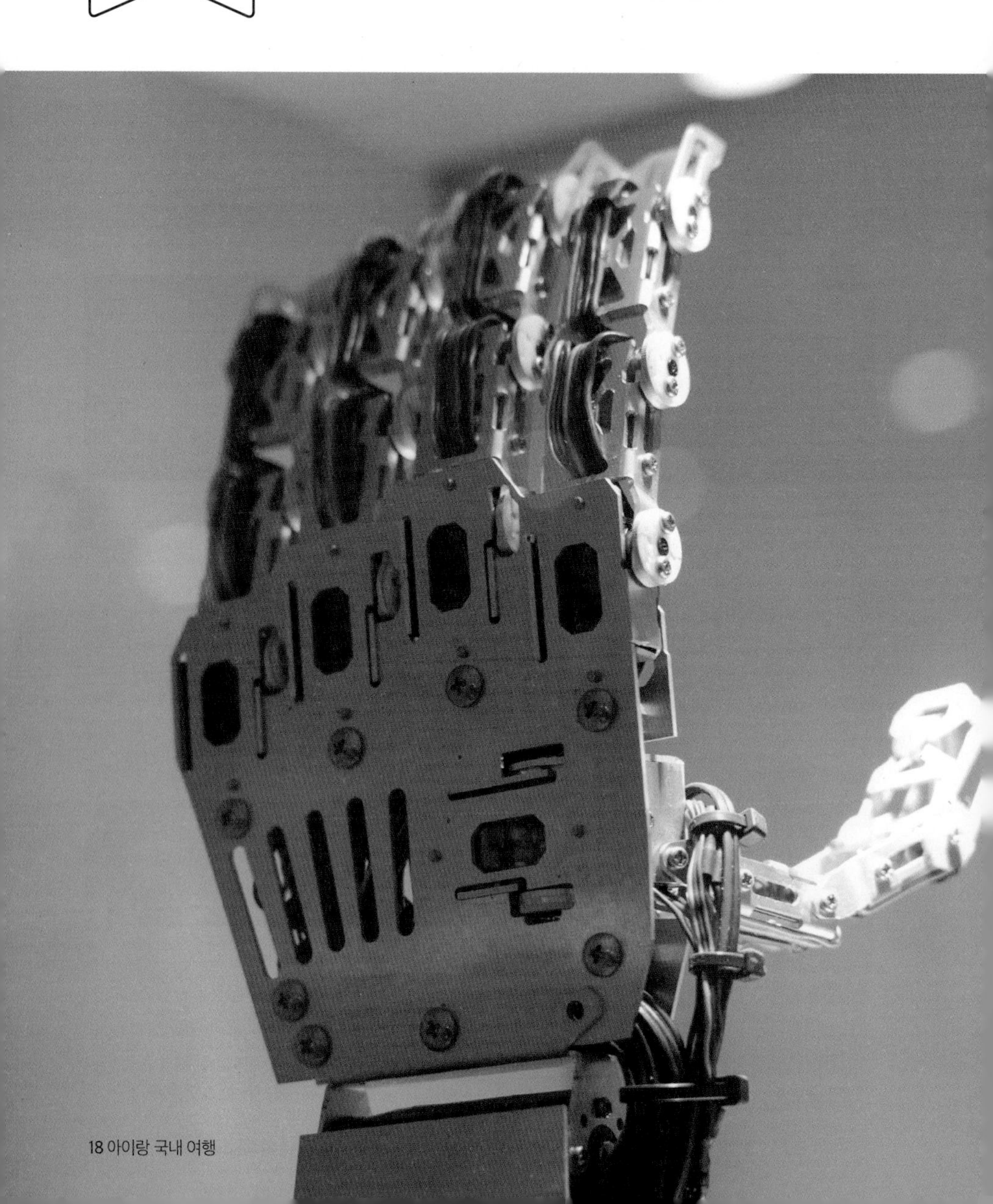

국립과천과학관

다양한 체험을 통해 과학에 쉽게 접근하게 도와준다. 과학탐구관, 자연사관, 미래상상SF관, 첨단기술관, 유아체험관 등 전시실이 주제별로 다양하다.

경기도 과천시 상하벌로 110 02-3677-1500

서울시립과학관

직접 해보고 익히는 체험형 과학관을 지향한다. 초등학생에게 어울리는 체험 프로그램이 많다. 토네이도 체험과 태양 관측 체험의 인기가 높다.

서울특별시 노원구 한글비석로 160 02-970-4500

노원천문우주과학관

서울 도심에서 별과 태양을 관측할 수 있다. 우주와 생명의 탄생. 인류의 경이로운 진화 과정을 다양한 전시물과 VR 체험을 통해 배울 수 있다.

서울특별시 노원구 동일로205길 13 02-971-6232

삼성화재 모빌리티뮤지엄

자율주행, 드론, 우주여행 등 다양한 모빌리티의 세계를 체험과 전시물을 통해 배울 수 있다. 특히, 자동차를 좋아하는 아이에겐 최고 나들이 장소다. 경기도 용인시 처인구 포곡읍 에버랜드로376번길 171 031-320-9900

부천로보파크

아이들이 로봇을 이해하고 직접 체험할 수 있는 특별한 공간이다. 다양한 로봇이 등장해 자신의 특기를 뽐내는 '로봇 투어' 프로그램의 인기가 높다.

경기도 부천시 원미구 평천로 655 032-716-6442

광명에디슨뮤지엄

전시 중심이 아니라 체험 중심이어서 아이들이 신나게 놀 수 있다. 과학과 놀이를 결합한 재밌는 체험형 키즈카페 같다. 전기자동차 체험도 할 수 있다. 경기도 광명시 일직로12번길 24, 클래시아 3층 02-897-1123

THEME TRAVEL

03

사계절 꽃 체험

형형색색, 꽃 여행을 떠나자

룰루랄라, 아이 손잡고 발걸음도 가볍게 꽃 나들이 떠나자. 예쁜 돗자리와 잎을 즐겁게 해줄 간식도 챙겨가자. 철쭉, 튤립, 장미, 연꽃……. 봄 여름 가을, 아이의 미소처럼 화사하게 피어나는 수도권 꽃 명소와 꽃 체험 프로그램을 소개한다.

서울식물원

식물원과 공원을 결합한 보타닉가든이다. 오목 접시처럼 생긴 온실이 서울식물원의 핵심이다. 어린이 정원학교의 인기가 높다. 8~11세 아이가 보호자와 함께 미니 화분을 만들고 직접 식물을 심어 집으로 가져가는 프로그램이다. 로봇과 함께하는 온실 투어는 아이들이 더 좋아한다.

서울특별시 강서구 마곡동로 161

02-2104-9716

에버랜드

에버랜드의 어트랙션, 동물원 주토피아, 정원 플랜 토피아 등 세 구역으로 구성돼 있다. 이 중에서 정원 플랜 토피아는 아름다운 정원과 계절을 바꾸며 피어나는 형형색색 꽃 덕에 에버랜드에서 가장 화려한 곳이다. 튤립, 장미 등 아름다운 테마정원은 그대로 포토 존이 된다.

경기도 용인시 처인구 포곡읍 에버랜드로 199

031-320-5000

철쭉동산

지하철 4호선 수리산역 근처에 있다. 도심에서 보기 힘든 철쭉 단지로, 매년 4월 말~5월 초에 군포철쭉축제가 열린다. 계단이 많아 아쉽게도 유모차를 이용하기는 어렵다. 철쭉동산만 구경하고 돌아가기에 아쉽다면, 근처에 있는 그림책 꿈마루 또는 초막골생태공원까지 일정에 넣어보자.

경기도 군포시 산본동 1152-14

세미원

드넓은 연꽃 군락과 수생식물이 어우러진 공원이다. 어느 곳이 최고라고 추천할 수 없을 만큼 모든 공간이 아름답다. 연꽃문화제가 열리는 6월 28일부터 8월 15일 사이에 가면 곱고 고고한 연꽃을 마음껏 감상할 수 있다. 두물머리와 함께 둘러보기 좋다. 배다리를 건너면 이윽고 두물머리다.

경기도 양평군 양서면 양수로 93

031-775-1835

THEME TRAVEL

04

농어촌 체험

목장도 가고, 조개도 잡고

경기도는 수도권이지만, 아직 농촌과 어촌 풍경이 잘 남아 있다. 농촌과 어촌을 체험할 수 있는 명소도 많다. 원두막에서 놀 수 있는 용인농촌테마파크, 목장 체험하기 좋은 농협안성팜랜드, 갯벌과 조개 캐기 체험을 할 수 있는 어촌과 어촌박물관을 차례로 소개한다.

용인농촌테마파크

아이들이 농촌을 체험하기 안성맞춤인 곳이다. 원두막에서 놀 수 있고, 윷놀이와 딱지치기 같은 전통 놀이도 즐길 수 있다. 원두막은 선착순으로 이용할 수 있다. 다육 식물 아트 체험 활동도 할 수 있다. 텃밭 식물 오감 체험과 숲 해설 프로그램은 아이들에게 특별한 경험이 될 것이다.

경기도 용인시 처인구 원삼면 농촌파크로 80-1
031-324-4081

농협안성팜랜드

체험형 축산 테마파크이다. 안성에서 아이와 가볼 만한 곳 중 1순위로 꼽히는 곳이다. 목가적인 목장 풍경이 매력적이다. 체험 목장이지만, 단순히 구경하는 게 아니라 동물을 직접 보고 만지고 먹이를 주며 교감하는 테마파크를 지향하고 있다. 승마 체험, 깡통 열차 타기 체험도 할 수 있다.

경기도 안성시 공도읍 대신두길 28
031-8053-7979

종현농어촌체험휴양마을

트랙터를 타고 갯벌로 나가 조개 캐기와 썰매 타기를 할 수 있는 마을이다. 방문 하루 전에 전화로 체험 가능 여부와 체험 시간을 문의해야 한다. 갯벌 체험 비용엔 호미와 바구니 대여비가 포함되어 있다. 장화는 유료로 대여가 가능하므로 따로 준비하지 않아도 된다. 여벌 옷을 준비하자.

경기도 안산시 단원구 구봉길 240
032-886-6044

안산어촌민속박물관

바닷가 사람들은 어떻게 살았을까?
대부도 남쪽 끝 탄도항에 있다. 안산 어민들의 삶과 문화를 엿볼 수 있다. 5월부터 8월까지는 갯벌 체험, 9월부터 10월까지는 망둥이 낚시 체험을 할 수 있다. 입구에 준비해 놓은 안내 책자 '얘들아, 갯벌에 가자'를 꼭 챙겨 관람하자. 색칠 놀이를 하기 좋고, 갯벌 관련 스티커도 있다.

경기도 안산시 단원구 대부황금로 7 031-440-8310

얘들아, 책하고 놀자

도서관이 변하고 있다. 세계 명작 동화를 다양한 감각으로 체험하고, 내 집 거실처럼 편하게 안거나 누워서 책을 읽는다. 도서관 로비에서 색칠 놀이하고, 마술 쇼와 음악회도 열린다. 놀이와 체험 공간으로 변모한 도서관 네 곳을 소개한다.

송파책박물관

책장을 닮은 2층 사각 건물이 인상적이다. 초등학생 이하 아이라면 홈페이지 예약 후 이용할 수 있는 북키움을 방문해 보자. 북키움은 세계 명작 동화를 즐거운 상상과 다양한 감각으로 체험하고 느낄 수 있는 책 체험 전시실이다. 또 키즈 스튜디오에서는 체험형 교육 프로그램을 진행한다.

서울특별시 송파구 송파대로37길 77
0507-1362-2486

현대어린이책미술관

우리나라에서 최초로 '책'을 주제로 문을 연 어린이미술관이다. 판교역 현대백화점 5~6층에 있다. 아이들의 상상력을 자극하는 기획 전시를 꾸준히 열고 있으며, 아이들을 대상으로 북아트 창작 프로그램 같은 전시 연계 프로그램을 진행한다. 전문 에듀케이터들의 장단기 교육 프로그램도 운영한다.

경기도 성남시 분당구 판교역로146번길 20
031-5170-3700

스타필드 수원

초등학생 이하의 아이와 함께 간다면 3층에 있는 별마당 키즈를 방문해 보자. 이곳은 아이들의 꿈을 키워 주는 키즈 전문 도서관이다. 색채심리를 반영하여 공간을 디자인했다. 주기적으로 인형극 공연이 열리고, 엄마가 아이와 함께 미로를 경험하며 소통하는 맘커뮤니티존도 있다.

경기도 수원시 장안구 수성로 175
1833-9001

그림책꿈마루

그림책과 친해질 수 있는 문화공간이다. 그림책에 관한 전시가 꾸준히 열리고, 로비 등 여러 곳에서 색칠 놀이를 할 수 있다. 마술쇼, 음악회 등 아이들이 좋아하는 공연도 열린다. 옥상엔 아이와 놀기 좋은 쉼터가 있다. 쉼터 중에서 케빈 형태의 단독공간은 신발을 벗고 편히 쉴 수 있어서 좋다.

경기도 군포시 청백리길 16
031-391-4545

동물들아, 나랑 친구 하자

양, 토끼, 판다, 원숭이, 미어캣, 알파카, 사자, 호랑이……. 호기심 가득한 아이들이 동물들과 친구처럼 교감할 수 있는 대표적인 곳을 한곳에 모았다. 보고, 만지고, 먹이 주기 체험도 하며 잊지 못할 추억을 만들어 보자.

서울대공원

여러 관람로 중 '호랑이길' 인기가 제일 많다. 얼룩말, 오랑우탄, 사자, 호랑이, 곰을 구경할 수 있다. 토끼, 양, 미어캣이 있는 어린이동물원도 들르자.
경기도 과천시 대공원광장로 102 02-500-7335

에버랜드

에버랜드 동물원의 이름은 주토피아이다. 사파리월드, 로스트 밸리, 판다 월드 모두 인기가 높다. 아이들이 가장 좋아하는 동물은 단연 판다이다. 경기도 용인시 처인구 포곡읍 에버랜드로 199 031-320-5000

주렁주렁동물원 동탄점

동물들과 거리감 없이 놀 수 있는 실내 동물원이다. 일부 동물은 눈앞에서 먹이를 줄 수 있다. 먹이 주기와 더불어 실내 카약 타기 체험도 할 수 있다. 경기도 화성시 동탄대로 5길 21 라크몽 A동 3~4층 1644-2153

양평양떼목장

양평군 용문에 있다. 울타리 안으로 들어가 어린 양에게 건초를 주며 교감할 수 있다. 돼지, 토끼, 타조, 거위 등 다른 동물도 만날 수 있어서 좋다.
경기도 양평군 용문면 은고갯길 112 031-774-4512

쥬쥬랜드

실내외 동물원, 고양로봇박물관, 로봇드론공연관을 갖춘 복합문화공간이다. 거위, 오리, 알파카, 양, 당나귀에게 먹이 주기 체험을 할 수 있다. 경기도 고양시 덕양구 원당로458번길 7-42 031-962-4500

아침고요가족동물원

호랑이, 사자, 곰, 사슴, 양 등 약 100종의 동물 친구를 가까이서 만날 수 있다. 다른 동물원보다 동물에게 더 가까이 다가가 먹이를 줄 수 있다. 경기도 가평군 상면 임초밤안골로 301 031-8078-7115

THEME TRAVEL
07
만들기 체험

찍고, 그리고, 만드는 즐거움

색칠 놀이, 머그잔 만들기, 나만의 초콜릿 만들기, 무대 만들기, 뮤직비디오 촬영하기……. 이번엔, 직접 그림을 그리고, 조명을 만들고, 촬영하는 체험 여행을 떠나보자. 상상력이 높아지고, 기획력도 쑥쑥 자랄 것이다.

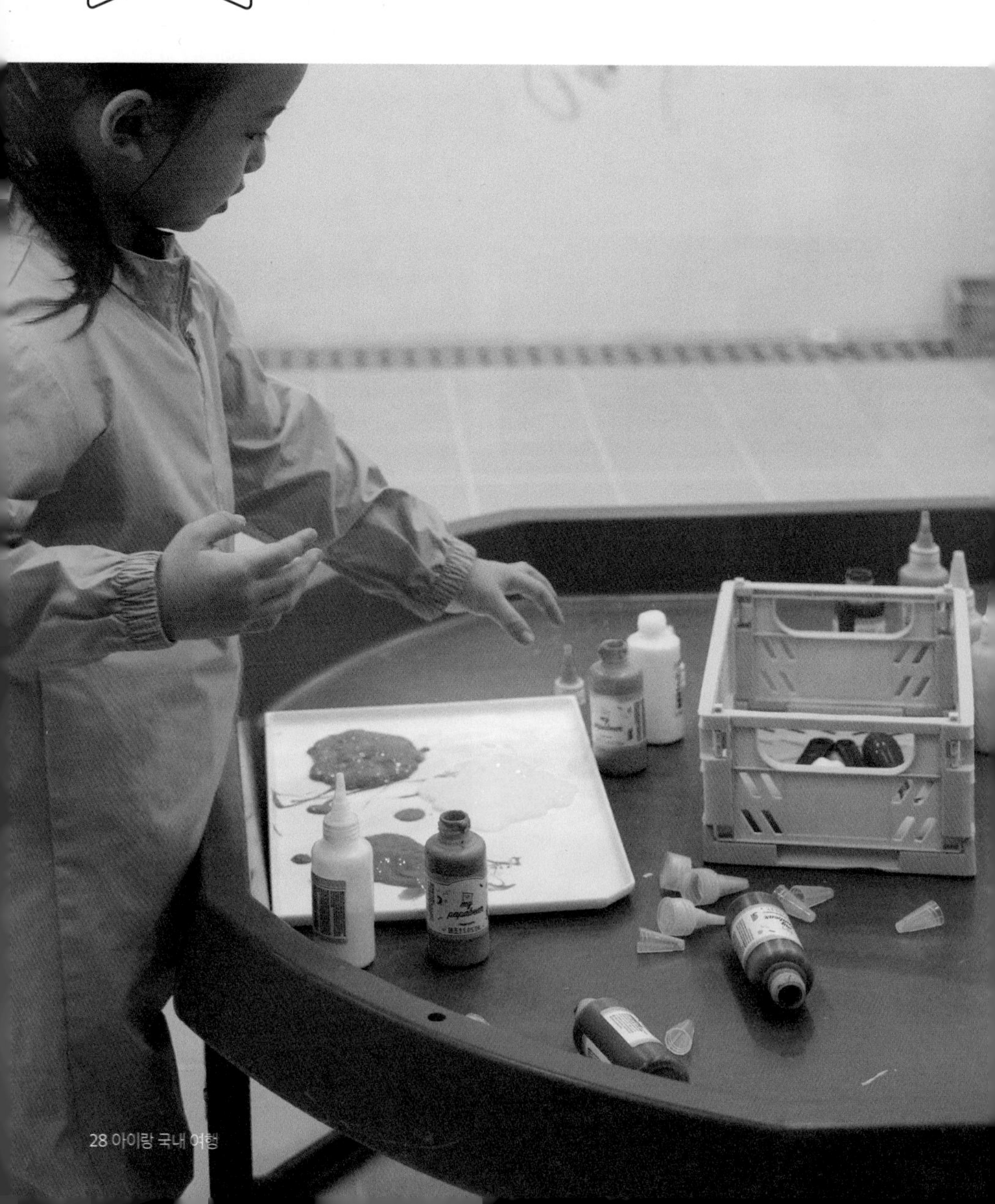

하이커그라운드

청계천 옆 한국관광공사 서울센터에 있는 K-POP 놀이터이다. 직접 조명과 무대를 연출하며 뮤직비디오처럼 화려한 영상을 촬영할 수 있다. 이뿐 아니라 가상의 K-POP 기획사 대표, 직원, 연습생들과 잊지 못할 하루를 보낼 수 있다. 청계천이 보이는 포토 존 하이커라운지에도 올라가 보자.

서울특별시 중구 청계천로 40 한국관광공사
02-729-9497~9

래미안갤러리

삼성물산 아파트 브랜드 '래미안'의 홍보관으로, 송파구 가든 파이브 옆에 있다. 색칠 놀이, LED 조명 만들기 등 아이들을 위한 다양한 체험 교실이 열린다. 초등학교 5~6학년 아이가 있다면 계절마다 열리는 건축 스쿨에 참여해 보자. 2시간 동안 집 만들기 체험에 참여할 수 있다.

서울특별시 송파구 충민로 17
1588-3588

이천도자예술마을 예스파크

도자 체험하기 안성맞춤인 곳이다. 체험 공방이 다양해서 물레 체험부터 머그잔 만들기, 도자기에 그림그리기 등 나이에 맞는 체험을 선택할 수 있다. 아이들은 머그잔 만들기나 초벌 도자기에 그림그리기 체험이 적당하다. 오카리나 색칠하기, 나무 장난감 만들기 같은 프로그램도 있다.

경기도 이천시 신둔면 도자예술로 62번길 123
0507-1461-1996

한국초콜릿연구소 뮤지엄

가평에서 아이와 단 하나의 체험만 해야 한다면 가장 먼저 추천하고 싶은 곳이다. 경춘선 대성리역에서 가깝다. 아이와 부모가 같이 초콜릿과 프랑스의 전통 디저트 망디앙을 직접 만들어볼 수 있다. 만든 초콜릿과 망디앙은 깔끔하게 포장해서 가져갈 수 있어서 더 좋다.

경기도 가평군 청평면 경춘로 157
031-585-4691

THEME TRAVEL
08
문화유산 체험

K-문화의 뿌리를 찾아서

경복궁, 창덕궁, 국립중앙박물관, 수원화성, 남한산성……. 우리나라에서도 손에 꼽히는 문화유산이거나 문화유산을 품은 거대한 플랫폼이다. 창덕궁, 수원화성, 남한산성은 당당히 유네스코 세계문화유산에 등재되었다. 요즈음 세계적으로 주목받고 있는 K-문화의 원류를 찾아 여행을 떠나자.

서울 궁궐 산책

경복궁, 창덕궁, 덕수궁……. 화려하지만 사치스럽지 않고, 웅장하지만 은은하게 품격이 흐르는 고궁 덕에 서울의 표정은 풍부해지고, 도시의 스토리는 한결 깊어진다. 예쁜 한복을 입는다면 궁궐 나들이가 더 즐거울 것이다. 궁궐마다 열리는 왕궁 수문장 교대 의식도 잊지 말고 구경하자.

경복궁 서울시 종로구 사직로 161
창덕궁 서울시 종로구 율곡로 99
덕수궁 서울시 중구 세종대로 99

국립중앙박물관

우리나라의 최상급 문화유산을 품은 곳이다. 세계의 모든 박물관·미술관 중에서 연간 관람객 수 6위에 당당히 이름을 올렸다. 어린이박물관도 꼭 찾아가자. 관찰, 생각, 마음 나누기를 주제로 상설 전시가 열린다. 어린이박물관은 방문 14일 전에 홈페이지를 통해 사전 예약 후 이용할 수 있다.

서울특별시 용산구 서빙고로 137
02-2077-9000

©전성영

수원화성

조선 성곽 건축의 꽃으로 평가받는 곳이다. 축조 기술의 혁신성, 양식의 새로움, 보존의 완전성 등에서 높은 평가를 받아 1997년 세계문화유산에 등재되었다. 활쏘기와 연날리기 체험에 참여하고, 수문장 교대식과 무예24기 시범 공연을 관람할 수 있다. 관광열차인 화성어차도 꼭 타보자.

경기도 수원시 장안구 팔달로 280(화홍문 공영주차장)
031-290-3600

남한산성

2014년 우리나라에서 열한 번째로 유네스코 세계유산에 등재되었다. 병자호란 때 청나라에 져 삼전도의 굴욕을 당한 현장이기도 하다. 탐방로 5개 중에서 '장수의 길'이 아이와 걷기 좋다. 길이는 약 3.8km이다. 길이 험하지 않고 성벽을 따라 걷기엔 좋으나 유치원생에겐 조금 힘들 수 있다.

경기도 광주시 남한산성면 산성리 521
031-743-6610

THEME TRAVEL
09
특별 박물관 체험

아이들이 더 좋아하는 이색 박물관

박물관 하면, 우리는 흔히 루브르, 영국박물관, 국립중앙박물관처럼 역사 유물이나 미술 작품을 전시하는 곳을 먼저 떠올린다. 여기에서는 조금 이색적인, 하지만 아이와 가면 더 좋은 박물관을 모았다. 항공박물관, 경찰박물관, 한글박물관, 철도박물관을 차례로 소개한다.

국립항공박물관

김포공항 옆에 있는 국내 최초 항공 국립박물관이다. 비행기에 관심이 많은 아이에겐 천국 같은 곳이다. 16대의 실물 비행기를 통해 한국과 세계 항공 역사를 살펴볼 수 있다. 홈페이지에서 예약하면 공항 체험, 블랙이글 탑승 체험, 기내 훈련 체험, 조종 관제 체험 등을 경험할 수 있다.

📍 서울특별시 강서구 하늘길 177

📞 02-6940-3198

경찰박물관

독립문 근처 교남동 주민센터 뒤편에 있다. 경찰 근무복 체험 프로그램이 박물관에서 가장 인기가 많다. 경찰복을 입고 모형이긴 하지만 실제와 다름없어 보이는 경찰차와 오토바이를 타볼 수 있다. 교통안전, 몽타주 그리기, 과학수사, 보이스 피싱 등 흥미를 느낄 만한 체험도 많다.

📍 서울특별시 종로구 송월길 162

📞 0507-1327-3681

국립한글박물관

한글은 만든 시기, 만든 사람, 만든 이유, 만든 원리가 알려진 유일한 문자이다. 아이들은 신나게 놀면서 한글을 이해할 수 있는 한글놀이터를 좋아한다. 최신 영상기술로 한글의 우수성을 알려주는데, 아이들이 호기심을 어린 눈빛으로 집중한다. 한글 놀이터는 온라인 예약을 추천한다.

📍 서울특별시 용산구 서빙고로 139

📞 02-2124-6200

철도박물관

박물관에 들어서자마자 아이들의 눈빛이 초롱초롱해진다. 야외 전시장에선 실물 크기의 여러 기관차를 구경하며 스탬프 투어를 할 수 있다. 1층엔 역무원 복장으로 사진을 찍을 수 있는 포토 존이 있다. 직접 기관사가 되어서 기차를 조종하는 시뮬레이션 운전체험실 인기도 만만치 않다.

📍 경기도 의왕시 철도박물관로 142

📞 031-461-3610

THEME TRAVEL
10
해양과 생태 체험

놀면서 배우는 공존의 마음

바다, 하천, 습지는 우리와 함께 살고 있고, 아이 세대에도 함께 살아가야 하는 생물들의 터전이다. 그들이 없으면 인류도 존재하기 쉽지 않다. 해양과 생태 체험은 아이들에게 공존의 정신을 배우게 할 수 있기에 무척 중요하다. 놀면서 배우는 해양과 생태 체험 공간을 소개한다.

롯데월드아쿠아리움

롯데월드몰에서 아이들에게 인기가 제일 많은 곳이다. 수많은 바다 친구 중에서 가장 인기가 많은 해양 동물은 흰돌고래 벨루가이다. 어른들도 넋 놓고 구경한다. 해양구조대, 물고기 도시락 주기, 잉어 젖병 먹이 주기 같은 체험에 직접 참여할 수 있어서 아이들이 무척 좋아한다.

서울특별시 송파구 올림픽로 300 롯데월드몰 B1
1661-2000

아쿠아플라넷광교

경기 남부 최고의 아쿠아리움이다. 펭귄, 상어, 바다거북 등을 구경할 수 있다. 공연과 다채로운 체험 프로그램도 경험할 수 있다. 공연 중에선 인어공주 쇼의 인기가 많다. 메인 수조 먹이 주기, 투명 보트 탑승 체험도 아이들이 좋아한다. 키즈존도 있다. 레고 블록을 만지고 체험하며 물놀이에 흠뻑 빠질 수 있다.

경기도 수원시 영통구 광교호수공원로 300 포레나광교 지하 1층 1833-7001

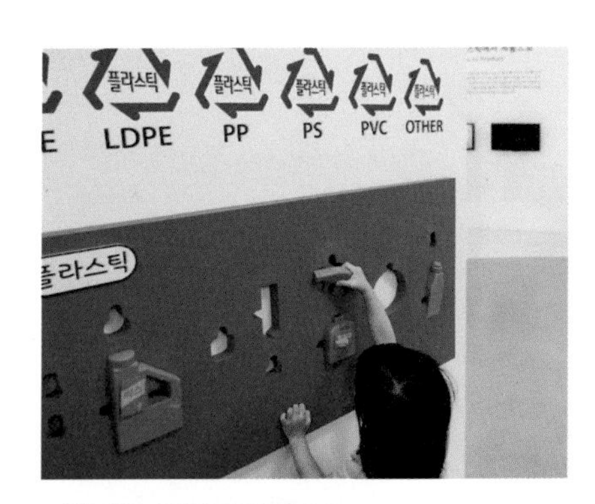

시흥에코센터 초록배곧

시흥시가 운영하는 생태와 환경 배움터이다. 분리수거 체험, 숲 탐방과 숲 놀이 등을 통해 생태와 환경을 배우게 된다. 인기가 많은 프로그램은 '어린이 체험놀이터'이다. 이글루와 수상 가옥 체험, 녹색 그림 그리기, 전기 자동차 체험을 하면서 자연스럽게 환경문제를 이해하게 된다.

경기도 시흥시 경기과기대로 284
031-431-5005

안양천생태이야기관

안양시 석수동 안양천 옆에 있다. 새, 식물, 곤충, 양서류, 파충류 등을 구경하며 안양천 생태계를 이해할 수 있다. VR 체험 '야호! 보트 탐험'의 인기가 높다. VR 기기를 착용하면 실제 보트를 탄 것처럼 생동감 있게 안양천을 탐험할 수 있다. 벚꽃이 아름다운 봄에 방문하길 추천한다.

경기도 안양시 만안구 석수로 320
031-8045-7000

THEME TRAVEL

11

수목원 나들이

아이들과 자연 속으로

아이들에게 자연을 보여주자. 들풀을, 계절을 바꾸어 피어나는 예쁜 꽃을, 졸졸 흐르는 개울을, 울울창창한 푸른 숲을 보여주자. 자연은 아이들에게 최고 놀이터이다. 다행히 수도권엔 아름다운 자연을 품은 수목원이 제법 많다. 아름다운 수목원 네 곳을 소개한다.

아침고요수목원

1993년부터 30년 넘게 가꿔온 수목원이다. 인도의 시성 타고르가 조선을 '고요한 아침의 나라'라고 예찬한 데서 영감을 얻어 수목원 이름을 지었다. 20개가 넘는 정원이 조화를 이루고 있다. 겨울엔 오색별빛정원전이 열린다. 수목원 안에 음식점, 카페, 베이커리, 매점, 허브 상점 등이 있다.

경기도 가평군 상면 수목원로 432
1544-6703

화담숲

수도권 단풍 명소이다. 도보 또는 모노레일로 숲을 구경할 수 있다. 영유아와 함께 간다면 숲을 한 바퀴 도는 순환 코스 모노레일을 추천한다. 6세~9세 어린이라면 '키즈 포레스트 레인저'에 참여하자. 산림치유지도사와 함께하는 생태 체험 프로그램이다. 음식점과 카페가 수목원 안에 있다.

경기도 광주시 도척면 도척윗로 278-1
031-8026-6666

벽초지수목원

파주시 광탄면에 있다. 27개 동서양 정원이 한 폭의 그림처럼 어우러져 있다. 4월 튤립 축제를 시작으로 계절마다 꽃 축제가 열린다. 아이들이 놀기 좋은 자작나무 놀이터와 와일드 어드벤처도 있다. 나무 놀이기구라 아이들이 자연과 호흡하며 뛰어놀기 좋다. 카페와 식당을 갖추고 있다.

경기도 파주시 광탄면 부흥로 242
031-957-2004

물향기수목원

오산시 금암동·수청동 일대에 있다. 미로원, 소나무원, 단풍나무원, 수국원, 습지생태원, 난대식물원, 대나무원 등 24개 정원이 있다. 다른 수목원보다 자연 그대로 보존되어있다는 느낌을 준다. 반려동물은 출입할 수 없다. 식당과 매점, 자판기, 휴지통도 없다. 수목원을 보호하기 위해서이다.

경기도 오산시 수청동 282
031-378-1261

THEME TRAVEL
12
안전 체험

미리 준비하는 내 아이의 안전과 건강

과학 체험도 좋고, 피크닉도 즐거운 일이지만, 내 아이의 안전만큼 더 절실한 일이 있을까? 보행·자전거·버스 같은 교통안전부터 태풍과 화재, 그리고 지진 같은 재해까지 체험할 수 있는 공간을 소개한다. 다행히 이들 시설은 대부분 누리 과정과 연계되어 있다.

분당어린이 안전체험관

교통과 재난 안전을 체험할 수 있다. 교통안전체험관에선 태풍 안전, 자전거 안전, 보행 안전, 버스 안전 등을 50분 동안 체험할 수 있다. 재난안전체험관에선 소방 안전, 비상 탈출, 지진 안전, 응급 처리 체험까지 전문 강사의 지도를 받으며 체험할 수 있다. 둘 다 홈페이지에서 예약해야 한다.

경기도 성남시 분당구 문정로 40
0507-1320-9501

삼성화재 모빌리티뮤지엄

모빌리티뮤지엄의 어린이교통나라 안에 교통안전 체험장이 있다. 어린이 교통안전과 자동차의 역사와 문화를 재미있게 배울 수 있다. 24개월 이상부터 초등학교 3학년까지 단체로 참여할 수 있다. 개인은 나만의 멋진 자동차를 만드는 체험에 참여할 수 있다. 홈페이지에서 예약해야 한다.

경기도 용인시 처인구 포곡읍 에버랜드로376번길 171
031-320-9924, 9900

초막골생태공원

아이와 방문하기 좋은 곳이다. 생태공원 안의 어린이 교통체험장에서 올바른 횡단보도 이용 방법을 비롯하여 여러 가지 교통안전 체험을 할 수 있다. 공원 이름에서 알 수 있듯이 누리 과정과 연계하여 유아 숲 체험, 생태 체험, 자연 관찰 프로그램도 운영한다. 대상은 유아와 초등학생이다.

경기도 군포시 초막골길 216
031-390-4041

한탄강어린이 교통랜드

연천 한탄강 유원지에 있는 교통 체험장이다. 교통질서와 안전 교육을 재밌는 체험을 통해 배울 수 있다. 다양한 교통 상황을 이해할 수 있도록 신호등과 횡단보도 시설은 물론 자전거와 자동차, 버스까지 준비해 놓고 있다. 영상 체험도 할 수 있다. 바로 옆 연천전곡리유적도 같이 둘러보면 좋겠다.

경기도 연천군 전곡읍 선사로 14-71
031-833-0514

THEME TRAVEL
13
역사 체험

구식기부터 푸른 섬 독도의 아픔까지

반도체, 자동차, K-팝, K-푸드, 여기에 한강의 노벨문학상 수상까지, '한류'가 세계인을 매료시키고 있다. 그 바탕에는 면면히 내려온 문화 유전자와 겨레를 위해 희생하고 헌신한 조상들이 있었기에 가능했다. 우리 아이들에게 아픔과 시련을 이기고 빛나는 '한류'를 만든 우리의 역사를 이야기해 주자.

서대문형무소역사관

독립운동과 민주화 운동의 성지. 서울 역사 여행의 필수 코스이다. 일제강점기에는 항일 독립운동가들이, 해방 후부터 1980년대까지는 군사 독재에 저항했던 민주화 운동가들이 갖은 고초를 겪었다. 그들의 애국과 희생이 없었다면 지금의 우리도 없다는 사실을 잊지 말자. 홈페이지에서 예약하면 무료 도슨트 투어를 할 수 있다.

서울특별시 서대문구 통일로 251

02-360-8590

동북아역사재단 독도체험관

"울릉도 동남쪽 뱃길 따라 200리, 외로운 섬 하나 새들의 고향……." 영등포구 타임스퀘어에 있는 독도체험관은 독도까지 가지 않고 독도를 만날 수 있는 곳이다. 메타버스 독도체험관 인기가 높다. 게임, 퍼즐 맞추기, 독도 생물 찾기, 독도 바다 동물을 색칠하는 미술놀이도 할 수 있다.

서울특별시 영등포구 영중로 15 타임스퀘어 지하 2층

02-2068-6101

한성백제박물관

백제의 역사는 기원전 18년 지금의 송파구와 하남시에서 시작되었다. 다양한 체험 거리를 준비해 백제와 친근해지게 도와준다. 대표적인 체험 거리로는 수막새 퍼즐 맞추기, 깨진 토기 완성하기, 고인돌 옮기기 게임, VR 체험 등이 있다. 대기 시간 없이 체험을 즐길 수 있어서 더 좋다.

서울특별시 송파구 위례성대로 71

02-2152-5800

연천전곡리유적

30만 년 전 한반도에 살았던 사람들이 사용한 구석기 유물 3천여 점이 이곳에서 나왔다. 대표적인 유물은 주먹도끼이다. 이는 동아시아에서 처음 발견된 것으로, 세계적으로 큰 주목을 받았다. 연천전곡리유적지의 선사체험마을에서 주먹도끼 발굴 체험, 선사시대 사냥 체험 등을 할 수 있다.

경기도 연천군 전곡읍 양연로 1510

031-833-0514

THEME TRAVEL

14

예술 체험

감성 폴폴, 상상력 쑥쑥

예술 경험은 누리 과정의 중요한 교육 목표 중 하나이다. 예술 경험을 통해 우리 아이들을 창의적인 사람, 감성이 풍부한 사람으로 성장시킬 수 있다고 믿는 까닭이다. 서울과 수도권에서 우리 아이들이 예술 경험하기 좋은 곳을 엄선했다.

DDP디키디키

동대문디자인플라자 DDP 4층에 있는 감각 놀이터이다. 디자인 예술을 주제로 신나고 재미있게 놀고 오감을 체험하며 자연스럽게 아이의 감각과 감성을 키워준다. 역할극 놀이, 컬러 블록 놀이, 색과 질감, 패턴 경험, 블록 집짓기, 교통 놀이대 활동 등을 하며 창의력과 상상력, 사회성을 키울 수 있다.

◎ 서울특별시 중구 을지로 281 DDP 뮤지엄(배움터) 4층

☏ 0507-1317-2523

국립현대미술관 어린이미술관

간단한 미술 활동과 작품 관람을 통해서 창의적으로 나를 표현하고, 현대미술의 개방성과 다양성을 이해하여 보다 넓은 시야에서 세상을 바라볼 수 있도록 도와준다. 여름과 겨울 방학 기간에 작가와 함께 작품을 감상하고, 상상한 동물과 식물을 드로잉으로 표현하는 워크숍 프로그램을 진행한다.

◎ 경기도 과천시 광명로 313

☏ 02-2188-6000

매직플로우

토끼원더래빗를 주제로 한 미디어아트 전시관으로, 스타필드 고양 3층에 있다. 사람의 움직임에 따라 반응하는 미디어아트 모션이 아이의 눈길을 사로잡는다. 아이가 반응형 디스플레이에 직접 참여해 빛, 소리, 촉감을 경험할 수 있다. 전시장 밖엔 닥터 피시와 상어를 구경할 수 있는 아쿠아 카페가 있다.

◎ 경기도 고양시 덕양구 고양대로 1955, 3층

☏ 031-5173-3457

가나아트파크

아이를 위한 볼거리와 체험 거리가 가득하다. 작품을 감상하고, 그림 그리기 같은 체험 활동도 할 수 있다. 피카소어린이미술관에선 파블로 피카소의 작품을 감상할 수 있다. 드림스페이스에는 아이들이 몸으로 체험하며 놀 수 있는 예술 작품 '에어포켓Air Pocket'과 그물 놀이터 '비밥B-Bob'이 있다.

◎ 경기도 양주시 장흥면 권율로 117

☏ 031-877-0500

THEME TRAVEL
15
이국 체험

한국에서 떠나는 해외여행

쁘띠 프랑스, 스위스테마파크, 차이나타운……. 멀리 해외까지 나가지 않고도 해외여행을 할 수 있다. 단순히 겉모습만 외국 같은 게 아니라 소설, 동화, 전시, 음식 등 콘텐츠가 많아서 외국 문화를 알차게 체험할 수 있다.

쁘띠프랑스

가평군 청평면의 북한강이 내려다보이는 언덕에 있는 프랑스 문화 마을이다. 쁘띠프랑스는 '작은 프랑스'라는 뜻이다. 소설 <어린 왕자> 조형물과 이색적인 건물 이국적인 분위기를 뿜어낸다. 프랑스와 유럽 문화 전시관, 어린 왕자 이야기 전시실, 인형극과 오르골 공연은 잊지 말고 체험하자.

경기도 가평군 청평면 호반로 1063

031-584-8200

이탈리아마을

쁘띠프랑스 바로 옆에 있다. 이탈리아마을은 '피노키오와 다빈치'라는 부제를 달고 있다. 이탈리아의 대표 아동문학 <피노키오>와 르네상스 시대의 이탈리아 천재 화가인 레오나르도 다빈치를 주제로 하기 때문이다. 실제로 다빈치박물관이 있고, 피노키오의 모험과 마리오네트 퍼포먼스가 매일 열린다.

경기도 가평군 청평면 호반로 1063

031-584-8200

에델바이스 스위스테마파크

스위스 작은 마을의 축제를 주제로 꾸민 마을이다. 스위스를 주제로 하는 전시, 스위스 전통음식, 음악 공연, 스위스 문화 등을 체험할 수 있다. 양목장에선 먹이 주기 체험도 할 수 있다. 치즈퐁뒤 먹기, 치즈 만들기, 전통 의상 체험 등 다양한 문화 체험을 할 수 있다. 트램펄린과 플라워 슬라이드도 있다.

경기도 가평군 설악면 다락재로 226-57

031-5175-9885

루덴시아테마파크

여주시 산북면의 대림봉 기슭에 있는 갤러리형 테마파크이다. 유럽에서 직수입한 벽돌도 지어 유럽의 작은 마을을 거니는 듯한 기분이 든다. 여러 갤러리 중에서 아트 & 토이 갤러리와 장난감 자동차 갤러리, 기차 갤러리가 아이들에게 인기가 높다. 종을 직접 울리는 체험이 가능한 소원의 종도 많이 찾는다.

경기도 여주시 산북면 금품1로 177

0507-1359-1025

THEME TRAVEL
16
전통 체험

옛날 사람들은 어떻게 살았을까?

우리 조상들의 삶은 지금 우리와 많이 달랐다. 의식주가 달랐고, 경제·직업·교육·문화도 차이가 있었다. 산업화와 정보화시대 이전, 그러니까 농경시대 우리 조상들의 삶을 엿볼 수 있는 대표적인 박물관과 한옥 마을을 소개한다.

국립민속박물관

우리의 과거 문화와 삶을 이해할 수 있는 생활 문화 박물관이다. 조선 시대부터 20세기까지 우리의 문화와 생활을 되돌아볼 수 있다. 예로부터 이어온 '물건'. 사계절의 변화에 따른 놀이와 풍습, 행사 그리고 사람이 태어나 죽을 때까지 겪게 되는 주요 과정을 통해 옛날 사람들의 삶을 구체적으로 들여다볼 수 있다.

서울시 종로구 삼청로 37

02-3704-3114

남산골한옥마을

한옥 다섯 채가 중심 공간이다. 한옥에 가구 등을 배치해 놓아 선조들이 실제 어떻게 살았는지 살펴볼 수 있다. 한옥마을 야외에서는 팽이치기, 투호 던지기나 비석 치기 같은 전통 놀이를 무료로 체험할 수 있다. 매듭 공예, 한지공예, 한복 입기, 활 만들기 같은 다양한 유료 체험 프로그램도 있다.

서울특별시 중구 퇴계로34길 28

02-6358-5533

한국민속촌

조선 시대 마을을 그대로 재현하였다. 전통 마을과 전통 먹거리, 다채로운 전통 놀이와 예술 공연 등 볼거리와 즐길 거리가 많다. 한복 차림으로 관람해도 좋겠다. 민속촌 안과 밖에 한복대여점이 여러 곳이다. 길이 평탄해 유모차 사용하기 좋다. 겨울엔 썰매 타기, 빙어 낚시 체험도 할 수 있다.

경기도 용인시 기흥구 민속촌로 90

031-288-0000

김포아트빌리지

김포시 운양동 한강신도시에 있는 한옥촌이다. 한옥 17채, 창작스튜디오 5개, 아트센터, 야외공연장, 전통놀이마당으로 구성돼 있다. 놀이마당에서 투호 놀이와 수레 체험, 감옥과 곤장 체험을 할 수 있다. 한옥마을 안엔 카페, 식당, 체험 공방도 있다. 포토 존도 많아서 멋진 사진을 담을 수 있다.

경기도 김포시 모담공원로 170-1

031-999-3995

THEME TRAVEL
17
직업 체험

우리 아이는 무얼 잘할까?

경찰, 교사, 프로그래머, 운동선수……. 직업 체험을 놀이처럼 즐겁게 할 수 있는 곳을 소개한다. 직업 체험은 아이의 재능과 소질을 파악할 수 있는 좋은 계기가 될 수 있다. 무엇보다 아이가 스스로 무언가를 해내는 성취감을 느낄 수 있어서 좋다.

키자니아서울

체험과 놀이를 하면서 소방관, 은행원, 요리가, 항공기 승무원 등 다양한 직업을 체험할 수 있는 테마파크이다. 일부 직업 체험엔 오뚜기, 신한은행, 대한항공 등 실제 기업이 참여해 현실감 있는 체험이 가능하다. 직접 소방차를 타보고, 불 끄기 체험도 하는 소방관 체험이 가장 인기가 높다. 간단한 음식을 직접 만들고 시식까지 하는 요리 체험과 항공기 승무원 체험도 인기가 많다. 인기가 높은 직업은 경쟁이 치열하다.

서울특별시 송파구 올림픽로 240 키자니아 서울 02-1544-5110

한국잡월드

서울 잠실의 키자니아와 더불어 대표적인 직업체험관이다. 방송국, 소방서, 자동차 정비소, 건설 센터, 미용실, 피자가게, 디자인센터 우주센터, 로봇연구소, 등에서 다양한 직업을 체험할 수 있다. 어린이체험관은 48개월부터 초등학생 4학년까지 체험할 수 있다. 5학년부터는 청소년체험관을 이용해야 한다. 초등학교 4학년 이상이면 진로설계관에서 적성과 흥미를 알아보고 맞춤형 진로를 탐색할 수도 있다. 경기도 성남시 분당구 분당수서로 501 1644-1333

인천어린이과학관

국내 최초의 어린이 전문 과학관이지만, 상설 전시관 중 하나인 비밀마을에선 여러 가지 직업을 체험할 수 있다. 아나운서가 되어 어린이과학관의 새로운 소식을 알려줄 수 있고, 멋진 요리사 체험도 할 수 있다. 다양한 악기를 연주하는 오케스트라 단원이 되어보기도 하고, 소방관이 되어 불 끄기 체험도 할 수 있다. 유전공학을 연구하는 과학자, 아름다운 집을 짓는 건축가 체험도 신나게 할 수 있다. 인천광역시 계양구 방축로 21 032-456-2500

THEME TRAVEL
18
테마파크

모험과 스릴에 창작 놀이까지

놀이공원은 아이들에게 로망 그 자체이다. 서울과 수도권엔 전통적인 놀이공원부터 특별한 주제에 집중하는 테마파크까지 종류가 다양한 놀이공원이 있다. 롯데월드와 서울랜드부터 자동차 테마파크, 문학을 주제로 한 테마파크, 자연과 생태 놀이가 중심인 테마파크까지 차례대로 소개한다.

롯데월드어드벤처

아이들이 즐길만한 기구도 잘 갖추고 있어서, 유아부터 어린이까지 즐겁게 놀 수 있다. 12개월 이상 36개월 미만 유아는 베이비 이용권 구매 후 어트랙션을 즐길 수 있다.

서울특별시 송파구 올림픽로 240 1661-2000

서울랜드

어린이를 위한 공연과 놀이시설이 잘 갖추어져 있다. 로드 쇼 마스커레이드, 가족 뮤지컬 '애니멀 킹덤'과 '떠나요, 동화의 숲'의 인기가 많다. 겨울엔 눈썰매장이 문을 연다.

경기도 과천시 광명로 181 02-509-6000

에버랜드

우리나라 최고 테마파크이다. 놀이기구가 중심인 어트랙션, 동물원 주토피아, 정원 플랜 토피아 등 세 구역으로 구성돼 있다. 주토피아의 판다월드 인기가 제일 높다. 경기도 용인시 처인구 포곡읍 에버랜드로 199 031-320-5000

황순원문학촌 소나기마을

소설 <소나기> 이야기를 체험할 수 있는 테마파크다. 인공 소나기는 아이들에게 인기가 제일 높은 체험 프로그램이다. 해를 등지면 아름다운 무지개를 볼 수 있다.

경기도 양평군 서종면 소나기마을길 24
031-773-2299

예크생물원

생태 놀이터 콘셉트로 꾸민 자연 친화적인 테마파크다. 깡통 열차, 비행기 그네 등 40가지 이상의 액티비티 놀이로 가득하다. 아이들 스스로 창의적으로 놀거리를 찾는다. 경기도 여주시 흥천면 신근안터길 48
031-885-3048

현대모터스튜디오 고양

자동차 관람, 자동차 시승, 4D 체험, 자동차 경주 게임, 수소자동차 체험 등을 할 수 있다. 키즈 워크숍에 참여하면 자율 주행 원리를 배우고, 자동차 관련 직업도 체험할 수 있다. 경기도 고양시 일산서구 킨텍스로 217-6 1899-6611

THEME TRAVEL
19
호캉스 체험

얘들아, 호텔에서 놀자

호캉스가 여행의 한 트렌드로 자리 잡은 지 오래되었다. 키즈 라운지, 키즈 전용 침실, 키즈 체험 프로그램 등을 운영하는 호텔도 많다. 서울과 경기도, 인천의 호텔 중에서 키즈 프렌들리 숙소로 소문난 곳만 한 곳에 모아 소개한다.

포시즌스호텔서울

키즈 포 올 시즌스 라운지가 눈에 띈다. 액티비티와 더불어 원어민 크루와 과자 꾸미기, 컨템포러리 아트 컬러링 등을 즐길 수 있다. 어린이 조식 뷔페 코너를 따로 운영한다. ◎ 서울특별시 종로구 새문안로 97
☏ 02-6388-5000

소피텔앰배서더 서울호텔

놀거리 천국인 롯데월드 옆에 있는 석촌호수 뷰 호텔이다. 유아 수영장, 투숙객 전용 키즈라운지를 갖추고 있으며, 아기침대, 침대 가드와, 아기 욕조 대여 서비스를 해준다. ◎ 서울특별시 송파구 잠실로 209
☏ 02-2092-6000

라마다용인호텔

에버랜드를 찾는 아이 동반 가족들이 많이 이용한다. 스포츠카 룸, 캐릭터 룸, 애니멀 룸 등 아이들에게 즐거움과 행복을 주는 객실이 다채롭다. 아담한 키즈 플레이 존도 있다. ◎ 경기도 용인시 처인구 포곡읍 마성로 420
☏ 031-8097-6500

블룸비스타 호텔앤컨퍼런스

캐릭터 룸과 키즈 라운지를 갖춘 키즈 프렌들리 호캉스 호텔이다. 체험 프로그램은 드로잉 존을 추천한다. 지도 선생님과 함께 벽면에 자유롭게 그림을 그리는 프로그램이다. ◎ 경기도 양평군 강하면 강남로 316
☏ 031-770-8888

마이다스호텔 & 리조트

북한강 리버 뷰가 매력적이다. 분수 형태의 숲속 연못, 공놀이할 수 있는 축구장, 바비큐 텐트 등을 갖췄다. 실내에는 놀이 공간 키즈 카페와 액티비티 공간을 갖추고 있다. ◎ 경기도 가평군 청평면 북한강로 2245
☏ 031-589-5600

네스트호텔

파라다이스시티와 더불어 영종도에서 가기 좋은 키즈 프렌들리 호텔이다. 야외 놀이터, 모래사장, 키즈존, 라탄 선베드, 키즈 풀 등을 갖추고 있어서 아이와 놀며 휴식하기 좋다. ◎ 인천광역시 중구 영종해안남로 19-5
☏ 032-743-9000

PART 2

서울 강북권

경복궁, 광화문광장, 국립중앙박물관, 월드컵공원……. 이름만 들어도 압도적이다. 강북권은 서울을 넘어 대한민국의 심장이다. 그에 걸맞게 명소도 넘쳐난다. 맛집과 카페도 마찬가지다. 수많은 명소·맛집·카페·호텔 중에서 아이와 가기 좋은 곳만 엄선했다. 어디를 가도 아이와 엄마·아빠 모두 즐겁고 만족스러울 것이다.

서울특별시 주차정보안내시스템
http://parking.seoul.go.kr/

서울 강북권 여행 지도

북한산국립공원
내부순환도로
북악산
청와대
창덕궁
경복궁
국립민속
박물관
창경궁
서대문
형무소
역사관
토속촌
삼계탕
경복궁역
서대문자연사박물관
안국역
광화문광장
독립문역
포시즌스호텔
경찰박물관
곰국시
돈의박물관마을
광화문역
서울도서관
월드컵공원
월드컵경기장역
코리코카페
연남점
덕수궁
시청역
한국은행
화폐박물관
망원
한강공원
마포구청역
덕수궁
리에제와플
홍대입구역
란주칼면
서울함공원
시나모롤
스위트카페
문화역서울284
망원역
서울역
코코넛박스
스타벅스
망원한강공원점
합정역
남산
한강
그랜드하얏트서울
전쟁기념관
삼각지역
용산어린이정원
코코이찌방야
용산아모레퍼시픽점
국립중앙박물관
이촌역
여의도한강공원
국립한글박물관
반포한강공원

노원
천문우주과학관
서울시립과학관
불암산
하계역
북서울꿈의숲
화랑대
철도공원
화랑대역
문역
DDP디키디키
문역사공원역
중랑천
마을
비스타워커힐서울
광나루
한강공원
샤블리
성수서울숲점
뚝섬역
서울숲역
성수역
서울숲
카키노히호
뚝섬
한강공원
한강
잠실
한강공원
올림픽공원

서울 강북권 명소

SIGHTSEEING

SIGHTSEEING

서울 고궁 산책

한줄평 고궁에서 즐기는 색다르고 특별한 경험 경복궁 서울특별시 종로구 사직로 161
창덕궁 서울특별시 종로구 율곡로 99 덕수궁 서울특별시 중구 세종대로 99 창경궁 서울특별시 종로구 창경궁로 185

경복궁 02-3700-3900 창덕궁 02-3668-2300 덕수궁 02-771-9951 창경궁 02-762-4868

경복궁 11~2월 09:00~17:00, 3~5월·9~10월 09:00~18:00, 6~8월 09:00~18:30, 화요일 휴무
창덕궁 11~1월 09:00~17:30, 2~5월·9~10월 09:00~18:00, 6~8월 09:00~18:30, 월요일 휴무
덕수궁 09:00~21:00, 월요일 휴무 창경궁 09:00~21:00, 월요일 휴무

₩ 경복궁 성인 3천 원(25세~64세), 유아·청소년·경로 무료 창덕궁 성인 3천 원(25세~64세), 유아·청소년·경로 무료
덕수궁 성인 1천 원(25세~64세), 유아·청소년·경로 무료 창경궁 성인 1천 원(25세~64세), 유아·청소년·경로 무료

추천 나이 5세부터 **추천 계절** 사계절

고궁별 핵심 볼거리 경복궁 경회루(특별 관람 사전 예약), 향원정, 수문장 교대 의식, 광화문 파수 의식(11:00, 13:00)
창덕궁 후원(사전 예약), 수문장 교대 의식 덕수궁 석조전(사전 예약), 국립현대미술관 덕수궁분관, 수문장 교대 의식
창경궁 대온실(12~2월 오후 18:00부터 비개방) Ⓟ 고궁 주차장 또는 주변 공영주차장 이용

예쁜 한복 입고 고궁 나들이 떠나자

서울이 세계의 이름난 도시와 차별적으로 빛나는 이유는 무엇일까? 한강, 디지털 이미지, 서울을 감싸고 있는 산들, 깨끗하고 안전한 도시 등등이 앞자리에 놓일 듯싶다. 하지만 서울을 빛내주는 일등 공신은 아무래도 고궁이 아닐까? 만약 고궁이 없었다면 서울은 그냥 자연을 가까이 둔 깨끗하고 현대적인 도시에 머물렀을지 모른다. 경복궁, 창덕궁, 덕수궁……. 화려하지만 사치스럽지 않고, 제법 웅장하지만 은은하게 품격이 흐르는 고궁 덕에 서울의 표정은 한결 풍부해지고, 도시의 스토리는 한결 깊어진다.

서울은 궁궐을 무려 다섯 개나 품고 있다. 세계 어디에도 이렇듯 많은 고궁을 거느린 도시는 없다. 서울은 그야말로 궁궐의 도시이다. 고궁 투어는 외국인뿐 아니라 내국인에게도 필수 코스이다. 아이와 함께 방문한다면 더 뜻깊은 추억을 남길 수 있을 것이다. 주변 관광지와 함께 둘러보기 좋은 곳으로 경복궁과 덕수궁을 꼽을 수 있다. 경복궁은 광화문광장과 북촌한옥마을, 인사동, 국립현대미술관 서울관과 가깝다. 국립고궁박물관과 국립민속박물관은 아예 경복궁 안에 있다. 덕수궁은 서울시청광장, 덕수궁 돌담길, 서울역사박물관, 남대문, 명동과 가까워 이들 명소와 연결하여 다녀오기 좋다.

예쁜 한복을 입는다면 궁궐 나들이가 더 즐거울 것이다. 게다가 성인이 한복을 입으면 입장료가 무료이다. 궁궐엔 곳곳이 포토 존이다. 아름다운 고궁을 배경으로 멋진 사진을 남겨보자. 고궁 주변에 대여점이 몰려 있으므로, 어렵지 않게 한복을 빌릴 수 있다. 가능하면 인터넷으로 매장을 찾아 예약하는 것을 추천한다.

왕궁 수문장 교대 의식도 잊지 말고 구경하자. 수문장 교대 의식은 조선 시대 무관의 당직 교대 장면을 재현하는 행사다. 수문장 교대 의식은 경복궁, 덕수궁, 창덕궁에서 하루 두 번 열린다. 오전엔 10시, 또는 11시에, 오후엔 보통 14시에 열리지만, 인터넷에서 행사 시간을 더 정확하게 알고 가도록 하자. 재현 시간은 20분 남짓 이어진다. 오전 11시와 오후 1시엔 광화문 파수 의식도 열린다. 이 또한 기억해두자.

ONE MORE

낭만이 흐르는 궁궐 야행

낮에 보는 궁궐도 아름답지만, 조명이 비추어 주는 밤의 고궁은 특별한 운치를 준다. 궁궐의 가장 매력적인 모습은 이때가 아닐까 싶다. 야간 개장 시기에 맞추어 아이와 함께 낭만 넘치는 궁궐 야행을 해보는 건 어떨까? 경복궁과 창덕궁은 야간 개장 기간이 정해져 있다. 보통 9~10월에 진행한다. 야간 개장 일정이 나오면 빠르게 손을 움직여야 한다. 일찍 마감될 수 있으니 잊지 말고 인터넷으로 예약하자. 덕수궁과 창경궁은 밤 9시까지 상시 야간 개장을 진행하므로 언제든 관람할 수 있다.

SIGHTSEEING

광화문광장

한줄평 대한민국 역사와 문화의 중심 공간

서울특별시 종로구 세종대로 175 **운영 시간** 24시간(해치마당 영상 창 관람 시간 08:00~22:00) **추천 나이** 2세부터
추천 계절 사계절 **편의시설** 육아 휴게실, 수유실, 기저귀 교환대(해치마당) Ⓟ 주변 공영주차장 이용
주변 명소 경복궁, 덕수궁, 서울역사박물관, 교보문고, 국립현대미술관 서울 https://gwanghwamun.seoul.go.kr

과거와 현대를 연결하는 대한민국 상징 공간

광화문 정면에서 시작해 세종대로 사거리까지 이어지는, 길이 557m, 너비 34m의 시민광장이다. 세종대왕과 이순신 장군 동상이 있는 바로 그곳이다. 몇 해 전 대대적인 리뉴얼을 거쳐 숲과 나무, 잔디밭과 물길까지 갖춘 휴식과 산책, 축제와 문화 행사가 열리는 낭만의 광장으로 다시 태어났다. 광장은 크게 네 영역으로 나눌 수 있다. 광화문 앞의 월대와 육조 마당, 세종대왕 동상 앞의 놀이마당, 정부서울청사 본관부터 이순신 장군 동상 옆까지 물길과 숲으로 연결한 휴식 공간, 그리고 세종대왕 동상 지하에 있는 해치마당, 이렇게 네 영역이다. 월대와 육조 마당은 이곳이 조선 시대에 관청가였음을 보여준다. 놀이마당에선 문화 행사가 수시로 열린다. 여름의 거대한 분수 쇼, 크리스마스와 새해맞이를 위한 빛초롱 축제가 대표적이다. 휴식 공간은 쉬고 산책하기 그만이다. 해치마당엔 전시관 '세종 이야기'와 지하에서 지상 광장으로 이어지는 경사로 벽에 마련한 해치마당 영상 창이 있다. 영상 창에서 다양한 미디어아트를 감상할 수 있다.

SIGHTSEEING

국립민속박물관

한줄평 우리의 문화와 삶을 온전히 이해할 수 있는 생활 문화 박물관 서울특별시 종로구 삼청로 37 02-3704-3114
3월~10월 09:00~18:00, 11월~2월 09:00~17:00 ₩ 무료 **추천 나이** 5세부터 **추천 계절** 사계절
Ⓟ 경복궁 주차장 **주변 명소** 경복궁, 국립고궁박물관, 국립현대미술관 서울 https://www.nfm.go.kr
어린이박물관 예약 https://www.nfm.go.kr/kids *매일 오전 9시에 2주 후 날짜 예약 가능

옛사람들은 어떻게 살았을까?

경복궁 북동쪽 끝에 있다. 박물관은 3개 실내 전시실과 야외 전시장, 어린이박물관으로 구성돼 있다. 제1전시관은 예로부터 이어온 '물건', 공유한 '취향', '함께'한 순간을 키워드로 '한국인의 오늘'을 보여준다. 옹기, 한지, 한복, 가구, 포장마차, 대중가요, 2002년 한일 월드컵 응원 전시물 등에서 우리의 문화와 생활을 되돌아볼 수 있다. 제2전시실에선 19~20세기 한국인의 일 년 생활상을 보여준다. 복조리와 설빔, 꽃놀이와 쟁기질 소리, 부채와 모시옷, 추수와 먹거리, 한옥과 방안 풍경 등에서 어떻게 정월, 봄, 여름, 가을, 겨울을 지냈는지 살펴볼 수 있다. 제3전시실에서는 '한국인의 일생'을 주제로, 태어나 죽을 때까지 겪게 되는 주요 과정을 보여준다. 출산, 돌잔치, 교육, 혼례, 가족 부양, 상례, 제사 등을 통해 우리의 일생을 확인할 수 있다. 야외 전시장에선 물레방앗간, 열두 띠 석상, 7~80년대 추억의 거리 등을 구경할 수 있다. 어린이박물관에서는 전래 동화와 우리의 위인을 주제로 한 전시가 계속 이어진다. 어린이박물관은 홈페이지에서 예약 후 관람할 수 있다.

SIGHTSEEING

포시즌스호텔서울

한줄평 5성급 서비스를 자랑하는 키즈 프렌들리 호텔

서울특별시 종로구 새문안로 97 02-6388-5000 **체크인 체크아웃** 15:00/12:00

추천 나이 3세부터 **추천 계절** 사계절 **추천 부대시설** 키즈 포 올 시즌스 라운지, 수영장

Ⓟ 포시즌스호텔 주차장 https://www.fourseasons.com/kr/seoul

광화문 중심가의 키즈 프렌들리 호텔

포시즌스 호텔 서울은 서울의 중심 세종로 옆에 있다. 은은한 금빛 유리 건물에서 품위가 느껴진다. 광화문, 세종문화회관, 교보문고, 경복궁, 덕수궁, 서울역사박물관, 서울시립미술관, 시청, 청계천, 무교동 먹자골목, 종각 등이 가까이에 있다. 이처럼 주변에 볼거리와 즐길 거리, 먹거리가 많기에 아이와 서울 강북을 여행할 때 숙소로 정하기엔 최적의 장소라고 할 수 있다. 개인적으로 가장 마음에 들었던 부분은 투숙객에 대한 배려와 서비스이다. 이는 어른뿐 아니라 아이에게도 고스란히 전해진다. 키즈 프렌들리 호텔로 손색이 없다. 키즈 텐트가 포함된 패키지 상품을 제공한다. 부대시설 중 키즈 포 올 시즌스 라운지도 눈에 띈다. 이곳에서는 유료 액티비티와 더불어 원어민 크루와 과자 꾸미기와 컨템포러리 아트 컬러링 등 무료 프로그램도 즐길 수 있다. 키즈 패키지는 시기에 따라 구성이 달라지지만, 대체로 아이 전용 슬리퍼와 샤워 가운(배스로브), 어메니티 등이 포함되어 있다. 조식에 어린이 뷔페 코너가 따로 있는 점도 큰 장점 중 하나다.

SIGHTSEEING

돈의문박물관마을

한줄평 옛날 서울로 추억 여행 떠나기 서울특별시 종로구 송월길 14-3 02-739-6994
10:00~19:00(월요일 휴무) ₩ 무료(체험비 별도) **추천 나이** 5세부터 **추천 계절** 사계절
Ⓟ 강북삼성병원 주차장, 서울역사박물관 공영주차장, 서울특별시교육청 주차장 이용
주변 명소 경희궁, 경교장, 서울역사박물관 https://dmvillage.info

엄마, 아빠들은 어떻게 살았을까?

신문로 강북삼성병원 동쪽 건너편에 있다. 옛 서울 동네 분위기를 재현한 아기자기한 체험 마을이다. 체험 시설과 전시관을 모두 둘러보려면 시간이 꽤 걸린다. 입장료는 없으나, 체험 비용을 준비해야 한다. 체험비는 종류에 따라 다르다. 마을 안엔 60~70년대 분위기가 물씬 풍기는 곳이 제법 많다. 이발소를 재현한 삼거리이용원, 그 시절의 숙박 시설을 재현한 서대문여관, 학창 시절의 문방구 풍경을 떠올리게 해주는 돈의문방구……. 어른들은 추억 여행에 여념이 없지만, 아이들에게 이곳은 그냥 재밌고 색다른 놀이 공간이다. 인기가 많은 공간 중 하나가 '콤퓨타게임장'이다. 2층 구조인데 1층은 레트로 게임을 동전 없이 무료로 즐길 수 있다, 2층은 요즘은 찾아보기 힘든 추억의 만화방에서 책을 읽을 수 있다. '학교앞분식'은 실제로 운영 중인 분식집이다. 학창 시절 감성이 그대로 묻어나는 가게에서 떡볶이, 어묵, 미숫가루 등을 맛볼 수 있다. 아이와 함께 제기차기와 딱지치기 같은 추억의 놀이도 즐겨보자. 제기와 딱지는 입구 쪽 마을안내소에서 무료로 빌려준다.

SIGHTSEEING

경찰박물관

한줄평 경찰차와 경찰관을 좋아하는 아이를 위한 필수 코스
서울특별시 종로구 송월길 16 0507-1327-3681 09:30~17:30 **휴무** 월요일 ₩ 무료
추천 나이 4세~초등학생 **추천 계절** 사계절 주변 공영주차장
주변 명소 경희궁, 경교장, 서울역사박물관 https://www.policemuseum.go.kr

근무복 입고 경찰 체험하기

독립문 근처 종로구의 교남동 주민센터 뒤편에 있다. 4층 구조인데 박물관 입구는 2층에 있다. 전시관은 3~4층에 있다. 동선은 2층에서 엘리베이터를 타고 4층으로 올라간 후 한 층씩 내려오며 관람하면 된다. 4층 전시는 경찰역사실부터 시작된다. 대한민국 경찰의 발자취, 경찰 계급과 역할 등 이론적인 부분과 경찰복 및 소품 전시 등이 주를 이룬다. 체험보다는 이론적인 부분이 많다 보니 부모들이 더 많은 관심을 보인다. 3층에선 기획전시와 체험실을 만나볼 수 있다. 이론보다 직접 체험해 보는 게 이해가 빠르므로, 아이들을 위한 체험시설을 제공하고 있다. 특히 경찰 근무복 체험은 경찰박물관에서 가장 인기 있는 공간이다. 의상을 착용하고 모형이긴 하지만 실제와 다름없어 보이는 경찰차와 오토바이를 타볼 수 있다. 3층에는 경찰 근무복 체험 외에도 교통안전, 몽타주 그리기, 과학수사, 보이스 피싱 등 아이들이 흥미를 느낄 만한 체험들이 아주 많다. 아쉬운 건 공식 주차장이 없어 인근 공용주차장이나 유료 주차장을 이용해야 한다는 점이다.

SIGHTSEEING

서울도서관

한줄평 옛 서울시청의 모습을 간직한 매력적인 도서관

서울특별시 중구 세종대로 110 02-120, 02-2133-0300

화~금 09:00~21:00, 토·일 09:00~18:00, 월요일과 공휴일은 휴관

추천 나이 유아부터 **추천 계절** 사계절 Ⓟ 서울시청 주차장, 주변 공영주차장 이용 https://lib.seoul.go.kr

옛 서울청사에 들어선 시민 책 마당

시청광장 앞 옛 서울특별시청사등록문화재 제52호에 있다. 지하철 1호선 시청역 5번 출입구로 나오면 바로 도서관이다. 세월을 잔뜩 머금은 도서관 건물이 독특하다. 이 건물의 나이는 100년을 헤아린다. 일제강점기인 1926년 경성부 청사로 처음 지었다. 해방 후엔 오랫동안 서울시청사로 사용했다. 바로 뒤편에 새로 지은 유리 건물로 청사가 이전한 뒤, 2012년 도서관으로 다시 태어났다. 도서관이지만, 건물의 역사성을 고려하여 옛 시장실을 복원해 놓았다. 해방 이후 60년 동안 서울시장들이 사용했던 집무 공간으로, 누구나 자유롭게 구경할 수 있다. 서울도서관은 일반자료실, 디지털자료실, 장애인자료실, 전자도서관 등을 갖추고 있다. 자료 열람은 누구나 할 수 있으나, 도서 대여는 서울시에 주민등록을 두었거나 서울에 있는 학교와 직장에 다니는 사람 중 회원증을 가진 사람만 할 수 있다. 서울기록문화관도 눈길을 끈다. 이곳에서는 70여 년 동안 축적한 기록을 통하여 서울의 과거와 현재를 돌아볼 수 있다. 봄부터 가을까지 서울광장과 광화문광장에서 야외 도서관을 열기도 한다. 자세한 내용과 일정은 누리집에서 확인할 수 있다.

SIGHTSEEING

하이커그라운드

한줄평 케이팝을 좋아하는 아이를 위한 핫플레이스
서울특별시 중구 청계천로 40 한국관광공사 02-729-9497~9
10:00~19:00(월요일 휴관) ₩ 무료 **추천 나이** 초등학생부터 **추천 계절** 사계절
Ⓟ 한국관광공사 서울 센터 주차장 및 주변 공영주차장 이용 http://hikr.visitkorea.or.kr

춤추고 촬영하는 체험형 K-POP 놀이터

하이커그라운드HIKR GROUND는 K-POP 체험과 미디어아트 감상을 동시에 할 수 있는 곳이다. 청계천 옆 한국관광공사 서울 센터 1층부터 5층에 걸쳐 있다. 하이커그라운드라는 이름은 안녕Hi, 한국KR, 놀이터Playground의 합성어이다. 이곳은 K-POP, 그중에서도 K-POP 댄스를 좋아하는 아이들에겐 천국 같은 곳이다. 이곳은 실감형 체험 존이다. 직접 조명과 음악을 설정할 수 있고, 멋진 무대를 연출하며 아이돌 뮤직비디오처럼 화려한 영상을 촬영할 수 있다. 하이커그라운드의 또 다른 특징은 '하이커 엔터테인먼트'라는 K-POP 기획사와 기획사 대표 '금대표', 비주얼 디렉터 금쏜, 연습생 한별과 캐리가 방문객들을 맞이해 준다는 점이다. 실제 기획사와 연습생은 아니고 하이커그라운드에 상주하는 도우미들이다. 이들은 함께 소통하고 춤추며 방문객들에게 잊지 못할 특별한 하루를 선사해 준다. 이밖에 미디어 아티스트 이이남 작가의 '신도시산수도', 설치미술가 서도호 작가의 'North Wall' 같은 예술 작품도 감상할 수 있다. 5층의 청계천이 보이는 포토 존 하이커라운지도 올라가 보자.

SIGHTSEEING

한국은행화폐박물관

한줄평 상평통보부터 세계 여러 나라 화폐까지 볼거리가 가득하다

서울특별시 중구 남대문로 39 02-759-4114 10:00~17:00(월요일 휴관) ₩ 무료

추천 나이 초등학생부터 **추천 계절** 사계절 **주변 명소** 명동, 명동성당, 남대문, 남대문시장

Ⓟ 주변 공영주차장 이용 https://www.bok.or.kr/museum

돈과 금융 미리 체험하기

옛 한국은행 본관에 있다. 지하 1층, 지상 2층 규모의 르네상스 양식 건물이다. 일제강점기인 1912년부터 조선은행 본점으로, 해방 후엔 한국은행 본관으로 사용하였다. 지하 1층, 지상 2층 규모의 석조 건물로, 외관이 견고하면서도 아름답다. 우리나라에서 처음으로 엘리베이터가 설치된 건물이다. 2001년부터 화폐박물관으로 사용하고 있다. 중앙은행 탄생과 변천사부터 화폐의 일생, 세계 각국의 화폐까지 볼거리가 가득하다. 특히 화폐가 만들어지는 과정이나 위조지폐 감별 방법, 모형 금고, 조선 시대 상평통보 등이 아이의 이목을 집중하게 한다. 아이들이 가장 흥미를 느끼는 공간은 2층 체험학습실이다. 이곳에서는 화폐 퍼즐, 크로마키, 스탬프, 진짜 돈 가짜 돈 구별하기 등 다양한 체험을 즐길 수 있다. 참고로 실제 지폐가 있어야 체험할 수 있는 시설이 있으므로, 미리 지폐를 준비해 방문하자. 한국은행이 소장한 예술 작품을 전시하는 한은갤러리도 꼭 들르자. 화폐박물관은 평일에는 예약 없이 자유 관람이 가능하지만, 주말엔 온라인으로 예약하고 방문해야 한다.

SIGHTSEEING

남산골한옥마을

한줄평 아이와 함께 팽이치기, 비석치기, 투호 던지기 같은 전통 놀이를 체험할 수 있다.
서울특별시 중구 퇴계로34길 28 02-6358-5533 4~10월 09:00~21:00, 11~3월 09:00~20:00, 매주 월요일 휴무
₩ 무료 **추천 나이** 2세부터 **추천 계절** 봄~가을 Ⓟ 남산골한옥마을 주차장 및 주변 공영주차장
주변 명소 명동, 남산타워 https://www.hanokmaeul.or.kr/

조선 시대 사람들은 어떻게 살았을까?

서울 남산 북쪽 자락에 있다. 한옥 다섯 채와 전통 정원, 서울남산국악당, 서울천년타임캡슐광장이 주요 볼거리이다. 명동, 충무로, 남산타워에서 가깝다. 중심 공간은 기와집이 몰려 있는 한옥마을과 그 옆에 있는 전통 정원이다. 삼청동, 옥인동, 관훈동, 제기동에 흩어져 있던 한옥을 이전하여 복원하였다. 한옥에 살았던 사람들의 신분 성격에 걸맞은 가구 등을 배치해 놓아 선조들의 실제 어떻게 살았는지 살펴볼 수 있다. 전통 정원은 정자와 연못을 품고 있으며, 물길과 정원수도 있어서 잠시 쉬어가기 좋다. 한옥마을 야외에서는 무료로 투호 던지기나 비석치기 같은 전통 놀이를 체험할 수 있다. 매듭 공예, 한지공예, 한복 입기, 활 만들기 같은 다양한 유료 체험 프로그램도 있다. 서울남산국악당은 전통 한옥으로 지은 국악 전용 공연장이다. 서울천년타임캡슐은 서울 정도 600년을 맞은 1994년 보신각종을 닮은 타임캡슐 안에 당시의 서울 모습, 시민 생활과 사회문화를 대표하는 각종 문물 600점을 넣은 것이다. 타입 캡슐은 400년 이후인 2394년 11월 29일 공개한다.

SIGHTSEEING

DDP 디키디키

한줄평 창의력 표현 놀이에 중점을 둔 디자인 키즈카페 서울특별시 중구 을지로 281 DDP 뮤지엄(배움터) 4층
0507-1317-2523 10:30~18:30 **휴무** 월요일 ₩ 어린이 15,000원, 보호자 5,000원(2시간 기준)
추천 나이 만 24개월 이상~8세까지(24개월 미만인 아동은 24개월 이상 친형제, 자매가 동반했을 때 생년월일 확인 후 무료입장 가능) **추천 계절** 사계절 Ⓟ DDP 주차장 http://www.dikidiki.co.kr

우리 아이 창의력 키우러 GO! GO!

동대문디자인플라자 DDP 4층에 있는 키즈 카페이지만, 일반 키즈카페와는 좀 다르다. 이곳은 어린이의 감각을 키워주는 놀이터에 더 가깝다. 디자인 예술을 통해 신나고 재미있게 오감을 체험하고, 디자인 놀이로 자연스럽게 아이의 감각과 감성을 키워준다. 디키디키의 모든 프로그램은 어린이 프로그램 기획·운영 전문가, 아동 발달·심리 전문가, 디자이너 창작 그룹이 협업해 만들었다. 디키디키의 시설은 여섯 개 공간으로 구성돼 있다. 역할극 놀이를 하며 사회성을 키우고 컬러 블록·스누젤렌 놀이를 하며 디자인적 요소를 탐색하는 구역, 덤불숲 안에서 색과 질감, 패턴 등을 경험하며 창의 표현 놀이를 즐길 수 있는 공간, 정글 언덕과 땅굴 터널에서 뛰고 구르며 신체 감각을 자극받는 공간, 블록 집짓기·교통 놀이대 활동 등으로 상상력과 창의력을 키우는 구역, 전문가와 함께 신체 운동·의사소통·사회관계·예술 경험·자연 탐구를 하는 놀이 프로그램 공간 등을 꼽을 수 있다. 이 밖에도 특별 체험 및 교육 프로그램을 운영한다. 자세한 내용은 홈페이지를 참고하자.

SIGHTSEEING

문화역서울284

한줄평 100년 건축에서 현대 예술을 체험하는 특별함 서울특별시 중구 통일로 1
070-8833-5800 10:00~19:00(매주 월요일 및 전시 없는 기간은 휴관) ₩ 무료
추천 나이 2세부터 **추천 계절** 사계절 Ⓟ 서울역 주차장
주변 명소 남대문, 서울로7017 https://www.seoul284.org

기차역에서 예술 공간으로

문화역서울284는 옛 서울 역사에 들어선 복합문화공간이다. 문화역서울284는 서울에서 보기 드물게 르네상스 양식으로 서양 건축물이다. 돔 모양 지붕과 붉은 벽돌, 장식성이 돋보이는 외관이 눈길을 끈다. 1925년 3년에 걸친 공사를 마치고 세상에 모습을 드러냈다. 당시 이름은 경성역이었다. 해방 이후 서울역으로 이름이 바뀌었고, 2004년 지금의 서울역에 자리를 물려주었다. 2011년 복원 공사를 거쳐 복합문화공간으로 다시 태어났다. 숫자 '284'는 옛 서울역의 사적 번호를 뜻한다. 문화역서울284는 시간이 켜켜이 쌓인 역사적인 공간인 동시에 예술 창작과 교류가 이루어지는 플랫폼이다. 회화와 미디어아트 등 현대 예술 작품 전시가 이루어지고 있으며, 종종 재즈·클래식·인디 음악·퓨전 국악 같은 음악 공연이 열린다. 또 플리마켓도 가끔 열린다. 과거와 현재가 공존하는 공간이라 일반적인 미술관과는 느낌이 다르다. 아이와 함께 간다면 100년의 역사와 예술을 더불어 체험하는 특별한 경험이 될 것이다.

SIGHTSEEING

용산어린이정원

한줄평 용산기지 옆 임시 개방 정원 서울특별시 용산구 한강대로38길 21
070-8833-5800 09:00~18:00(월요일 휴무) ₩ 무료 **추천 나이** 2세부터 **추천 계절** 봄~가을
Ⓟ 국립중앙박물관 주차장 **주변 명소** 국립중앙박물관, 국립한글박물관, 용산가족공원
예약 https://yongsanparkstory.kr/visit/reservation.html

아이와 함께 소풍을

용산 미군 기지 반환 터에 들어선 정원이다. 용산어린이정원엔 아이들이 뛰어놀기 좋은 넓은 잔디마당과 정원, 카페, 전시관 등을 갖추고 있다. 용산기지의 과거와 현재, 미래를 알 수 있는 홍보관, 작은 도서관 용산서가, 미군 가족의 이야기를 재현한 기록관, 기념품을 판매하고 피크닉 용품을 대여해 주는 꿈나래마켓, 카페와 테라스와 물놀이 분수가 있는 분수정원, 용산어린이정원을 조망할 수 있는 전망언덕도 둘러볼 만하다. 명칭은 어린이정원이지만 공간 자체가 어린이에 포커스를 맞추었다고 보기는 어렵다. 아이와 편하게 시간 보내기 좋은 정원으로 보면 좋겠다. 초기엔 6일 전에 예약해야 방문할 수 있었으나 지금은 평균적으로 2~3일 전에 예약하면 된다. 당일 현장 입장도 가능한데, 신분 확인 절차를 받은 후 입장할 수 있다. 당일 현장 방문자뿐 아니라 예약 방문자도 신분증을 꼭 지참해야 한다. 어린이정원엔 공식 주차 공간이 없다. 지하철을 이용하거나(4호선 신용산역 1번 출구) 국립중앙박물관에 주차하고 걸어서 이동하길 추천한다.

SIGHTSEEING

전쟁기념관

한줄평 전쟁의 참상과 평화의 소중함을 깊이 새길 수 있다.

서울특별시 용산구 이태원로 29 02-709-3081 09:30분~18:00(월요일 휴무) ₩ 무료

추천 나이 5세부터 **추천 계절** 사계절 Ⓟ 전쟁기념관 주차장 **주변 명소** 국립중앙박물관, 국립한글박물관

전쟁기념관 https://www.warmemo.or.kr:8443/ **어린이박물관** https://www.warmemo.or.kr:8443/Kids

전쟁의 아픔과 평화의 소중함 느끼기

용산구의 옛 육군본부 자리에 있다. 우리나라의 안보 상황을 가장 정확히 이해할 수 있는 곳으로 내국인보다 외국인의 발길이 더 잦다. 전쟁은 인류가 가장 피해야 할 일인데, '전쟁의 참상과 폭력성'을 제대로 인지하여 화해와 평화의 정신을 되새기는 계기가 되면 좋겠다. 전시 공간은 전쟁역사실, 6.25전쟁실, 해외파병실, 그리고 야외 전시장이 중심을 이룬다. 전쟁역사실은 선사시대부터 일제강점기까지 우리가 겪은 전쟁의 역사를 보여준다. 6.25전쟁실은 가장 많은 공간을 차지하고 있다. 한국 전쟁 발발부터 유엔군의 참전, 그리고 휴전까지 과정을 보여준다. 해외파병실에서는 우리나라 군대가 베트남전쟁, 이라크전쟁 등에서 어떤 역할을 하였는지 살펴볼 수 있다. 야외 전시장엔 전차와 장갑차, 전함, 전투기 등이 전시되어 있다. 일부는 직접 탑승할 수 있어서 아이들이 특히 좋아한다. 전쟁기념관에서는 국군 군악 의장 행사 등 공연과 문화 행사도 열린다. 별관의 어린이박물관은 홈페이지에서 예약한 후 이용할 수 있다.

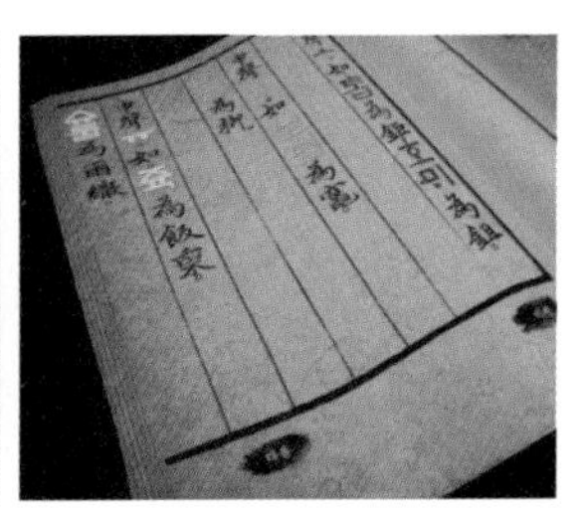

SIGHTSEEING

국립한글박물관

한줄평 한글의 우수성과 가치, 역사를 제대로 알 수 있다. 서울특별시 용산구 서빙고로 139
02-2124-6200 월~금·일 10:00~18:00, 토 10:00~21:00 **가이드 투어** 10:30, 14:00, 15:00, 16:00
₩ 무료 **추천 나이** 3세부터 **추천 계절** 사계절 Ⓟ 국립한글박물관 주차장
주변 명소 국립중앙박물관, 용산가족공원, 전쟁기념관, 이촌한강공원 https://www.hangeul.go.kr

우리 민족의 최고 문화유산 제대로 알기

한글은 만든 시기와 만든 사람이 정확히 알려진 유일한 문자이다. 만든 이유와 만든 원리가 책으로 전해지는 문자도 한글이 유일하다. 한글박물관의 주요 볼거리는 1층의 한글도서관, 2층 상설전시실과 아이들이 신나게 놀면서 한글을 이해할 수 있는 3층 한글놀이터를 꼽을 수 있다. 한글도서관은 한글과 한글문화와 관련된 전문 자료를 소장하고 있다. 도서관은 누구나 이용할 수 있다. 상설전시실에선 '훈민정음, 천년의 문자 계획' 전시가 열리고 있다. "나라의 말이 중국과 달라"로 시작되는, 한글을 만든 목적과 원리를 밝힌 책 <훈민정음> 머리말 문장을 의미에 따라 7개로 나누고, 그 의미를 7개 공간에 나누어 전시하고 있다. 최신 미디어 영상기술을 더해서 아이들이 호기심 어린 눈빛으로 관람한다. 한글놀이터는 온라인 예약과 당일 현장 예약이 모두 가능하지만, 안전하게 온라인 예약을 추천한다. 별관인 도란도란쉼터는 어린이 전용 독서 공간과 편하게 쉴 수 있는 테이블 좌석을 갖추고 있다. 한글박물관에서는 종종 문화 행사도 열린다. 한글날, 어린이날, 책의 날, 세종대왕 탄생일, 그리고 격주 토요일에 주로 열린다.

SIGHTSEEING

국립중앙박물관

한줄평 대한민국의 문화 자부심을 느낄 수 있는 대표 박물관

서울특별시 용산구 서빙고로 137 02-2077-9000

일~화, 목~금 10:00~18:00, 수·토 10:00~21:00 **어린이박물관** 10:00~17:50 **대표 유물 해설** 월~금 10:30, 11:00, 13:00, 15:30, 주말 공휴일 11:00, 13:00, 15:00(모이는 곳은 상설전시관 1층 대한제국실 앞)

₩ 무료(특별전시는 유료) **추천 나이** 4세부터 **추천 계절** 사계절

Ⓟ 국립중앙박물관 주차장 **주변 명소** 국립한글박물관, 전쟁기념관, 용산가족공원, 이촌한강공원

https://www.museum.go.kr

우리의 최상급 문화유산을 품었다

서울에서 단 하나의 실내 명소를 찾아야 한다면 국립중앙박물관이 맨 앞자리를 차지해야 한다. 국립중앙박물관은 서양의 유명한 박물관과 비교해도 손색없을 정도로 수준 높은 소장품과 전시를 자랑한다. 영국의 미술 매체 <아트 뉴스 페이퍼>에 따르면 2023년 기준으로 국립중앙박물관의 연간 관람객 수는 418만 명이었다. 이는 세계에서 6위, 아시아에서는 1위로, 루브르 박물관, 바티칸 박물관, 영국박물관, 메트로폴리탄 미술관, 런던의 테이트 모던 다음이었다. 아시아에서 10위 안에 든 박물관·미술관은 국립중앙박물관이 유일했다.

상설전시관은 3층 규모로 선사관, 고대관, 중·근세관, 서화관, 기증관, 조각공예관, 세계문화관, 그리고 야외박물관으로 구성돼 있다. 특별전시관에서는 놓치기 아까운 기획 전시가 정기적으로 열린다. 상설전시관 중에서 가장 만족도가 높은 공간은 국보 반가사유상 두 점이 전시된 사유의 방과 문화유산을 소재로 실감 콘텐츠를 상영하는 디지털 실감 영상관이다. 사유의 방은 반가사유상의 고요한 사유에 공감하는 전시실이다. 넓은 전시 공간에 반가사유상 단 두 점만이 존재하는데, 관람객과 거리를 고려하여 소극장 규모로 설계하였다. 미세하게 기울어진 바닥과 벽, 반짝이는 천장 등 추상적이면서도 고요한 공간에서 반가사유상에만 집중할 수 있어 신비로운 분위기를 자아낸다. 디지털 실감 영상관에선 청자, 정조의 능행 길, 정선과 김홍도의 금강산 그림 등 다양한 문화유산을 소재로 한 파노라마 실감 영상을 관람할 수 있다. 다만, 디지털 실감 영상관의 VR 체험은 박물관 홈페이지에서 예약해야 한다. 야외박물관은 계절에 따라 아름다운 꽃이 피어나는 커다란 정원을 연상시킨다. 여유롭게 산책하며 문화의 향기를 흠뻑 느낄 수 있는 힐링 공간이기도 하다.

국립중앙박물관은 관람의 이해를 돕는 전시 해설 프로그램을 운영하고 있다. 매일 예약 없이 대표 유물 해설을 들을 수 있다. 상설전시관 1층 대한제국실 앞에서 정해진 시간에 모이면 약 1시간 동안 핵심 유물만 모아서 해설을 들을 수 있다. 대표 유물 이외에 방대한 전시물을 제대로 이해하기 위해선 전시 안내 앱을 다운받아 이어폰으로 들으며 관람하는 걸 추천한다. 오감으로 즐기고 배우는 어린이박물관에선 관찰, 생각, 마음 나누기를 주제로 상설 전시가 열린다. 어린이박물관은 14일 전 0시부터 홈페이지를 통해 사전 예약 후 이용할 수 있다.

SIGHTSEEING

그랜드하얏트 서울

한줄평 수영장과 아이스링크가 유명한 전망 좋은 5성급 호텔 서울특별시 용산구 소월로 322 02-797-1234
체크인/체크아웃 15:00/11:00 **추천 나이** 2세부터 **추천 계절** 사계절 **추천 시설** 키즈라운지, 야외수영장(5월24일~9월22일), 아이스링크(12월1일~2월29일) 호텔 주차장 **주변 명소** 남산, 국립중앙박물관
https://www.hyatt.com/grand-hyatt/ko-KR/selrs-grand-hyatt-seoul

한강과 남산이 파노라마로

뒤에는 남산, 앞은 한강. 그랜드 하얏트 서울은 전망이 좋기로 손에 꼽히는 5성급 호텔이다. 봄과 가을, 꽃이 피고 울긋불긋 단풍이 든 남산 전망이 특히 탁월하다. 앞으로는 한강을 넘어 강남 전경까지 조망할 수 있다. 남산타워, 명동, 이태원, 국립중앙박물관 등 서울의 주요 관광지와 접근성이 좋다. 트립어드바이저가 선정한 '베스트 오브 베스트 2024Best of Best 2024'에 선정되었다. 1990년대 이후 방한한 모든 미국 대통령이 이 호텔의 프레지덴셜 스위트룸에서 숙박했다. 전 엘리자베스 영국 여왕, 찰스 황태자와 다이애나비 부부도 이곳에 투숙했다. 호텔 안팎에 아이와 활동할 수 있는 시설이 많다. 호텔 부대시설로는 주말 투숙객 한정으로 이용할 수 있는 키즈라운지와 실내와 야외 수영장을 갖추고 있다. 산책로를 통해 남산 야외식물원까지 이어진다. 날씨가 좋은 계절이면 천천히 걷기 좋다. 12월부터 2월까지는 아이스링크를 이용할 수 있다. 투숙객은 할인 혜택이 있으며, 이용 시간은 2시간이다.

SIGHTSEEING

비스타워커힐 서울

한줄평 다채로운 부대시설과 키즈 프로그램을 갖춘 트렌디한 5성급 호텔
서울특별시 광진구 워커힐로 177 1670-0005 체크인/체크아웃 15:00/11:00
추천 나이 2세부터 **추천 계절** 사계절 **추천 시설** 수영장, 스카이야드, 워커힐라이브러리, 포레스트파크
호텔 주차장 **주변 명소** 아차산 http://www.vistawalkerhillseoul.com

30~40대 부모가 좋아하는 감각적인 호텔

한강이 한눈에 보이는 아차산 위에 자리 잡은 5성급 호텔로 그랜드 워커힐과 나란히 있다. 비스타 워커힐 서울은 그랜드 워커힐과 함께 아이와 호캉스를 즐기기 좋은 키즈 프렌들리 호텔로도 널리 알려져 있다. 주요 부대시설로는 실내와 야외 수영장, 아이와 책을 읽기 좋은 워커힐 라이브러리, 한강을 전망하며 족욕 체험을 할 수 있는 스카이 야드까지 즐길 거리가 무척 알차다. 이외에도 아이가 참여할 수 있는 체험 프로그램도 꾸준히 진행하고 있다. 특히 도심 속 당일 캠핑장 포레스트파크가 아이들에게 인기가 높은 체험 상품이다. 포레스트파크는 유료 체험 프로그램이다. 아차산 둘레길 산책도 추천한다. 맑은 공기와 한강의 경관을 즐기기 아주 좋다. 스카이야드도 한강을 감상하기 좋다. 보타닉가든으로 한강과 강 건너 전경이 한눈에 들어온다. 비스타 워커힐 서울은 서울의 5성급 호텔 중에서 세련된 인테리어와 감각적인 디자인이 뛰어나 아이를 동반한 30~40대 투숙객들에게 만족도가 높은 편이다.

SIGHTSEEING

서대문형무소역사관

한줄평 자주독립 정신과 민주주의의 소중함을 배울 수 있는 역사 현장
서울특별시 서대문구 통일로 251 02-360-8590 3~10월 09:30~18:00, 11~2월 09:30~17:00(월요일 휴무)
₩ 성인 3,000원, 청소년 1,500원, 어린이 1,000원(6세 이하 무료) **무료 도슨트 투어** 홈페이지 사전 예약(당일 예약 불가, 일요일 13시·14시엔 예약 없이 20명 한정 현장 접수 가능) **추천 나이** 초등학생부터 **추천 계절** 사계절
Ⓟ 서대문형무소역사관 주차장 **주변 명소** 독립문, 경찰박물관, 서대문자연사박물관 http://sphh.sscmc.or.kr

독립운동과 민주화 운동의 성지

서울 역사 여행의 필수 코스이다. 1908년에 문을 열어 1987년까지 경성감옥, 서대문형무소, 서울교도소로 이름을 바꾸며 감옥으로 사용되었다. 수감자를 효과적으로 감시할 수 있는 원형 감옥, 곧 파놉티콘 구조이다. 일제강점기에는 항일 독립운동가들이, 해방 후부터 1980년대까지는 독재와 군사 정권에 저항했던 민주화 운동가들이 갖은 고초를 겪었다. 1998년 서대문구에서 역사의 교훈으로 삼고자 서대문형무소역사관으로 개관하였다. 예전 옥사를 잘 보존하고, 고문의 흔적을 디테일하게 묘사해 놓았다. 아픈 역사의 흔적을 대면하는 마음이 무겁지만, 독립운동가와 민주화 운동가의 헌신과 희생을 깊이 새길 수 있는 현장이기도 하다. 그들의 애국과 희생이 없었다면 지금의 우리도 없다는 사실을 잊지 말자. 홈페이지에서 예약하면 무료 도슨트 투어로 역사관을 관람할 수 있다. 도슨트 투어가 아니라도 서대문형무소역사관 앱을 통해 무료로 안내받을 수 있다.

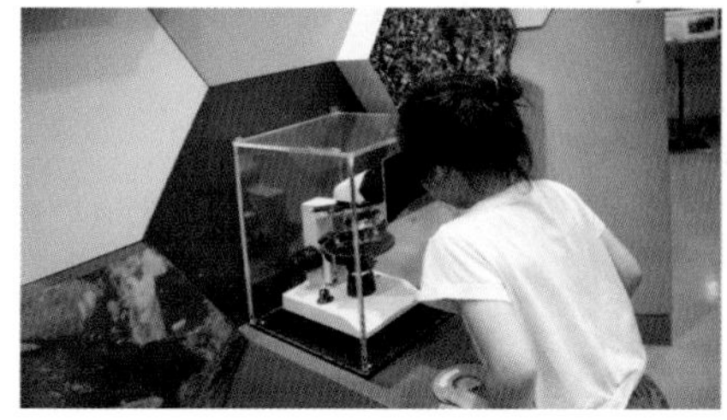

SIGHTSEEING

서대문자연사박물관

한줄평 인간도 자연의 일부이며, 자연은 더불어 살고 존재해야 함을 이해할 수 있다. 서울특별시 서대문구 연희로32길 51 02-330-8899 09:00~18:00(월요일 휴무) ₩ 성인 7,000원, 청소년 4,000원(13~18세), 어린이 3,000원(5~12세), 5세 이하 영유아 무료 **추천 나이** 3세부터 **추천 계절** 사계절 Ⓟ 서대문자연사박물관 주차장(일요일엔 연북중학교 임시 주차장도 이용 가능) **주변 명소** 서대문형무소역사관, 경찰박물관 namu.sdm.go.kr

생명과 자연의 역사가 파노라마처럼

우리나라 지방자치단체에서 세운 최초의 자연사박물관이다. 연희동 연북중학교 앞에 있다. 박물관에 입장하면 거대한 아크로칸토사우루스 공룡 뼈 화석이 반겨준다. 전시 공간은 지구환경관, 생명진화관, 인간과 자연관으로 구성돼 있다. 1층 중앙홀을 먼저 관람한 후 3층으로 올라가 한 층씩 내려오며 관람하길 추천한다. 3층은 지구환경관이다. 우주의 역사와 태양계, 광물, 지질 현상 등을 살펴볼 수 있다. 3층 한쪽엔 아이들과 책을 읽을 수 있는 북파크 도서관이 있다. 평일엔 자유롭게 방문할 수 있지만(10:00~17:00), 주말엔 현장에서 번호표를 받고 선착순으로 입장해야 한다. 2층은 생명진화관이다. 아이들에게 가장 인기가 많은 전시관이다. 생명의 진화 과정과 공룡 이야기를 전시해 놓았다. 공룡 뼈 화석과 다양한 종류의 박제 동물도 만날 수 있다. 동물 뼈뿐만 아니라 인간의 뼈도 구경할 수 있는데, 실제로 볼 수 없었던 우리 몸의 뼈를 보고 아이들이 신기해한다. 1층은 인간과 자연관으로 개구리와 물고기, 곤충 등 많은 동식물을 만날 수 있다. 만지고 올라타며 관람할 수 있어서 아이들이 좋아한다.

SIGHTSEEING

한강공원

한줄평 서울 야외 1순위 여행지

광나루한강공원 서울특별시 강동구 암사동 659-1 뚝섬한강공원 서울특별시 광진구 강변북로 139
망원한강공원 서울특별시 마포구 마포나루길 467 여의도한강공원 서울특별시 영등포구 여의동로 330
반포한강공원 서울특별시 서초구 신반포로11길 40 7

광나루한강공원 02-3780-0501 뚝섬한강공원 02-3780-0521 망원한강공원 02-3780-0601
여의도한강공원 02-3780-0561 반포한강공원 02-591-5943

추천 나이 3세부터 **추천 계절** 봄~가을 Ⓟ 각 한강공원 주차장

한강에서 즐기는 신나는 피크닉

한강공원은 서울에서 꼭 가야 할 필수 여행 코스이다. 내국인과 서울 시민뿐 아니라 이제는 해외에도 많이 알려져 한강공원을 찾는 외국인을 쉽게 볼 수 있다. 여의도, 뚝섬, 광나루, 망원, 난지, 강서, 양화, 이촌, 반포, 잠실, 잠원. 한강엔 모두 열한 개 강변공원이 있다. 이 중에서 가장 많은 사람이 찾는 곳은 여의도한강공원이다. 대중교통 접근성이 좋은 데다가 벚꽃축제나 마라톤대회, 서울세계불꽃축제 등 굵직한 행사도 많이 열린다. 이 밖에도 여의도한강공원엔 밤섬생태체험관, 물빛광장분수, 물빛무대수상 무대, 배달 구역, 편의점, 화장실, 인라인장, 어린이 놀이터를 갖추고 있다. 요트가 정박한 풍경이 낭만적인 서울마리나도 여의도한강공원에 있다. 여의도 샛강엔 생태학습장 및 자연 친화형 공원도 있다.

아이와 가기 좋은 공원으로는 여의도, 뚝섬, 광나루한강공원을 꼽을 수 있다. 여름이면 이 세 곳에 수영장이 문을 연다. 겨울이 되면 뚝섬한강공원엔 눈썰매장도 들어선다. 뚝섬한강공원은 배달 구역, 편의점, 화장실, 농구장, 축구장, 족구장, 씨름장, 인라인장, 배드민턴장, 인공암벽장, 서울생각마루뚝섬자벌레, 자연학습장장미정원, 수변무대, 음악 분수 등을 갖추고 있다. 광나루한강공원은 편의점, 화장실, 전망쉼터, 드론장, 농구장, 축구장, 인라인장, 족구장, 어린이 축구장, 자전거 공원, 자전거 대여점, 스케이트보드장, 생태공원, 거리 공연장, 어린이놀이터 등 다양한 시설을 갖추고 있다. 특히 광나루한강공원은 경관이 아름답고 주변에 암사선사주거지가 있어서 아이와 함께 돌아보기 좋다.

이들 세 곳만큼은 아니지만, 망원한강공원과 반포한강공원도 아이와 함께 가기 좋다. 망원한강공원은 편의점, 화장실, 족구장, 농구장, 축구장, 어린이 야구장, 어린이 놀이터를 갖추고 있으며, 바로 옆에 군함 세 척을 관람할 수 있는 서울함공원이 있다. 반포한강공원엔 편의점, 화장실, 전망 카페, 농구장, 축구장, 순환 관람차, 자전거 대여점이 있다. 달빛무지개분수와 멋진 서울 야경을 감상하기 좋은 것도 반포한강공원의 장점이다.

한강 피크닉에서 즉석 라면은 필수이다. 텐트와 그늘막은 공원에 따라 허용 장소 및 규정이 다르므로 미리 확인해 두는 게 좋다. 한강공원은 모두 산책로와 자전거도로를 잘 갖추고 있다. 꼭 위에서 소개한 곳이 아니더라도 한강 어느 공원에서든 아이와 멋진 추억을 쌓을 수 있다.

SIGHTSEEING

월드컵공원

한줄평 난지 비치, 모험놀이터, 유아숲체원 등 아이를 위한 공간이 많다.
서울특별시 마포구 하늘공원로 95 02-300-5500 ₩ 무료 **하늘공원 맹꽁이 열차 요금** 편도 2,000원, 왕복 3,000원
추천 나이 2세부터 **추천 계절** 봄~가을 Ⓟ 평화의공원 주차장, 마포농산물시장 공영주차장
주변 명소 상암월드컵경기장, 망원한강공원, 서울함공원 https://yeyak.seoul.go.kr/

아이와 가기 좋은 초대형 환경생태공원

마포구 상암동에 있다. 평화의 공원, 하늘공원, 노을공원, 난지한강공원, 난지천공원 등 다섯 개 공원을 합쳐 월드컵공원으로 부른다. 평화의 공원에서 아이와 가기 좋은 곳은 난지 연못에 있는 난지 비치와 모험 놀이터이다. 난지 비치는 연못 주위로 고운 모래가 있어서 모래 놀이터로 제격이다. 모험 놀이터는 대형 모래 놀이터와 다양한 미끄럼틀, 정글짐, 그네와 집라인까지 있어서 아이들에겐 천국 같은 곳이다. 모래 놀이터 주변으로 쉴 수 있는 데크가 있는데, 이곳은 인기가 많아 아침 일찍 자리가 동난다. 하늘공원은 억새가 아름답다. 가을이면 억새 축제가 열리는데, 많은 사람이 몰리는 핫플레이스이자 인생 사진 성지이다. 해발 98m 높이라 수많은 계단과 언덕길을 올라가야 한다. 어린아이와 함께라면 맹꽁이 열차를 타고 편하게 올라가길 추천한다. 하늘공원과 가까운 노을공원은 난지캠핑장으로 유명하다. 예약은 필수이며, 매월 15일14:00부터에 온라인을 통해 다음 달 예약이 가능하다. 아이와 놀기 좋은 또 다른 장소로는 난지천공원 주차장 옆에 있는 유아숲체험원이 있다. 유아를 동반한 가족 피크닉장으로 인기가 많다.

SIGHTSEEING

서울함공원

한줄평 퇴역 군함에 올라 내외부를 관람할 수 있는 함상 테마파크
서울특별시 마포구 마포나루길 407 02-332-7500 3월~10월 10:00~19:00, 11월~2월 10:00~17:00(월요일 휴무)
₩ 성인 3,000원, 청소년·군인 2,000원, 어린이 1,000원 **추천 나이** 4세부터 **추천 계절** 봄~가을
Ⓟ 망원한강공원 2, 3주차장 **주변 명소** 망원한강공원, 월드컵공원 https://www.seoulbattleshippark.com

아이들이 좋아하는 군함 테마파크

망원한강공원을 거닐다 보면 거대한 군함을 발견할 수 있다. 아니, 한강에 웬 군함이? 군함의 정체는 30년간 해양 수호 임무를 마치고 퇴역한 서울함이라 불리는 군함이다. 서울함은 1,900톤 규모로 망원한강공원 옆 한강 가장자리에 떠 있다. 이곳은 서울시 최초의 함상 테마파크 서울함공원이다. 참수리호, 잠수함도 바로 옆에 있다. 참수리호는 대한민국 연안의 경비와 보안을 담당하던 고속정이다. 잠수함은 바다에서 정찰 임무를 수행하다 퇴역했다. 190톤 규모의 돌고래급 잠수함이다. 3척의 퇴역 군함은 원형 그대로 보존되고 있다. 평소에 구경하기 힘든 군함에 직접 승선하여 내부와 외부를 자세히 구경할 수 있다. 아울러 아름다운 한강 뷰를 감상하기도 좋다. 입장권을 판매하는 안내센터에서는 해군 의상도 대여해 준다. 해군 의상을 입은 아이들이 신이 났다. 함장 의자에 앉아보고, 잠망경으로 밖을 살핀다. 갑판에 서서 멋진 사진을 남기는 아이도 보인다. 안내센터 2층으로 올라가면 무료로 군함을 그릴 수 있는 색칠 놀이 공간이 있다. 이 공간은 참수리호와 다리로 연결되어 있다.

SIGHTSEEING

서울숲

한줄평 아이들 웃음소리가 꽃처럼 피어나는 시민 공원 서울특별시 성동구 뚝섬로 273 02-460-2905
생태숲 05:30~21:30, 곤충식물원 10:00~17:00, 나비정원 10:00~17:00(곤충식물원과 나비정원은 매주 월요일 휴무)
₩ 무료 **자전거 대여** 1인 자전거 5,000원, 2인 자전거 10,000원(1시간 기준, 성수중학교 옆 서울숲 자전거대여소)
페달 카트 대여 7세 이하 6,000원, 8세~어른 10,000원(1시간 기준, 성수중학교 옆 서울숲 자전거대여소)
추천 나이 2세부터 **추천 계절** 봄~가을 서울숲 주차장 **주변 명소** 뚝섬한강공원

아이들이 더 좋아한다

성동구 뚝섬에 있다. 한강과 중랑천, 두 물줄기가 흙을 데려오고 모래를 불러 모아 예전부터 너른 들과 숲이 형성돼 있었다. 조선 시대에는 말 방목장과 임금의 사냥터로 사용했고, 일제강점기엔 숲을 밀어버리고 경마장과 골프장을 만들었다. 2005년에 공원이 들어서면서 약 100년 만에 본래 모습을 다시 찾았다. 약 15만 평 넓이에 한강수변공원, 문화예술공원, 자연생태숲, 자연체험학습원, 습지생태원까지 모두 다섯 개 테마공원을 갖추고 있다. 다리를 건너면 뚝섬한강공원까지 갈 수 있다. 서울숲에는 풀과 나무가 무성하다. 그 덕에 계절마다 다채로운 식물이 꽃을 피워낸다. 넓은 잔디광장에선 피크닉을 즐기기 좋다. 잔디밭에서 돗자리를 펼 수는 있으나, 텐트나 그늘막은 사용할 수 없다. 공원이 넓어 다 둘러보기 쉽지 않다. 다행히 성수중학교 옆 서울숲 자전거대여소에서 자전거와 페달 카트를 빌려주어서 공원을 구경하기 한결 편리하다. 특히 페달 카트는 아이들이 무척 좋아하는 체험 거리다. 이밖에 숲속놀이터, 곤충식물원, 사슴을 구경할 수 있는 생태 우리 등 아이와 함께하기 좋은 곳이 아주 많다.

SIGHTSEEING

북서울꿈의숲

한줄평 볼거리와 놀거리가 풍성한 숲속 테마공원

서울특별시 강북구 월계로 173 02-2289-4000 상시 개방(전망대 10:00~17:00, 월요일 휴관)

₩무료 **추천 나이** 1세부터 **추천 계절** 봄~가을 Ⓟ 공원 안 서문과 동문 주차장 이용

주변 명소 서울시립북서울미술관, 서울시립과학관, 노원천문우주과학관

http://parks.seoul.go.kr/dreamforest

강북 시민들의 최애 피크닉 장소

예전 드림랜드 테마파크가 있던 자리가 커다란 시민 공원으로 변모했다. 공원이 넓이는 20만 평이 조금 넘는다. 북서울꿈의숲은 서울시에 있는 공원 중에서 월드컵공원과 올림픽공원에 이어 세 번째로 크다. 벽오산, 오패산 같은 산이 있어서 자연에 깃든 느낌이 좋다. 공원의 구성 요소도 무척 다채롭다. 벚꽃길과 단풍 숲, 폭포, 연못, 그리고 북한산·도봉산·수락산을 한눈에 볼 수 있는 전망대, 다양한 장르의 문화예술이 일년내내 펼쳐지는 꿈의숲아트센터를 비롯한 전시장과 콘서트홀, 여기에 중식당과 이탈리안 레스토랑, 카페, 북카페와 전망 타워, 유모차 보관소도 갖추었다. 출입구가 많은 것도 북서울꿈의숲의 장점이다. 아이들이 즐길 거리도 풍성하다. 야외 놀이터, 국내 유일의 자연 속 어린이 미술관인 상상톡톡 미술관, 여름이면 개장하는 물놀이장과 점핑 분수 등이 있다. 아이와 방문한다면 서문으로 진입하는 걸 추천한다. 전망대와 야외놀이터, 점핑 분수, 편의점, 카페와 레스토랑이 서문에서 가깝다. 북서울꿈의숲에선 돗자리는 펼 수 있으나, 그늘막 텐트는 사용할 수 없다. 주차장은 동문과 서문에 있다.

SIGHTSEEING

서울시립과학관

한줄평 손으로 배우고 몸으로 익히는 체험형 과학관 서울특별시 노원구 한글비석로 160 02-970-4500
09:30~17:30(월요일 휴무) **다이내믹 토네이도 라이브** 10:10, 11:10, 14:10, 15:10, 17:00 **태양 공개 관측** 주중 13:30~14:00, 15:30~16:30 / 주말 14:30~15:20 ₩ 어린이~청소년(7세~19세) 1,000원, 성인(20세~64세) 2,000원
추천 나이 초등학생부터 **추천 계절** 사계절 Ⓟ 서울시립과학관 주차장
주변 명소 북서울꿈의숲, 노원천문우주과학관, 서울시립북서울미술관 https://science.seoul.go.kr

호기심과 질문이 생겨나는 곳

노원구 하계동 불암산 자락에 있다. 서울시립과학관은 전시물을 수동적으로 관람하는 게 아니라 실제로 '과학을 하는' 과학관을 지향한다. 손으로 배우고 몸으로 익히는 곳, 그래서 질문이 저절로 나오게 하는 과학관을 꿈꾼다. 이러한 목표를 이루기 위해 사실적이고 구체적인 과학 정보와 참여형 체험에 초점을 두고 있다. 과학관은 3층 구조로 모두 여섯 개 전시실을 갖추고 있다. 특별 전시, 과학 문화 행사, 과학 관련 강연도 수시로 열린다. 어린이와 청소년, 어른이 두루 이용할 수 있지만, 체험 프로그램이 풍부해 초등학생에게 더 잘 어울리는 과학관이다. 꼭 경험해야 할 두 가지 체험을 꼽자면 다이내믹 토네이도와 태양 공개 관측 체험이다. 참여자들은 높이 11m로 아시아 최대 규모인 인공 토네이도 발생 장치에서 직접 토네이도를 체험할 수 있다. 태양 공개 관측 체험은 낮에 다양한 망원경으로 태양을 직접 체험해 볼 수 있는 프로그램이다. 2층 쉼마루에서, 8세 이상이면 누구나 참여할 수 있다.

SIGHTSEEING

노원천문우주과학관

한줄평 관측과 VR 체험하며 떠나는 우주와 별자리 여행 서울특별시 노원구 동일로205길 13
02-971-6232 09:30~17:30 **금·토 야간 관측** 19:30~21:00(월요일 휴무) ₩ 성인 2,000원, 청소년과 어린이 1,000원, 36개월 미만 무료 **추천 나이** 초등학생부터 **추천 계절** 사계절 Ⓟ 노원천문우주과학관
주변 명소 화랑대철도공원, 서울시립과학관, 서울시립북서울미술관 https://www.nowoncosmos.or.kr

서울에서 즐기는 우주 체험

아파트 숲이 둘러싼 중계근린공원에 있다. 서울에서는 드물게 도심에서 별과 태양을 관측할 수 있다. 우주와 생명의 탄생. 인류의 경이로운 진화 과정을 다양한 전시물과 VR 체험을 통해 배울 수 있다. 주요 전시관으로 빅히스토리관, 코스모스관, 천체투영실이 있다. 또 서울시민천문대를 따로 갖추고 있다. 빅히스토리관에선 빅뱅에서 현재에 이르는 우주와 지구, 생명 진화의 역사를 살펴볼 수 있다. 빅히스토리관이 시간 여행을 테마로 한다면, 코스모스관에선 드넓은 우주로 공간 여행을 떠난다. 천체투영실에선 가상의 밤하늘로 신나는 여행을 떠날 수 있다. 계절별로 별자리 여행을 하고, 천체를 다룬 영화도 볼 수 있다. 특히 천체투영실의 VR 체험의 인기가 높다. 우주선을 타고 웜홀을 통과하며 퀴즈를 풀어보는 체험인데, 키 120cm 이상인 어린이와 청소년을 대상으로 한다. 서울시민천문대에선 별, 행성, 달 등 천체를 직접 관측할 수 있다. 전체 관측은 현장 예약도 할 수 있지만, 안전하게 홈페이지에서 예약하는 게 좋다. 노원천문우주과학관 체험은 초등학생과 청소년이 중심을 이룬다.

SIGHTSEEING

화랑대철도공원

한줄평 아이는 기차 체험 어른은 추억과 낭만 체험 서울특별시 노원구 공릉동 29-51 02-2116-0545
노원불빛정원 일몰 전 30분~22:00 **트램도서관·시간박물관·노원기차마을** 10:00~19:00
기차가 있는 풍경 카페 11:00~21:00 ₩ **시간박물관** 성인 6,000원·청소년 4,000원·아동 2,000원
노원기차마을 성인 2,000원·청소년 및 아동 1,000원 **추천 나이** 1세부터 **추천 계절** 봄~가을
Ⓟ 화랑대철도공원 주차장 **주변 명소** 서울시립과학관, 노원천문우주과학관, 서울시립북서울미술관

볼거리와 체험거리 많은

서울의 마지막 간이역이었던 공릉동 옛 화랑대역을 철도 공원으로 만들었다. 실제 운행했던 기차들이 전시돼 있어서 은근히 추억과 낭만을 자극한다. 트램도서관, 노원불빛정원, 시간박물관, 기차가 있는 풍경 카페, 경춘선숲길갤러리, 노원기차마을 등 볼거리가 다채롭다. 먼저 추천하고 싶은 곳은 노원기차마을이다. 스위스의 아름다운 자연풍광을 배경으로 철도와 각종 디오라마Diorama, 풍경 사진이나 그림을 배경으로 축소 모형을 배치하는 것. 박물관이나 과학관에서 많이 사용한다.를 결합한 동적 미니어처 전시관이다. 실제 스위스 건물과 지형, 기차까지 세밀하게 묘사했으며 버튼을 누르면 기차를 움직이는 모습을 구경하는 재미가 특별하다. 두 번째 볼거리는 노원불빛정원이다. 일몰 전 30분부터 22시까지 화려한 조명이 화랑대철도공원을 밝게 비춘다. 비밀 화원, 불빛 터널, 음악 정원, 환상의 기차역, 은하수 정원, 숲속 동화 나라, 반딧불 정원 등 주제도 다양해 구경하는 즐거움이 남다르다. 꼭 밤이 아니더라도 화랑대철도공원은 기차 탑승 등 볼거리와 체험 거리가 많아서 아이들이 무척 좋아한다.

서울 강북권 맛집과 카페

Restaurant & Cafe

RESTAURANT

토속촌삼계탕

한줄평 서울을 대표하는 삼계탕 맛집

서울특별시 종로구 자하문로5길 5 토속촌 02-737-7444

매일 10:00~22:00 가게 앞 전용 주차장

주변 명소 서촌, 경복궁, 광화문, 청와대

외국 여행객들에게 인지도 높은

토속촌삼계탕은 40년 전통을 자랑하는 맛집이다. 서촌 맛집, 경복궁 맛집, 청와대 맛집으로 불린다. 서울의 모든 맛집 중 손에 꼽힐 만큼 인지도가 높다. 내국인은 물론 외국인 관광객 방문 빈도도 높은 편에 속한다. 한때 노무현 전 대통령의 단골 식당으로도 유명했다. 토속촌삼계탕은 개업 이래 40년이 넘도록 닭, 찹쌀, 인삼, 밤, 대추, 마늘, 생강 등 주요 재료를 국내산만 사용하고 있어서 아이와 건강한 한 끼를 맛볼 수 있다. 한옥 식당이라 분위기가 고즈넉하다. 테이블은 대부분 좌식이다. 아기 의자도 준비해 놓았다. 대표메뉴는 토속촌삼계탕이며 그 밖에 전기구이통닭, 산삼배양근오골계삼계탕, 닭백숙, 닭볶음탕 같은 메뉴도 있다. 손님들에게는 대표메뉴인 토속촌삼계탕의 만족도가 가장 높다. 뜨거운 삼계탕을 먹기 힘든 아이라면 양념 소스와 치킨 무가 함께 나오는 전기구이통닭을 추천한다.

RESTAURANT

곰국시집

한줄평 진한 육수와 직접 제면한 국수 맛이 일품이다.
서울특별시 중구 무교로 24, 2층 02-756-3249 월~금 11:00~21:30,
토 11:00~20:30(브레이크타임 월~금 14:00~17:00/토 14:30~17:00, 일요일 휴무)
주변 공영주차장이나 유료 주차장 이용 **주변 명소** 경복궁, 광화문광장

무교동의 전골국수 맛집

맛집 즐비한 시청역 주변 서울 중구 무교동에서 전골국수 하면 가장 먼저 떠오르는 맛집이다. 1976년에 오픈하여 무려 3대째 이어오고 있다. 한우 양지머리와 사골을 고아 만든 진한 육수에 직접 제면 한 면을 넣어 만든 전골국수 전문점이다. 본점인 무교동점은 매일 김치를 새로 만든다. 전골국수를 비롯한 곰국수, 수육과 같은 주메뉴는 모두 국내산 한우를 사용한다. 가장 추천하는 주메뉴인 전골국수는 처음부터 끝까지 직원분이 도와주며 먹기 좋게 그릇에 담아준다. 직원분이 나무젓가락으로 면을 저은 후 국자에 담아 면을 정확하게 끊어내는 기술은 묘기에 가깝다. 자극적이지 않은 육수 때문에 아이가 먹기에도 부담 없다.

RESTAURANT

란주칼면

한줄평 생활의 달인에 나온 도삭면 맛집
서울특별시 중구 소공로 64 11:00~21:30
주변 공영주차장 또는 유료 주차장 이용
주변 명소 한국은행화폐박물관, 서울미술관, 덕수궁, 남대문시장

도삭면으로 유명한 중식당

명동에는 중국대사관이 있어서 화교들이 운영하는 중식당이 많은 편이다. 그중 도삭면으로 유명한 란주칼면을 추천한다. 도삭면이란 커다란 밀가루 반죽을 도삭면 전용 칼로 썰어서 만든 면 음식을 말한다. 중식 경력 25년의 란주칼면의 주방장 슈리군 달인은 도삭면의 대가이다. 도삭면은 보통 면보다 길이가 짧은 게 특징이며, 대체로 아이들 입맛에도 잘 맞는다. 도삭면 요리에 사천탕수육 꿔바로우를 곁들이면 더욱 맛있는 식사를 즐길 수 있다. 바삭하면서도 쫄깃한 식감의 밸런스가 좋으며, 주문하면 소스를 부어서 내온다. 아이에겐 매울 수 있으니, 소스를 따로 달라고 요청하자.

코코이찌방야
용산아모레퍼시픽점

- **한줄평** 아이와 식사하기 좋은 깔끔하고 맛있는 카레 집
- 서울특별시 용산구 한강대로 100, 아모레퍼시픽 본사 지하 1층
- 02-6325-5510 매일 11:00~21:00
- 아모레퍼시픽 건물 주차장(1시간 30분 무료)
- **주변 명소** 용산어린이정원, 국립한글박물관, 국립중앙박물관

아이들이 좋아하는 카레와 돈가스

코코이찌방야는 일본에서 1978년에 개업하여, 이제는 전 세계에 1,400여 개의 지점을 둔 카레 전문점이다. 서울에는 10개의 코코이찌방야가 운영되고 있다. 그중 코코이찌방야 용산아모레퍼시픽점은 용산어린이정원과 국립중앙박물관이 가까워 아이와 함께 찾기 좋은 식당이다. 실제로 가족 단위 손님이 주를 이룬다. 아이들이 좋아하는 카레와 돈가스 메뉴가 다양하고, 아이들의 입맛에 맞춘 히레카츠 키즈세트와 함박 키즈세트를 판매하고 있기 때문이다. 어린이 세트엔 음료와 푸딩까지 포함되어 있다. 주문은 테이블마다 설치되어 있는 키오스크로 하면 된다. 부모는 원하는 메뉴를 선택한 후 취향에 따라 토핑을 추가하고 매운맛을 단계별로 조절하여 주문할 수 있다. 참고로 기본 돈가스 카레는 토핑을 추가하지 않으면 심심한 구성이라 아쉬울 수 있으니 무조건 토핑 추가를 권장한다. 코코이찌방야 용산아모레퍼시픽점은 깔끔한 인테리어와 편안한 좌석으로 아이와 식사하기 좋은 환경이 조성되어 있다. 주차도 편리하여 아모레퍼시픽 건물 주차장을 이용하면 되고, 지하철 이용 시 신용산역 2번 출구에서 84m만 이동하면 된다.

RESTAURANT

키키노히호

한줄평 성수동 라멘 맛집
서울특별시 성동구 연무장7가길 6-1 0507-1353-2351
매일 11:00~21:00(브레이크타임 15:00~17:00)
주변 공영주차장이나 유료 주차장 이용 **주변 명소** 서울숲

〈마녀 배달부 키키〉의 비법으로 만든 라멘

지브리 스튜디오의 영화 〈마녀 배달부 키키〉에서 주인공 '키키'는 비법 '키키노히호'로 음식을 만든다. 성수동의 일본 라멘집 키키노히호는 키키의 비법 '키키노히호'로 만든 라멘을 만들어 판다는 스토리텔링을 가진 맛집이다. 키키노히호의 주메뉴로는 진한 돈골에 비법 간장을 더한 키키라멘과 가다랑어포의 풍미가 가득 담긴 교카이키카라멘, 마제소바가 대표적이다. 시원한 냉라멘을 먹고 싶다면 다양한 채소와 토핑이 올라간 히야시키키라멘을 추천한다. 이외에 쟈가이모야키, 아게교자 같은 사이드 메뉴도 있다. 쟈가이모야키는 감자채로 바삭하게 만든 미니 오코노미야키이다. 공깃밥은 무료로 제공된다.

RESTAURANT

샤블리
성수서울숲점

한줄평 다채로운 먹거리를 자랑하는 샤부샤부 맛집
서울특별시 성동구 서울숲4길 28, 2층 0507-1415-3075
매일 11:30~22:00 주변 공영주차장이나 유료 주차장 이용
(성동구민종합체육센터 주차장 도보 3분) **주변 명소** 서울숲

서울숲 옆 샤부샤부 맛집

신사동에 본점을 둔 샤부샤부 프랜차이즈 맛집으로 성수서울숲점은 아이와 나들이 가기 좋은 서울숲 인근에 있다. 대표메뉴는 월남쌈과 샤부샤부지만 삼겹살을 비롯한 차돌박이, 훈제오리까지 구이 메뉴도 준비되어 있어, 샤부샤부를 좋아하지 않는 아이를 위한 메뉴도 다채로운 편이다. 여기에 셀프바로 호박죽과 식혜, 매실까지 마음껏 맛볼 수 있다. 그밖에 나무로 된 아기 의자가 있고, 화장실이 깨끗하여, 아이와 방문하기 좋은 환경을 갖추고 있다. 대중교통도 좋은 편이라 서울숲역과 뚝섬역이 모두 도보 5~6분 거리이다.

CAFE & BAKERY

덕수궁 리에제와플

한줄평 덕수궁 돌담길의 와플 맛집
서울특별시 중구 덕수궁길 5
0507-1339-5202, 0507-1317-5224(더뷰)
월~금 08:00~21:30, 토·일 09:00~21:30
주변 공영주차장 이용, 주말엔 근처 한화빌딩 1층(중구 소공로 109)에 주차 가능
주변 명소 덕수궁, 서울도서관, 광화문

건강한 재료로 만든 와플 맛보기

덕수궁 정문 바로 옆 덕수궁 돌담길 초입에 있다. 그래서 와플 하나 들고 덕수궁 돌담길을 걸으며 먹기 좋다. 상호에서 알 수 있듯이 와플을 메인으로 판매한다. 와플 단품 메뉴, 수량과 종류별로 달리 구성한 해피박스, 커피와 주스 그리고 티를 포함한 음료까지 선택의 폭이 매우 넓다. 건강식 와플 카페라 음료 주문 시 당도 조절이 가능하다. 또한, 어느 식재료든 가공한 완제품을 사용하지 않고 직접 조리고 볶아서 만들기 때문에 아이들이 안심하고 먹을 수 있다. 1층은 테이크아웃 전문 매장이고, 실내에서 먹고 싶다면 5층의 카페 리에제와플 더뷰를 이용하면 된다. 더뷰에서는 덕수궁 뷰와 시청 뷰를 감상하며 와플을 맛볼 수 있다. 5층 더뷰 카페를 이용할 경우 1층이 아닌 5층에서 주문해야 한다. 1인 1 음료 주문 필수이며, 웨이팅이 길고 1시간으로 이용 시간을 제한하고 있다. 와플을 좋아한다면 다양한 구성의 해피박스를 추천하며, 단품 메뉴로 와플만 먹고 싶다면 베스트 메뉴인 블루베리 크림치즈 와플을 추천한다.

코코넛박스카페

- **한줄평** 휴가 온 기분을 만끽할 수 있는 동남아 휴양지 콘셉트 카페
- 서울특별시 마포구 홍익로3길 20, 지하 2층
- 02-3144-6300
- 매일 09:00~22:00(라스트오더 21:00)
- 가게 바로 앞 유료 주차장 이용(30분 무료, 이후 유료)
- **주변 명소** 연트럴파크

방갈로에서 특별한 추억 만들기

코코넛박스는 홍대 앞 서교동의 한 지하에 있는 700평의 대형 카페이다. 30개의 독립공간으로 이루어진 트로피컬 인테리어를 자랑한다. 카페로 들어서면 서울이 아니라 동남아시아의 어느 한 휴양지에 온 기분이 든다. 방갈로, 카바나 같은 독립공간에서 편안하게 음료와 디저트를 즐기기 좋은 카페로 유명하다. 방갈로는 정글 캐빈, 샌드 롯지, 코코넛 쉘터, 대나무 빌라 등 특징을 따 고유 이름을 붙인 게 인상적이다. 방갈로와 카바나 등은 유료로 대여할 수 있으며, 방갈로를 이용하지 않더라도 편히 쉴 수 있는 테이블과 좌석이 충분하다. 키즈카페에 뒤지지 않는 볼풀장과 VR BOX, 미디어아트 시설은 코코넛박스만의 또 다른 강점이다. 카페 어느 곳에서나 휴양지 분위기가 물씬 흐르며 여러 소품으로 장식한 포토 존이 많아서 사진 찍기 좋다. 아이를 동반한 가족 단위의 방문객뿐만 아니라 연인들과 해외여행객 사이에서도 핫플레이스로도 유명하다. 카페 안에 파티하우스도 운영한다. 생코코넛, 아이스크림라테, 망고스무디, 그리고 다양한 베이커리를 즐길 수 있다. 방갈로는 캐치테이블로 예약하길 권한다.

CAFE & BAKERY

시나모롤 스위트카페

한줄평 포토 존을 갖춘 시나모롤 캐릭터 카페에서 찰칵!
서울특별시 마포구 양화로 188 AK PLAZA 홍대 2층 0507-1443-0608
매일 11:00~22:00(주말·공휴일 10:30부터, 라스트오더 21:00)
이용 시간 60분 **예약** https://app.catchtable.co.kr/ct/shop/sinamoroll_sweet
홍대 AK프라자 주차 건물이나 주변 공용주차장 이용
주변 명소 연트럴파크

카페 시나몬의 다양한 캐릭터와 굿즈 만나기

산리오 캐릭터를 좋아하는 아이라면 반가울 수밖에 없는 카페로, 산리오 인기 캐릭터 '카페 시나몬'을 만날 수 있다. 다양한 굿즈를 구매할 수 있는 기프트 숍도 같이 운영하고 있다. 카페는 예약을 통해 방문할 수 있으며, 현장 대기로 입장할 수도 있다. 기프트 숍은 예약 없이 누구나 방문할 수 있어서, 카페 입장 대기시간 동안 구경하기 좋다. 카페에서 주문 가능한 메뉴는 커피와 음료, 와플, 케이크 등이다. 귀여운 시나모롤 캐릭터가 있는 아이스크림라테, 스윗 피치 소다, 샤인머스캣 소다, 시나모롤&밀크 와플, 시나모롤 케이크 등이 인기가 많다. 스윗피치 소다는 달달한 복숭아 맛에 톡 쏘는 탄산이 섞여 있다. 부드러우면서 쫄깃한 시나모롤&밀크와플은 생크림과 포도, 바나나, 메이플 시럽을 곁들여 먹으면 더 맛있다. 카페 내부엔 별도의 시나모롤 포토 존이 있다. 사진이 꽤 잘 나오는 편이고, 아이들을 배려하여 구성되어 있어 인기가 좋다. 아이와 예쁜 사진을 남길 수 있는 유일한 공간이기 때문에 항상 대기 줄로 붐빈다. 카페 공간 자체가 넓지 않아 방문객이 많을 땐 여유 있게 사진 촬영하기가 어려워 다소 아쉽다.

CAFE & BAKERY

코리코카페 연남점

한줄평 지브리 스튜디오 공식 〈마녀 배달부 키키〉의 캐릭터 카페
서울특별시 마포구 성미산로 165-7 대원미디어 연남점
02-338-8865 10:00~19:00
주변 공영주차장 이용
주변 명소 경의선숲길

영화 〈마녀 배달부 키키〉의 캐릭터 카페

코리코 카페는 지브리 스튜디오의 영화 〈마녀 배달부 키키〉에서 나온 코리코 마을의 분위기를 그대로 느낄 수 있는 지브리 공식 카페다. 우리나라엔 서울 연남점과 제주점 단 두 군데 있다. 연남점은 주택을 개조하여 카페로 만들었는데, 색감이 너무 예뻐 영화 속으로 들어간 기분이 든다. 카페 구조는 1층부터 2층, 루프톱까지 있다. 2층엔 테라스 자리가 있어 햇살 받기 좋으며, 3층 루프톱은 마녀 배달부 키키 포토 존이 있어 재미있는 사진 찍기 좋다. 코리코 카페는 카페지만 1층 한쪽에는 굿즈 숍도 갖추고 있다. 숍에는 마녀 배달부 키키 마니아를 위한 아기자기한 굿즈가 가득하다. 캐릭터 카페이니 굿즈만큼이나 귀엽고 예쁜 음료와 케이크들이 맛없을 수도 있다는 생각은 금물! 디저트와 음료 하나하나가 평범한 모양이 아닐뿐더러 맛도 좋다. 마녀 배달부 키키의 진정한 마니아라면 1일 한정 수량 메뉴인 지지무스케이크, 리리무스케이크, 쿠키머그타르트 등을 놓치지 말자. 코리코 카페에서는 예쁘고 독특한 메뉴는 물론 아기자기한 소품과 따스한 분위기가 더해져서 사진을 찍는 모든 곳이 포토 존이 된다.

CAFE & BAKERY

스타벅스
망원한강공원점

한줄평 가슴이 시원해지는 한강 뷰, 감성 깊어지는 노을 뷰
서울특별시 마포구 마포나루길 407
1522-3232
매일 09:00~21:00
망원한강공원 주차장
주변 명소 망원한강공원, 서울함공원

한강을 그대 품 안에

망원한강공원 바로 옆 한강에 있어서 전망이 아주 좋다. 망원한강공원 망원3주차장에 차를 세우고 한강 쪽으로 시선을 돌리면 강물 위에 떠 있는 3층 건물이 보인다. 이 건물에 스타벅스가 입주해 있다. 서울의 수많은 스타벅스 카페 중에서 리버 뷰가 가장 아름다운 곳이다. 낮에 보는 한강 전망도 좋고, 해 질 무렵 노을 뷰도 끝내준다. 밤 분위기는 또 달라서 해진 후 멋진 한강 야경을 즐기는 것도 괜찮은 방법이다. 카페 내부는 모던한 인테리어와 한강이 정면으로 보이는 테이블 배치가 인상적이다. 날이 흐리면 분위기가 낭만적이어서 좋고, 날이 개면 전망이 좋아서 만족스럽다. 공간적 개방감도 훌륭하다. 같은 건물에 치킨 가게, 샌드위치 가게, 편의점, 분식점도 입주해 있다. 스타벅스 근처엔 군함 3척을 원형 그대로 보존한 서울함공원이 있다. 망원한강공원에서 오리배 타기도 가능해서 반나절 정도 시간을 보내기에 적합하다.

PART 3
서울 강남권

롯데월드, 아쿠아리움, 아이스링크……. 이름만 들어도 즐겁다. 서울 강남권은 강북권과 비교하면 인문과 교양의 공간은 그다지 많지 않다. 역사가 짧아서 문화와 스토리가 축적되지 못한 탓이다. 하지만, 그 대신 눈이 즐겁고 몸이 신나는 곳은 오히려 더 많다. 강남권의 명소·맛집·카페·호텔 중에서 아이와 가면 더 즐거운 곳만 엄선했다.

서울특별시 주차정보안내시스템
http://parking.seoul.go.kr/

GYRO
SPIN
호수

서울 강남권 여행 지도
서울물재생체험관
서울식물원
마곡나루역
국립항공박물관
한강
하순옥황금안동국시
목동본점
경인고속도로
오목교역
프롤라 더현대
서울점
여의나루역
여의도한강공원
영등포역
동북아역사재단
독도체험관
서부간선도로
강남순환도시고속도로
관악산

궁
울시청
남산
중앙박물관
반포
한강공원
서울숲
뚝섬한강공원
잠실
한강공원
롯데월드 어드벤처
롯데월드 아이스링크
롯데월드 민속박물관
롯데월드몰
롯데월드아쿠아리움
서울스카이
광나루
한강공원
브릭스파크
소피텔앰버서더
서울호텔
카페닛시
몽촌토성역
올림픽공원
한성백제박물관
잠실역
어양
스시미노루
방이본점
키자니아
서울
송파나루공원
돈까스의집
수작나베
석촌점
송파책박물관
취영루 송파점
호이안로스터리
래미안갤러리
식물관PH
카페쉘리
알로하포케
학동점
팀호완
삼성점
코엑스
별마당도서관
삼성역
논현역
팀홀튼
신논현역점
선릉역
핫코베이커리
노보텔앰버서더
서울강남
송화
역삼역
강남역
AC호텔
바이메리어트강남
서초역
잉크앤페더
강남점
남부터미널역
Workshop by
배스킨라빈스
예술의전당
사당IC
매헌시민의숲

서울 강남권 명소

SIGHTSEEING

SIGHTSEEING

롯데월드어드벤처

한줄평 온종일 놀아도 시간이 부족하다.

서울특별시 송파구 올림픽로 240 1661-2000 일~목 10:00~21:00, 금~토 10:00~22:00

₩ **성인·청소년·어린이** 37,000원~64,000원 **베이비 티켓** 종합이용권 16,000원, 베이비 이용권(1기종) 3,000원, 언더씨킹덤 6,000원, 키즈토리아 9,000원(36개월 미만 무료) **매직 패스 프리미엄** 54,000원~75,000원

교복 대여비 약 2만 원 안팎(업체마다 상이)

베이비 어트랙션 키즈토리아, 언더씨킹덤, 유레카, 스윙팡팡, 어린이 범퍼카, 매직 붕붕카, 머킹의 회전목마 등

임산부 탑승 가능 어트랙션 키즈토리아, 언더씨킹덤, 어린이동화극장, 로티트레인, 쁘띠 빵빵

추천 나이 1세부터 **추천 계절** 사계절 Ⓟ 롯데월드 주차장 **주변 명소** 석촌호수, 롯데월드 민속박물관, 롯데월드 아쿠아리움, 키자니아 서울, 서울 스카이 https://adventure.lotteworld.com/

국내 최대 실내 테마파크

용인의 에버랜드와 쌍벽을 이루는 테마파크이다. 그러나 두 테마파크는 성격과 콘셉트가 확연히 다르다. 에버랜드는 우리나라에서 가장 클 뿐만 아니라 세계적으로도 손에 꼽히는 야외 테마파크이다. 이와 달리 롯데월드 어드벤처는 우리나라에서 가장 먼저 생기고 가장 큰 실내 테마파크이다. 날씨와 관계없이 1년 365일 언제나 스릴과 모험을 경험할 수 있다는 게 큰 장점이다. 위치도 달라서 에버랜드는 서울 외곽 용인에 있지만 롯데월드 어드벤처는 강남의 중심권인 송파구 잠실에 있다. 아이와 가기엔 그만큼 접근성이 좋다.

롯데월드 어드벤처는 실내 테마파크이지만 일부는 실외에 있다. 야외 테마파크를 매직 아일랜드라는 이름으로 구분해서 부른다. 가까운 거리에 아이와 가기 좋은 명소를 두루 갖추고 있는 것도 롯데월드 어드벤처의 차별화된 장점이다. 롯데월드 아이스링크와 롯데월드 민속박물관은 같은 지붕 아래에 있어서 더불어 즐기기 좋다. 온종일 시간을 보내도 부족할 정도로 즐길 거리가 차고 넘치는 셈이다. 또 길 하나 건너면 지상 500m에서 서울을 내려다보며 구경할 수 있는 전망대 서울 스카이와 롯데월드 아쿠아리움이 있다. 또 호텔과 백화점도 바로 옆 건물에 있어서 놀이와 쇼핑, 숙박을 한 곳에서 해결할 수 있다.

테마파크 어트랙션, 하면 대부분 아찔하고 스릴이 넘치는 놀이기구를 먼저 떠올리지만, 다행히 롯데월드엔 유아들이 즐길만한 기구도 잘 갖추고 있어서, 유아부터 어린이까지 모든 연령대의 아이들이 즐겁게 놀 수 있다. 게다가 36개월 미만은 입장료가 무료이다. 12개월 이상 36개월 미만 유아는 베이비 이용권 구매 후 어트랙션을 즐길 수 있다.

아쉬운 점은 에버랜드와 마찬가지로 연중 방문객이 많아 원하는 어트랙션을 원하는 시간대에 이용하기가 쉽지 않다는 것이다. 빠른 탑승을 원한다면 매직 패스 프리미엄 구매를 추천한다. 매직 패스 프리미엄을 구매하면 전용 대기 라인을 이용해 빠르게 탑승할 수 있다. 다만 당일 한정 판매하며, 당일 종합이용권 또는 파크 이용권 구매 고객만 구매할 수 있다. 인기 어트랙션인 아틀란티스, 혜성 특급, 후렌치레볼루션, 플룸라이드는 우선 탑승 1회만 가능하며, 이외의 어트랙션 이용은 횟수 제한 없이 탑승할 수 있다.

테마파크에 온 기분을 제대로 느끼고 싶다면 교복 대여와 귀여운 머리띠 구매는 필수다. 교복은 키즈 의상도 있어서 가족 코스튬으로 착용하면 더 특별한 추억을 만들 수 있을 것이다.

SIGHTSEEING

코엑스 별마당도서관

한줄평 머물고 싶고 경험하고 싶은 매력적인 책 문화 공간
서울특별시 강남구 영동대로 513 스타필드 코엑스몰 B1 02-6002-3031
10:30~22:00 ₩ 무료 **추천 나이** 1세부터 **추천 계절** 사계절 Ⓟ 코엑스 주차장
주변 명소 봉은사 https://www.starfield.co.kr/coexmall/main.do

책으로 소통하는 열린 문화 공간

도서관이 핫플레이스가 되었다. 별마당도서관은 코엑스몰에서 첫손가락에 꼽히는 명소이다. 7만여 권의 장서를 갖추고 있으며, 13m 높이의 서가가 시선을 압도한다. 전국 스타필드에 있는 별마당도서관 중 가장 먼저 생겨난 1호점이다. 2층 구조 규모에 약 850평으로 다른 지점보다 압도적으로 넓다. 1층은 문학·인문학, 지하 1층은 취미·실용 서적을 모아 놓았다. 외국 원서 코너, 유명인의 서재 코너, 국내외 잡지 6백 여종을 모아 놓은 잡지 특화 코너도 인상적이다. 도서관 곳곳에 테이블이 있고 노트북 작업이 가능하다. 아이와 자유롭게 독서하며 의미 있는 시간을 보내기에 안성맞춤이다. 특히 1층 독서 공간은 지하 1층의 선큰Sunken 공간을 조망하면서 여유롭게 책을 읽을 수 있어서 좋다. 또 1층 도서관 바로 옆에는 스타벅스 카페가 있고, 2층에는 빌리엔젤 케이크 카페가 있어서 간식 및 음료를 해결하기도 좋다. 매월 명사 초청 특강, 작가 토크쇼와 시 낭송회, 별마당도서관 콘서트 등을 진행하고 있다. 시간 맞춰 방문하면 기억에 남는 추억을 남기기 좋다.

SIGHTSEEING

롯데월드아이스링크

한줄평 국내 최고의 실내 링크에서 신나게 스케이트를 즐길 수 있다. 서울특별시 송파구 올림픽로 240 롯데월드 쇼핑몰 지하 3층 아이스링크 02-1661-2000 일~목 11:00~20:50, 금~토 11:00~21:20 ₩ **입장권**(개인 스케이트 대여료 불포함) 성인 13,000원(주말 15,000원), 어린이 11,000원(주말 12,000원) **세트권**(입장권+스케이트 대여료) 성인 19,000원(주말 21,000원), 어린이 17,000원(주말 18,000원) **기타 비용** 장갑 구매 1,000원, 보관함 1,000원, 안전 헬멧 무료 대여 **정빙 시간** 12:50~13:10, 14:00~14:30, 16:00~16:30, 17:30~18:00, 20:00~20:30 **추천 나이** 4~5세부터 **추천 계절** 사계절 Ⓟ 롯데월드 주차장 **주변 명소** 롯데월드 어드벤처, 키자니아 서울, 서울 스카이, 롯데월드 아쿠아리움 http://www.lotteworld.com/icerink/

국내 최고 실내 아이스링크

롯데월드 어드벤처에서 가운데 뻥 뚫린 공간 아래로 시원하게 펼쳐진 아이스링크를 본 적이 있을 것이다. 이곳이 롯데월드 아이스링크이다. 크기는 30m×60m로 국내 최고 실내 아이스링크로 꼽힌다. 한 번에 800명까지 수용할 수 있다. 같은 공간에 있지만, 롯데월드 어드벤처 이용권에 포함된 시설은 아니다. 낮에는 어드벤처 유리 돔 천정으로부터 자연채광이 들어와 야외 분위기가 나고, 밤이면 야경과 함께 퍼레이드 축제 분위기를 느낄 수 있다. 스케이트는 준비해 오지 않아도 대여할 수 있고, 안전을 위해 아동용 헬멧이나 장갑을 챙겨 가는 것이 좋으며, 장갑 착용은 필수다. 장갑을 준비하지 못했다면 현장 자판기에서 1,000원에 구매할 수 있다. 실내 아이스링크이라서 연중 내내 방문할 수 있으며, 방학 특강으로 스케이트 강습이 진행하기도 한다. 롯데월드아이스링크는 일반 단체나 선수의 훈련을 위한 대관이 이루어지기도 한다. 방문 전 홈페이지를 통해 대관 일정을 미리 확인하는 것을 잊지 말자.

SIGHTSEEING

롯데월드민속박물관

💬 **한줄평** 사실적인 모형으로 조선 시대 왕실과 백성의 생활상을 실감 나게 보여준다. 서울특별시 송파구 올림픽로 240 롯데월드 쇼핑몰 3층 02-411-4762 11:00~18:00(입장 마감 17:50) ₩ 성인 5,000원(20세 이상), 청소년 3,000원(14~19세), 어린이 2,000원(36개월~13세) ⓘ **공예 체험** 금·토·일 13:00~17:00(박물관 입구, 당일 현장 접수, 문의 02-411-4768) **추천 나이** 1세부터 **추천 계절** 사계절 Ⓟ 롯데월드 주차장 **주변 명소** 롯데월드 어드벤처, 롯데월드 아쿠아리움, 키자니아 서울, 서울 스카이 https://adventure.lotteworld.com/museum

5천 년 생활사와 문화사를 한꺼번에

롯데월드 쇼핑몰 3층에 있다. 우리 조상들이 어떻게 살았고, 무엇을 창조했는지 유물과 재현 모형을 통해 쉽고 재미있게 이해할 수 있다. 롯데월드 어드벤처 3층에서 연결되어 이동하기 편하다. 롯데월드 어드벤처 종합이용권을 소지한 사람은 무료로 입장할 수 있다. 선사실부터 고구려실, 백제실, 신라실 등 시대에 따른 상설 전시물에서 우리의 생활사와 문화사를 살펴볼 수 있다. 가장 인상적인 곳은 거대한 디오라마가 펼쳐지는 '조선실'의 모형 촌이다. 조선 시대 생활 모습을 축소하여 재현한 모형 전시관이다. 경복궁 축소 모형도 볼 수 있고, 왕실 생활 모습도 사실적으로 표현해 보여준다. 또 2천여 점의 인형을 이용하여 조선 시대의 사계절과 세시풍속, 관혼상제, 양반과 서민들의 생활 모습을 사실적으로 보여준다. 주말 및 공휴일엔 매표소 옆에서 진행하는 공예 체험에 참여할 수 있다. 한지공예, 거문고 만들기, 연필꽂이 만들기 등 종류가 다양하며 약간의 체험료를 받는다. 시간에 맞춰 체험 프로그램에도 참여해 보자.

SIGHTSEEING

키자니아서울

한줄평 신나고 즐겁게 직업을 체험할 수 있다. 서울특별시 송파구 올림픽로 240 키자니아 서울
02-1544-5110 1부 10:00~15:00, 2부 15:00~19:30 ₩ **어린이(36개월~중학교 3학년)** 반일권 1부 52,000원·반일권 2부 42,000원·종일권 67,000원 **보호자(17세 이상)** 반일권 1부 20,000원·반일권 2부 17,000원·종일권 20,000원
추천 나이 4세부터 **추천 계절** 사계절 Ⓟ 키자니아 서울 주차장
주변 명소 롯데월드 어드벤처, 서울 스카이, 석촌호수 https://www.kidzania.co.kr/intro

만족도 높은 직업 체험 테마파크

체험과 놀이를 하면서 생생하게 직업을 체험할 수 있는 테마파크이다. 롯데월드 서쪽에 붙어 있다. 소방관, 은행원, 요리가, 항공기 승무원……. 키자니아엔 한번에 모두 체험할 수 없을 만큼 다양한 직업이 존재한다. 일부 직업 체험엔 오뚜기, 신한은행, 대한항공 등 실제 기업이 참여해 현실감 있는 체험이 가능하다. 소방서 체험의 인기가 제일 높다. 움직이는 소방차를 타기도 하고, 호텔 건물을 향해 직접 물대포를 쏘아 불을 끄는 체험을 하기에 다른 체험보다 역동적이다. 간단한 음식을 직접 만들고 시식까지 하는 요리 체험의 인기도 꽤 높다. 승무원 체험도 인기가 많다. 인기가 높은 직업은 경쟁이 치열하다. 이럴 때 추가 요금을 내고 타임티켓을 구매하면 인기 체험을 미리 확보할 수 있다. 타임티켓은 현장에서만 발권하므로, 일찍 도착해야 구매할 수 있다. 일반 입장권은 반일권과 종일권이 있다. 반일권은 다시 1부, 2부로 나뉜다. 앱으로 이용권을 구매한 후 현장에서 티켓을 교환한 뒤 입장하면 된다.

SIGHTSEEING

송파나루공원 석촌호수

한줄평 벚꽃 명소이자 송파의 손꼽히는 산책 코스

서울특별시 송파구 잠실로 148 24시간 **추천 나이** 1세부터 **추천 계절** 사계절

호수 주변 공영주차장 **주변 명소** 롯데월드 어드벤처, 서울 스카이, 키자니아 서울

사계절 모두 아름다운 호수공원

서울에서 손꼽히는 벚꽃 명소이자 데이트 코스로, 사계절이 모두 아름답기로 유명한 잠실의 대표 관광지다. 석촌호수가 있는 곳은 본래 송파 나루터가 있던 한강의 본류였다. 1970년대 초 잠실을 택지로 개발하면서 물길을 막았는데 그때 한강이 지금의 석촌호수가 되었다. 한강 본류를 막고 매립해서 생긴 땅이 잠실과 신천동이다. 호수는 원래 하나였으나 송파대로가 지나면서 서호와 동호로 나뉘게 되었다. 동호와 서호를 합친 호수 둘레는 2.5km에 이른다. 호수를 둘러쌓고 있는 산책로를 따라 주변 풍경도 함께 둘러보기 좋다. 산책로는 걷고 뛰기 좋은 평지라 유모차도 편하게 끌고 다닐 수 있다. 아장아장 걷는 아이들에게도 최고의 산책로이다. 날씨가 좋은 계절이면 수변 무대에서 버스킹이 열리기도 한다. 석촌호수는 주변에 여러 명소를 거느리고 있다. 서호에서는 롯데월드 어드벤처와 롯데백화점이 가깝고, 동호에서는 롯데 애비뉴엘, 롯데월드타워, 롯데월드몰 그리고 맛집이 즐비한 송리단길과 가깝다. 호수에 떠 있는 문 보트는 롯데월드 이용자만 탑승할 수 있다. 호수만 찾는 사람은 탑승할 수 없음을 알아두자.

SIGHTSEEING

서울스카이

한줄평 해발 500m, 세계 TOP4 전망대 서울특별시 송파구 올림픽로 300, 117~123층 1661-2000
10:30~22:00 ₩ 성인 31,000원(만 13세 이상), 어린이 27,000원(만 36개월 이상~만 12세 이하), 만 36개월 미만 소아는 보호자 동반하에 1명 무료, 패스트 패스 62,000원(전 연령 동일) **추천 나이** 1세부터 **추천 계절** 사계절 Ⓟ 롯데월드타워 주차장 **주변 명소** 롯데월드몰, 롯데월드 어드벤처, 키자니아 서울 http://seoulsky.lotteworld.com/main/index.do

국내에서 가장 높은 전망대

서울 스카이는 롯데월드타워 가장 높은 곳에 있다. 높이가 무려 500m로 국내에서 가장 높고, 세계에서는 네 번째이다. 세계에서 가장 높은 유리 전망대로 기네스북에 올랐다. 더블 데크 엘리베이터를 타면 1분 만에 도착한다. 전망대에 도착하면 네 명의 캐릭터 친구들이 반겨준다. 전망대에선 서울을 360도로 눈에 담을 수 있다. 120층에서 바라보는 전망은 낮과 밤이 모두 아름답다. 서울의 찬란한 역사와 역동적으로 발전을 이뤄온 현대의 모습을 한눈에 보여줘 남다른 감동을 선사한다. 서울 스카이에서는 한국의 자부심을 주제로 하는 전시와 구름 위에서 즐기는 커피 한 잔의 여유도 즐길 수 있다. 119층엔 디저트 카페가, 121층엔 기념품 가게가 있다. 디저트 카페에선 캐릭터를 주제로 만든 디저트를 판매한다. 123층에서는 아찔한 스릴을 경험할 수 있다. 서울 스카이의 꼭대기 양쪽을 이어주는 스카이 브릿지를 직접 걸어보는 것이다. 용기 있는 자만이 도전할 수 있는 특별한 경험이다.

SIGHTSEEING

롯데월드몰

한줄평 맛집, 키즈 카페, 놀거리를 두루 갖춘 프리미엄 쇼핑몰
서울특별시 송파구 올림픽로 300 02-3213-5000 10:30~22:00
추천 나이 1세부터 추천 계절 사계절 Ⓟ 롯데월드몰 주차장
주변 명소 서울 스카이, 롯데월드 아쿠아리움, 롯데월드 어드벤처 http://www.lwt.co.kr/mall

쇼핑, 놀거리, 즐길 거리가 가득

롯데월드타워 동쪽 옆에 붙어 있는 프리미엄 쇼핑몰이다. 쇼핑과 놀거리, 먹을거리, 즐길 거리까지 한곳에서 해결할 수 있다. 규모와 시설, 디자인 등 모든 면에서 세계 최고의 프리미엄 쇼핑몰을 지향한다. 맛집과 트렌디한 패션 브랜드가 많아서 쇼핑하며 데이트까지 즐기는 사람도 많다. 롯데월드몰엔 영화관, 아쿠아리움, 아쿠아 가든 카페, 실내 놀이터 째각섬, 챔피언 키즈카페 등 아이와 함께 갈만한 곳이 꽤 많다. 이곳에서 종일 시간을 보내도 모자랄 정도라서 아이와 부모 둘 다 만족도가 높은 편이다. 4층에는 유모차 서비스02-3213-4011 창구를 따로 두고 있으며, 유아 휴게실02-3213-4015도 갖추고 있다. 1층과 야외 광장에서는 주기적으로 이벤트와 팝업 스토어가 열린다. 연말에는 크리스마스 마켓이 열려 낭만적인 분위기를 한껏 돋운다. 주변과 롯데월드몰 안에 서울 스카이 전망대와 롯데월드 어드벤처, 롯데월드 아이스링크, 롯데월드 민속박물관, 키자니아 서울, 석촌호수 송파나루공원까지 있어서 당일 코스, 또는 1박 2일 코스로 아이와 함께 짧은 여행을 즐기기 좋다.

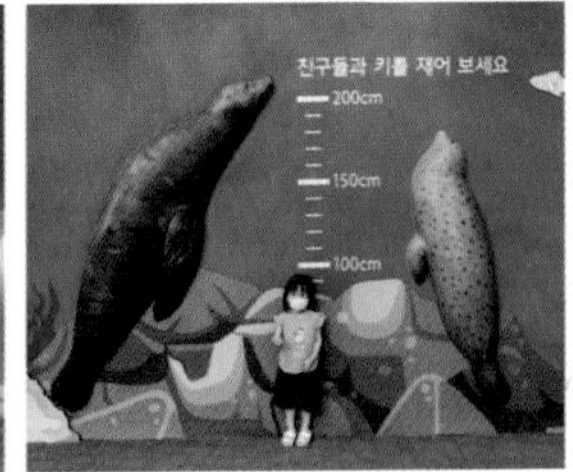

SIGHTSEEING

롯데월드아쿠아리움

한줄평 국내 최대 수조를 갖춘 아쿠아리움 서울특별시 송파구 올림픽로 300 롯데월드몰 B1
1661-2000 10:00~22:00 ₩ 성인·청소년(만 13세 이상) 35,000원, 어린이·경로 31,000원, 36개월 미만 무료(**아쿠아리움 & 서울 스카이 패키지** 성인·청소년 58,000원, 어린이·경로 52,000원) **추천 나이** 모든 연령
추천 계절 사계절 Ⓟ 롯데월드몰 주차장 **주변 명소** 서울 스카이, 롯데월드 어드벤처, 키자니아 서울
https://www.lotteworld.com/aquarium

바다를 그대로 옮겨 놓은 듯한

롯데월드몰에서 아이가 제일 좋아하는 곳이다. 25m의 국내 최대 수조에서 해양 동물들이 자유롭게 유영한다. 수조가 워낙 커서 실제 바다에서 생활하는 동물 친구들을 만나는 것 같은 기분을 느낄 수 있다. 아쿠아리움은 모두 13개 테마로 구성되어 있다. 롯데월드 아쿠아리움은 볼거리가 풍부할 뿐만 아니라 해양구조대, 물고기 도시락 주기, 잉어 젖병 먹이 주기 같은 체험에 직접 참여할 수 있어서 아이들이 좋아한다. 수많은 바다 친구 중에서도 가장 인기가 많은 해양 동물은 단연 벨루가다. 벨루가는 흰돌고래를 뜻하는 영문 이름이다. 벨루가는 사람을 피하기는커녕 재롱을 피울 만큼 친화성이 뛰어나다. 워낙 귀여우면서도 듬직하기까지 해서 아이도 어른도 한참 넋을 잃고 구경하게 된다. 참물범, 캘리포니아 바다사자, 훔볼트 펭귄, 피라냐, 얼룩 매가오리, 매부리 바다거북 등도 인기가 좋다.

SIGHTSEEING

소피텔앰배서더 서울호텔

한줄평 유아 풀, 온수 야외 자쿠지, 키즈 라운지를 갖춘 5성급 호텔
서울특별시 송파구 잠실로 209 02-2092-6000 체크인/체크아웃 15:00/11:00
추천 나이 2세부터 **추천 계절** 사계절 **추천 시설** 키즈라운지, 수영장, 온수 야외 자쿠지
호텔 주차장 **주변 명소** 석촌호수공원, 롯데월드 https://www.sofitel-seoul.com

놀이공원 옆 호수 뷰 호텔

한국의 첫 번째 소피텔 브랜드로. 아코르 계열의 5성급 호텔이다. 소피텔은 석촌호수 동호 옆에 있다. 롯데월드몰 옆 건물이다. 아이들의 놀거리 천국인 롯데월드도 바로 옆이라서 아이들과 함께 묶기에 이만한 곳도 드물다. 아이와 투숙하면 침대 가드와 아기침대, 아기 욕조 대여 서비스를 받을 수 있다. 투숙 날짜가 정해지면 사전에 예약하도록 하자. 5성급 호텔답게 서비스나 부대 시설의 만족도가 높다. 부대시설 중 16층에 있는 길이 25미터의 수영장이 단연 압권이다. 통유리창으로 들어오는 채광이 아름답고, 석촌호수와 잠실 도심 전망도 어디에 뒤지지 않는다. 유아 풀 공간이 따로 있으며 구명조끼, 암 튜브, 넥 튜브를 사용할 수 있다. 온수를 제공하는 야외 자쿠지 또한 소피텔 수영장의 장점이다. 아이들이 놀기 좋은 또 다른 부대시설로는 투숙객 전용 키즈라운지가 있다. 다양한 색감의 인테리어가 아이들의 창의성을 자극한다. 키즈카페와 TV 시청 공간, 독서 공간 등을 갖추고 있다.

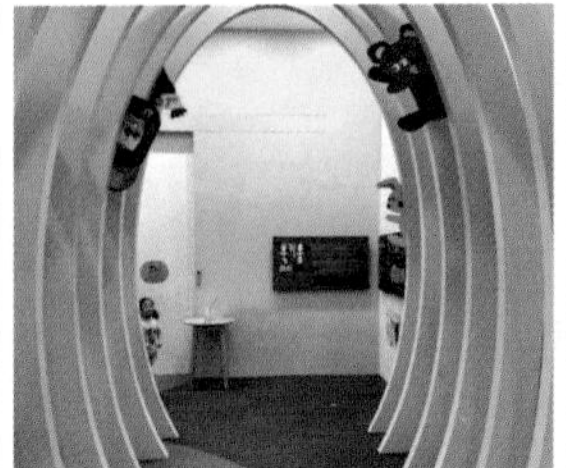

SIGHTSEEING

송파책박물관

한줄평 책과 친해지기 좋은 체험형 박물관
서울특별시 송파구 송파대로37길 77 0507-1362-2486 10:00~18:00(월요일 휴무)
북키움 예약 가능 시간대 10:00~11:50, 13:00~14:50, 15:00~16:50(시간대별로 70명 제한) ₩ 무료
추천 나이 유아~어린이 **추천 계절** 사계절 Ⓟ 책발물관 주차장
주변 명소 롯데월드 어드벤처, 키자니아 서울 https://www.bookmuseum.go.kr/

책에 관한 모든 것 체험하기

송파구청이 세운 우리나라 최초의 공립 책 박물관이다. 책장을 닮은 2층 사각 건물이 인상적이다. 외관이 단아하고 정갈하다. 도서관으로 들어가면 마치 커다란 책장 내부로 들어가는 느낌이 든다. 상설 전시, 기획 전시 및 키즈 스튜디오, 어울림홀 등 박물관의 모든 시설을 무료로 이용할 수 있다. 초등학생 이하의 아이라면 홈페이지 예약 후 이용할 수 있는 북키움(1층)을 방문해 보자. 북키움은 세계 명작 동화를 즐거운 상상과 다양한 감각으로 체험하고 느낄 수 있는 책 체험 전시실이다. 1층 키즈 스튜디오에서는 전시와 연계된 체험형 교육 프로그램을 진행한다. 어울림홀은 박물관 중앙부에 계단식으로 만든 독서 공간이다. 이곳에서는 누구나 편하게 책을 읽을 수 있다. 2층 상설 전시실에선 독서와 책을 주제로 전시가 열린다. 누구나 자유롭게 책을 만들고 예술 활동을 할 수 있는 북 스튜디오도 2층에 있다. 책박물관은 롯데월드 및 석촌호수와 멀지 않아서 당일치기로 함께 다녀오기 좋다.

SIGHTSEEING

올림픽공원

한줄평 사계절이 아름다운 시민들의 휴식 공간 서울특별시 송파구 올림픽로 424
02-410-1114 05:00~22:00(광장은 05:00~24:00) ₩ 없음
추천 나이 1세부터 **추천 계절** 봄~가을 Ⓟ 올림픽공원 주차장 **주변 명소** 한성백제박물관, 롯데월드 어드벤처, 롯데월드 아쿠아리움, 서울 스카이 www.ksponco.or.kr/olympicpark

쉬고 놀면서 예술과 역사 체험하기

1986년 서울아시안게임과 88 서울올림픽에 필요한 체육 시설을 지으며 함께 만들었다. 전체 면적은 약 44만 평으로, 1백만 평에 이르는 상암동의 월드컵공원에 이어 서울에서 두 번째로 크다. 공원은 크게 세 개 테마로 나뉘어 있다. 건강 올림픽공원, 볼거리 올림픽공원, 재미있는 올림픽공원이 그것이다. 건강 올림픽공원에는 산책로, 조깅 코스, 각종 경기장이 들어서 있다. 볼거리 올림픽공원에는 몽촌토성, 올림픽 미술관 등이 있다. 재미있는 올림픽공원에는 호돌이 관광열차, 음악분수 등이 있다. 공원엔 다채로운 꽃과 나무들이 계절마다 각기 다른 아름다움을 뽐낸다. 봄이면 장미 축제와 벚꽃이 아름다운 팔각정이 볼만하고, 여름에는 물놀이장이 개장한다. 가을이면 야생화 단지엔 핑크뮬리가, 들꽃 마루엔 코스모스가 가득 핀다. 올림픽공원의 랜드마크 '나 홀로 나무'는 넓은 잔디밭에 홀로 우뚝 서 있다. 드라마 영화 촬영지로도 유명하며, 이름난 포토 존이기도 하다. 주변이 넓은 공터라 아이들이 뛰어놀기 좋다.

SIGHTSEEING

한성백제박물관

한줄평 서울이 600년이 아니라 2,000년이 넘은 고도임을 알려준다.
서울특별시 송파구 위례성대로 71 02-2152-5800 09:00~19:00 **추천 나이** 1세부터
추천 계절 사계절 지하 주차장 **주변 명소** 올림픽공원, 소마미술관, 롯데월드 어드벤처, 송파책박물관
https://baekjemuseum.seoul.go.kr

놀고 퍼즐 맞추며 배우는 백제 역사

백제의 역사는 기원전 18년 지금의 송파구와 하남시에서 시작되었다. 풍납토성과 몽촌토성, 그리고 석촌동 고분군이 이를 웅변하고 있다. 백제의 수도가 송파구와 하남시에 있던 기간은 백제 역사 678년 중에서 무려 493년이다. 공주와 부여가 수도였던 기간의 두 배가 넘는다. 그러나 이런 사실을 아는 사람은 많지 않다. 한성백제박물관은 이런 배경에서 출발했다. 서울시가 한성 시기 백제 역사를 연구하고, 서울이 2천 년 역사 도시라는 사실을 널리 알리기 위해 올림픽공원 남쪽 조각공원 옆에 박물관을 세웠다. 한성백제박물관은 서울의 선사 문화와 더불어 백제의 건국과 삼국 이야기 등을 3개의 전시실에 걸쳐 상세하게 펼쳐 보여준다. 아이가 선사와 고대 역사를 이해하기에 이만큼 좋은 곳도 드물다. 전시 공간만 있다면 아이들이 지루해할 수 있을 터이다. 그래서 박물관은 다양한 체험 거리를 준비해 백제와 친근해지게 도와준다. 대표적인 체험 거리로는 수막새 퍼즐 맞추기, 깨진 토기 완성하기, 고인돌 옮기기 게임, VR 체험 등이 있다. 대기 시간 없이 체험을 즐길 수 있어서 더 좋다.

SIGHTSEEING

래미안갤러리

한줄평 아이를 위한 체험 교실도 좋고, 최신 인테리어 아이디어를 얻을 수 있어서 더 좋다.
서울특별시 송파구 충민로 17 1588-3588 10:00~18:00(월요일 휴무) ₩ 무료 **추천 나이** 1세부터
추천 계절 사계절 Ⓟ 지하 1층 주차장(무료) **주변 명소** 송파책박물관 https://raemian.co.kr/gallery/main/intro.do

나들이하기 좋은 문화 공간이자 갤러리

삼성물산 아파트 브랜드 '래미안'의 홍보관으로, 송파구 가든 파이브 옆에 있다. 모델하우스 아닌가 싶지만, 비정형 건물부터 이런 선입관을 깨준다. 한국 지형의 아름다움을 모티프로 전통과 현대, 자연과 첨단의 조화를 건축에 담아냈다고 한다. 비정형 건축물을 커다란 보자기로 감싼 듯해 깊은 인상을 준다. '래미안갤러리'라는 홍보관 이름도 그렇지만, 실제로도 다채로운 기획 전시가 꾸준히 이어진다. LED 조명 만들기, 색칠 놀이 등 아이들을 위한 다양한 체험 교실이 열린다. 청소년을 위한 건축 스쿨, 크리스마스 생활 리스 만들기 프로그램도 인기가 많다. 트렌디한 인테리어를 보여주는 주거체험관도 인상적이다. 아이 방과 집 꾸미기에 좋은 아이디어를 얻을 수 있다. 유모차를 끌고 여기저기 돌아다니기 편해서 좋다.

SIGHTSEEING

AC호텔바이 메리어트강남

한줄평 호캉스에 적합한 아이 친화적인 호텔 서울특별시 강남구 테헤란로25길 10 02-2050-6000
체크인/체크아웃 15:00/12:00 **추천 시설** 키즈 라운지 리틀 챔피언 플러스 호텔 주차장 **주변 명소** 코엑스 별마당도서관 https://www.marriott.com/ko/hotels/selag-ac-hotel-seoul-gangnam/overview/

역삼동의 키즈 프렌드리 호텔

AC호텔바이 메리어트강남은 메리어트 계열 4성급 호텔이다. 한국에선 2022년 강남에 최초로 오픈하였다. 역삼역에서 도보 3분이면 호텔에 도착할 만큼 초역세권이다. 호캉스를 즐기기 좋은 어린이 친화적인 호텔이라 강남 여행을 위한 숙소로 적합하다. 아이들이 놀고 싶다고 하면 키즈 라운지 리틀 챔피언스 플러스로 데리고 가면 된다. 볼 풀, 미끄럼틀, 어린이용 미니 집라인 등 아이들이 좋아하는 놀이기구를 잘 갖추고 있다. 조식도 아이들이 좋아하는 음식이 많아 만족도가 높다. 침대 가드, 아기침대 등 육아에 필요한 용품도 무료로 대여해 준다.

SIGHTSEEING

노보텔앰배서더 서울강남

한줄평 강남 여행에 적합한 5성급 글로벌 호텔
서울특별시 강남구 봉은사로 130
02-531-6000 **체크인/체크아웃** 15:00/12:00
추천 시설 로비 라운지, 키즈 존, 수영장
호텔 주차장 **주변 명소** 코엑스 별마당도서관
https://www.ambatel.com/novotel/gangnam/ko/main.do

아이와 가기 좋은 호캉스 호텔

노보텔은 우리에게 인지도가 높은 아코르 계열 호텔 중 하나이다. 노보텔 강남은 5성급 호텔로 역삼동의 신논현역에서 걸어서 5분 거리에 있다. AC호텔바이 메리어트강남과 마찬가지로, 입지와 시설이 강남을 여행하다가 묵기 좋은 숙소다. 케이크와 커피를 마시며 쉴 수 있는 로비 라운지에 거대한 에펠탑이 있어서 이국적인 분위기를 풍긴다. 키즈 카페는 없지만 로비에 아이들이 놀만한 키즈존이 있다. 아이와 함께 즐기기 좋은 호캉스를 테마로 구성된 가족 패키지를 꾸준히 오픈하고 있다. 이래저래 강남 여행을 준비한다면 눈여겨 볼 만한 호텔이다.

SIGHTSEEING

잉크앤페더강남점

한줄평 영어 학습 교재와 영어 동화, 영어 소설책이 가득하다. 서울특별시 서초구 반포대로 105 다안빌딩 B1, B2
02-3478-0505 월~토 10:00~20:00(공휴일 14:30~19:00) **휴무** 일요일 **추천 나이** 1세부터 **추천 계절** 사계절
지하 주차장(5만 원 이상 구매 시 1시간 무료) **주변 명소** 예술의전당 www.inknfeather.com

인지도 높은 영어 원서 서점

잉크앤페더는 국내 최초, 최대 규모의 영어 전문 서점이다. 영어 도서 전문 서점 중에서는 인지도가 꽤 높은 곳이다. 서울 서초동과 부산에 지점이 있다. 국내외 유명 출판사의 영어 학습 교재, 영어 동화, 소설 등 4만여 종의 도서를 보유하고 있다. 영유아부터 성인까지 장르별, 수준별로 다양한 영어 도서를 판매한다. 정기적으로 영어 교육 관련 세미나가 열린다.

서울 강남점은 지하철 2호선 서초역 근처에 있다. 서점으로 들어서면 우리나라에 이렇게 많은 영어 원서가 있었나 싶을 정도로 수많은 서적이 서가를 꽉 채우고 있다. 영어 유치원과 영어 학원 강사들이 교재를 선택하기 위해 많이 찾아온다. 회원으로 가입하면 아이들 영어 레벨 테스트를 받을 수 있다. 레벨 테스트를 마치면 아이에게 맞는 영어책을 추천해 준다. 레벨 테스트 결과는 PDF 파일로 저장할 수 있으며 집에서 프린트도 할 수 있다. 집에서 아이와 영어를 공부할 예정이라면 리더스 시리즈와 DK My First 시리즈, 픽토리 베이비 시리즈 등이 있다. 책은 온라인으로도 구매할 수 있다.

SIGHTSEEING

예술의전당

한줄평 부모와 아이 모두 만족하는 복합 문화예술 공간 서울특별시 서초구 남부순환로 2406 1668-1352
음악 분수 운영 4월30일~10월30일(상세 시간은 홈페이지 참고) 101 어린이 라운지 이용료 1시간 기준 어린이 20,000원(13개월~6세), 영아 10,000원(0개월~12개월), 보호자 1명 무료 입장 영유아 돌봄서비스 공연 및 전시 시작 30분 전부터 종료 후 15분까지 제공. 이용 2일 전 전화 예약 필수(02-580-1101) 추천 나이 1세부터 추천 계절 사계절
예술의전당 주차장 주변 명소 잉크앤페더 강남점 www.sac.or.kr

하루쯤 예술 산책

한해 300만 명이 찾는 우리나라를 대표하는 복합 문화예술 공간이다. 공연장 일곱 개, 세 개의 미술관, 그리고 서예박물관에서 수준 높은 공연과 전시가 끊이지 않고 이어진다. 예술의 향기를 느끼며 여유롭게 시간을 보내기 좋은 곳이다. 산책로, 음악 분수, 벤치, 광장, 포토 존인 시계탑에 카페, 베이커리, 레스토랑까지 갖추고 있어서 즐겁게 놀 수 있다. 예술의 전당은 어린이와 성인, 가족을 대상으로 하는 다양한 아카데미도 운영한다. 미술 실기, 인문과 감상, 서화 아카데미와 음악 영재 아카데미를 꼽을 수 있다. 어린이를 위한 공간도 따로 있다. 비타민 스테이션 구역에 있는 1101 어린이 라운지이다. 이곳에서는 부모가 공연과 전시를 마음 편하게 볼 수 있도록 영유아 돌봄 서비스를 제공해 준다. 이틀 전 전화로 예약하면 된다. 예술의 전당 소속은 아니지만, 국립국악박물관도 아이들이 좋아하는 곳이다. 국악 연주를 듣거나 악기를 관람할 수 있으며, 실제로 악기 체험도 할 수 있다.

SIGHTSEEING

매헌시민의숲

한줄평 공원형 키즈 카페와 다양한 체험 프로그램이 아이들을 부른다
서울특별시 서초구 매헌로 99 02-575-3895
₩ **이용료** 3,000원(공원형 키즈 카페, 2시간) **천천투어** 5세 이상 어린이와 학부모(5월~10월, 무료)
추천 나이 1세부터 **추천 계절** 사계절 Ⓟ 매헌시민의숲 공영주차장
주변 명소 예술의전당 https://parks.seoul.go.kr/template/sub/citizen.do

최초로 숲 개념을 도입한 도심 공원

서초구 양재동에 있는 공원이다. 86년 아시안 게임과 88년 서울올림픽을 앞두고 당시 경부고속도로 양재 톨게이트 주변의 환경을 개선하려고 공원을 만들었다. 원래는 양재시민의숲이었으나 윤봉길 의사의 호를 따서 매헌시민의숲으로 이름을 바꾸었다. 매헌시민의숲은 우리나라에서 처음으로 숲 개념을 도입한 도심 공원이다. 그래서 서울에서 흔히 보기 힘들 만큼 숲이 울창하다. 계절을 바꾸며 벚꽃, 장미, 수국이 피어나고, 가을엔 형형색색 단풍이 매혹적이어서 공원을 산책하는 즐거움이 남다르다. 어린이놀이터, 바닥분수, 농구장, 배구장, 족구장 등을 갖추고 있다. 양재천 천천투어, 공원 탐사대 같은 체험 활동에도 참여할 수 있다. 윤봉길 의사 기념관, 삼풍백화점 희생자 위령비, 대한항공 858편 희생자 위령탑, 우면산 산사태 희생자 추모비가 공원 안에 있다.

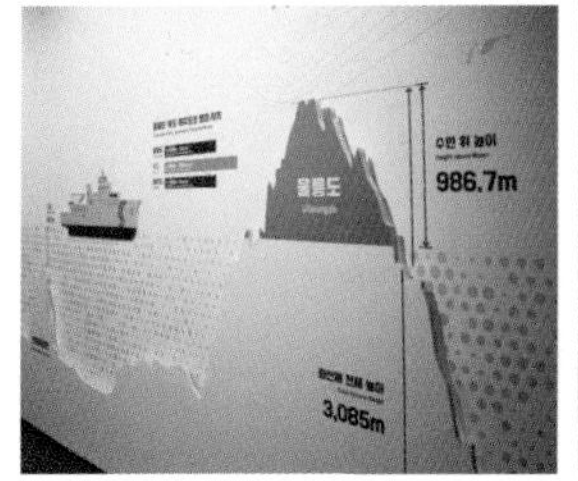

SIGHTSEEING

동북아역사재단 독도체험관

한줄평 체험하며 배우는 독도의 역사와 자연
서울특별시 영등포구 영중로 15 타임스퀘어 지하 2층 02-2068-6101 월~목 10:30~19:00, 토~일 11:00~18:00
₩ 무료 **추천 나이** 3세부터 **추천 계절** 사계절 Ⓟ 타임스퀘어 주차장 http://dokdomuseum.nahf.or.kr

서울에서 만나는 독도

"울릉도 동남쪽 뱃길 따라 200리, 외로운 섬 하나 새들의 고향……." 대한민국의 아침을 맨 먼저 여는 곳, 독도를 떠올리면 이상하게 마음이 애틋하고 아련해진다. 영등포구 타임스퀘어에 있는 독도체험관은 독도까지 가지 않더라도 독도를 만날 수 있는 곳이다. 체험관 규모가 엄청나게 크지는 않다. 하지만 아이들에게 독도의 중요성을 알려주고, 여러 가지 체험을 즐길 수 있는 뜻깊은 곳이다. 독도에 관한 모든 정보를 얻을 수 있을 만큼 구성이 알차다. 무엇보다 이곳에서는 KBSN에서 송출하는 독도 모습을 실시간으로 볼 수 있다. 동해와 동도, 서도를 축소해서 재현해 놓은 모형도 볼만하다. 독도에 얽힌 역사적 사실과 독도에서 살고 있는 해양 동물에 대해서도 배울 수 있다. 체험 거리 중 메타버스 독도체험관의 인기가 높다. 게임 형태로 독도를 체험할 수 있고, 독도에 사는 미생물을 미세현미경으로 관찰할 수도 있다. 또 퍼즐 맞추기, 독도 생물 찾기 놀이, 독도와 바다 동물 친구들을 색칠하는 미술 놀이도 할 수 있다. 이런저런 체험을 즐기고 나면 아이들 마음에 대한민국의 막내 독도가 푸르게, 그리고 또렷이 자리 잡게 될 것이다.

SIGHTSEEING

서울물재생체험관

한줄평 놀이와 체험을 통해 물 재생 과정을 이해하는 체험관 서울특별시 강서구 양천로 201 02-3660-2125
1회 10:00~12:00, 2회 12:30~14:30, 3회 15:00~17:00(매일 3회 운영, 온라인 예약, 잔여 인원 발생 시 현장 예약 가능)
₩ 무료 **추천 나이** 유치원생~초등학생 **추천 계절** 사계절(물놀이터 개장하는 여름 추천) **예약** https://yeyak.seoul.go.kr
Ⓟ 서울물재생체험관 주차장 **주변 명소** 서울식물원, 국립항공박물관 http://www.swr.or.kr/museum

물의 여행 공부하기

하수도의 역할, 하수가 깨끗한 물이 되어가는 과정 등을 놀이와 체험을 통해 배울 수 있는 곳이다. 3층 건물로, 강서구 마곡동의 서울물재생공원 안에 있다. 1층엔 서남물재생센터 홍보관과 하수 관련 전시 체험관이 있다. 체험관은 하수도와 친해질 수 있는 다양한 콘텐츠로 구성돼 있다. 하수도 만들기, 물의 재생과 하수도 관련 퀴즈 맞히기, 하수관 파이프 미끄럼틀 등이 있다. 하수관 파이프 미끄럼틀은 2층에서 탑승하여 1층으로 내려온다. 아이들은 체험 과정을 거치며 하수도의 역할과 물 재생의 중요성을 자연스럽게 이해하게 된다. 2층에서는 변기 속 탐험, 하수관 속 조사하기, 하수 맨홀 청소하기, 하수도 건설하기 같은 체험을 할 수 있다. 또 통통물놀이터에선 하수를 재생한 깨끗한 물을 사용해 물대포 쏘기, 물컵 리프트 같은 놀이를 할 수 있다. 서울물재생체험관은 온라인 예약이 필수이다. 매일 3회 운영하는데, 잔여 인원이 있을 때는 현장 예약도 가능하다. 여름에는 서울물재생공원에 물놀이장을 개장한다.

SIGHTSEEING

서울식물원

한줄평 아이들이 더 좋아하는 정원 학교와 로봇과 함께하는 온실 투어 서울특별시 강서구 마곡동로 161
02-2104-9716 **열린 숲·습지원·호수원** 연중무휴 **주제원** 3월~10월 09:30~18:00(마지막 입장 7:00), 11월~2월 09:30~17:00(마지막 입장 16:00) 휴무 월요일(주제원) ₩ **온실 및 주제원 입장료** 성인 5,000원, 청소년 3,000원(만 13~18세), 어린이 2,000원(만 6~12세) **추천 나이** 1세부터 **추천 계절** 사계절
Ⓟ 서울식물원 주차장 **주변 명소** 서울물재생체험관, 국립항공박물관 botanicpark.seoul.go.kr

식물원과 공원을 결합한 보타닉가든

공항철도 마곡나루역에 내리면 이윽고 서울식물원이다. 서울물재생공원이 바로 옆에 있다. 축구장 70개 크기와 맞먹는 땅에 열린 숲, 습지원, 주제 정원, 호수 정원을 조성했다. 서울식물원의 하이라이트는 주제 정원이다. 그중에서도 세계에서 유일한 오목 접시 모양 온실이 핵심이다. 온실엔 지중해와 열대에 있는 12개 도시의 자생식물이 전시돼 있다. 주제 정원 한편엔 친환경 놀이터와 어린이정원도 있다. 서울식물원은 입장료가 없지만, 주제 정원은 입장료를 내야 한다. 서울식물원은 아이들을 위한 식물 체험 프로그램도 운영한다. 여러 프로그램 중에서 어린이정원학교와 해설사와 함께하는 온실 로보타닉 투어의 인기가 제일 많다. 어린이정원학교는 8~11세 아이가 보호자와 함께 미니 화분을 만들고 직접 식물을 심어 집으로 가져가는 체험 프로그램이다. 온실 로보타닉 투어는 서울식물원의 로봇 마스코트 로보타닉의 설명을 들으며 온실을 관람하는 프로그램이다.

SIGHTSEEING

국립항공박물관

한줄평 아이들이 더 신나 하는 국내 최초 항공 분야 국립박물관

서울 강서구 하늘길 177 02-6940-3198 10:00~18:00(월요일 휴무) ₩무료(일부 체험 유료)

체험 종류 블랙이글 탑승 체험, 조종 관제 체험, 기내 훈련 체험, 항공 레포츠 체험, 어린이 공항 체험 **추천 나이** 4세부터

추천 계절 사계절 Ⓟ국립항공박물관 주차장 **주변 명소** 서울식물원, 서울물재생체험관 www.aviation.or.kr

항공의 역사를 한눈에

국내 최초의 항공 분야 국립박물관이다. 김포공항 바로 옆에 있다. 비행기의 터빈 엔진을 닮은 박물관 외관이 멀리서 봐도 시선을 끈다. 세계와 우리나라의 항공 역사, 그리고 항공 산업을 전시물과 실제 항공기, 체험 프로그램을 통해 익히고 배울 수 있다. 비행기에 관심이 많은 아이들에겐 천국 같은 곳이다. 1층 전시실은 항공역사관이다. 하늘을 날고자 하는 꿈을 은유한 그리스의 이카로스 신화부터 다빈치의 날틀, 진주성의 비거飛車, 라이트 형제의 플라이어호, 16대의 실물 비행기를 통해 한국과 세계 항공 역사를 살펴볼 수 있다. 2층의 항공산업관에서는 공항 안에서 이루어지는 다양한 직군의 업무를 확인할 수 있다. 특히 출국 심사 과정을 재현한 공간은 상황극을 하며 아이와 놀아도 될 만큼 사실적으로 꾸며 놓았다. 4층으로 올라가면 옥상 정원과 전망대가 나온다. 김포공항 활주로와 비행기가 이륙하는 모습을 구경할 수 있다. 홈페이지에서 예약하면 공항 체험, 블랙이글 탑승 체험, 기내 훈련 체험, 조종 관제 체험 등을 첨단장비와 시설에서 경험할 수 있다.

RESTAURANT

수작나베
석촌점

한줄평 석촌호수 앞 나베 전문점
서울특별시 송파구 석촌호수로 234 0507-1330-3767
매일 11:30~22:00 매장 앞 주차 가능
주변 명소 석촌호수, 롯데월드

건강식 재료들이 가득한 나베 전문점

수작나베 석촌점은 나베 전문점으로 밀푀유나베, 스지나베, 스키야키 등을 맛볼 수 있는 곳이다. 뜨끈한 국물에 건강식 재료들이 가득 차 있으며, 우동 사리와 영양죽으로 마무리하면 든든한 한 끼 식사가 해결된다. 대체로 모든 음식이 맵거나 짜지 않아 아이들의 입맛에도 잘 맞는다. 사이드 메뉴로 가라아게, 새우튀김, 크로켓 등이 나와 푸짐한 식사를 즐길 수 있다. 수작나베를 맛있게 먹으려면 나베가 끓기 시작하여 고기가 익으면 바로 먹는 게 좋다. 오래 끓이면 고기가 질겨지기 때문이다. 잘 익은 나베는 취향에 따라 소스에 찍어 먹으면 되는데, 스키야키는 달걀 소스를 추천한다. 수작나베 석촌점의 또 다른 장점은 석촌호수 서호 바로 맞은편에 위치하여 호수와의 접근성이 좋다는 점이다. 더불어 매장 바로 앞에 주차도 가능하여 편리하다.

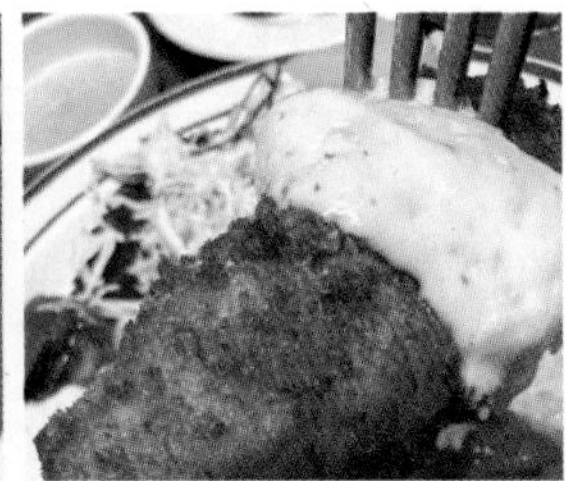

RESTAURANT

돈까스의집

한줄평 40년 전통을 가진 추억의 경양식 돈가스 맛집
서울특별시 송파구 삼전로 100
02-413-5182
매일 11:30~22:00
건물 뒤편 무인 지하 주차장 1시간 무료
주변 명소 롯데월드, 키자니아 서울

전통 있는 경양식 돈가스 맛집

송파구 삼전동에 있는 추억의 경양식 스타일 돈가스 음식점이다. 1984년에 개업하여 무려 40년이 지난 지금까지도 성업중인 전통 있는 경양식 돈가스 맛집이다. 개업 당시 자리 잡은 이곳 잠실에서 여전히 손님들에게 꾸준한 사랑을 받고 있다. 내부 인테리어부터 옛 레스토랑 느낌을 그대로 고수하고 있어서, 사람들에게 옛 추억을 떠올리게 한다. 메뉴는 돈가스, 정식돈가스+함박+생선가스, 생선가스, 함박스테이크 등으로 비교적 간단하다. 맛도 맛이지만 다른 경양식 돈가스와의 차별성은 모닝빵에 있다. 살짝 바싹하게 튀긴 모닝빵은 함께 나온 수프에 찍어 먹는다. 겉은 바삭하면서 속은 촉촉하여 별미로 손꼽힌다. 모닝빵이 그리워서라도 한 번씩 찾게 된다. 메뉴와 음식 모양새, 그리고 맛집 내부는 노포 분위기가 많이 나지만, 테이블마다 최첨단 주문 시스템인 키오스크를 설치해 놓았다. 아날로그와 디지털 이미지의 융합이 퍽 인상적이다.

어양

💬 **한줄평** 아이들이 먹기 좋은 중식

📍 서울특별시 송파구 위례성대로 14 지하 1층 📞 02-422-8886

🕓 월~금 11:30~22:00, 토·일 11:30~21:30(브레이크타임 15:00~17:30)

Ⓟ 건물 뒤쪽 주차장(식사하는 동안 무료)

📷 **주변 명소** 올림픽공원, 한성백제박물관

기름기 덜한 깔끔한 중식

어양은 '에르무르스'라는 한미사이언스 자회사의 중식당이다. 한미약품 회장이었던 임성기 회장이 중국 북경의 현지 법인을 개척할 때 어양이라는 작은 호텔에서 머물렀었는데, 이를 인연으로 1995년 방이동 한미약품 건물에 중식당을 만들면서 식당 이름을 '어양'이라고 지었다. 이후 지금까지 프리미엄 맛집으로 인정받으며 30여 년을 사랑받아 오고 있다. 고급스러운 중식당 분위기로 상견례나 가족 모임 등에 적합한 개별 룸을 다수 갖추고 있다. 홀 또한 규모가 커서 많은 인원을 수용할 수 있다. 다른 중식당과의 차별점이라면 이 집 요리가 대체로 기름기가 덜하고 깔끔한 맛이라 아이들이 먹기에 적합하다는 것이다. 그리고 광동식 해산물 요리를 한국인의 입맛에 맞추어 조리한다. 전체 메뉴가 90가지가 남을 정도로 다채로우며, 대표메뉴는 청증우럭찜, 해물누룽지가 있다. 한성백제역 1번 출구에서 100m 거리라 대중교통으로도 접근성이 좋으며, 한성백제박물관과 올림픽공원 모두 도보로 이동할 수 있다.

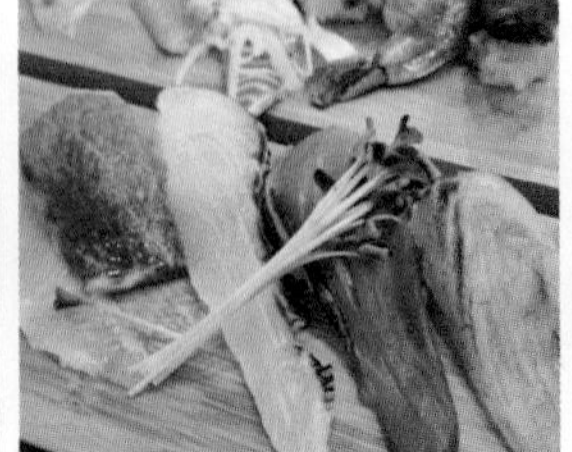

스시미노루
방이본점

한줄평 우동과 소바도 있는 방이동 초밥 맛집
서울특별시 송파구 백제고분로 508 0507-1413-7720
11:30~21:30(브레이크타임 15:00~17:30)
매장 앞에서 발렛 파킹 **주변 명소** 올림픽공원, 롯데월드, 롯데월드몰

초밥, 우동, 소바, 튀김

스시미노루는 올림픽공원 인근에 자리 잡은 방이동 초밥 맛집이다. 회전 초밥 레일도 있고 별도의 룸도 갖추고 있어서 여유로운 분위기에서 식사할 수 있다. 초밥을 못 먹는 아이를 위해서는 우동과 소바 등의 메뉴가 있으므로 가족 모두가 맛있는 식사를 즐기기 좋다. 가족끼리 든든하게 나눠 먹을 수 있는 메뉴를 추천하자면 미노루초밥정식이 정답이다. 튀김, 미니 우동, 샐러드와 함께 11 조각 초밥으로 구성된 세트 메뉴라 다양한 초밥을 맛볼 수 있어 좋다. 올림픽공원과 가깝고, 잠실 롯데월드나 롯데월드몰과도 차로 8분 거리라, 여행 전후 식사 장소로 적합하다. 한성백제역 4번 출구에서 87m 거리이다.

RESTAURANT

취영루
송파점

한줄평 친절한 서비스를 받으며 맛있는 중화요리 즐기기
서울특별시 송파구 송이로 162 02-449-7747
11:30~22:00(브레이크타임 15:00~17:30)
발레 주차장(2,000원) **주변 명소** 롯데월드, 석촌호수

친절한 분위기, 깔끔한 중화요리

가락동에 있는 2층 단독건물의 중식당이다. 1층은 소규모 고객을 위한 좌석, 2층은 단체 모임에 적합한 여러 크기의 개별 룸을 갖추고 있다. 깔끔한 중화요리로 유명한 중식당으로 직원들이 매우 친절하여 고객 만족도가 높다. 유독 가족 단위의 방문객이 많은 데, 아이가 먹기 좋은 어린이 짜장면을 비롯하여 간이 세지 않은 요리들이 많은 편이다. 추천메뉴로는 전복냉채, 해물누룽지탕, 전가복, 팔보채, 유린기, 어향동고, 중새우칠리 등이 있다. 동파육과 어향동고 등의 요리는 조리 시간이 기본 30분에서 1시간까지 걸리므로 예약해야 기다리지 않고 빨리 식사를 즐길 수 있다. 여러 가지 메뉴를 즐기고 싶다면 코스요리를 추천한다.

팀호완
삼성점

- **한줄평** 홍콩에 본점을 둔 홍콩 정통 딤섬 레스토랑
- 서울특별시 강남구 봉은사로86길 30
- 0507-1374-3082
- 매일 11:30~21:30(브레이크타임 15:00~17:30)
- 매장 바로 앞에 주차
- **주변 명소** 코엑스 별마당도서관, 봉은사

챠슈바오번과 딤섬

팀호완은 전 세계에 50여 개 이상의 지점을 두고 홍콩에 본점을 둔, 홍콩 정통 딤섬 레스토랑이다. 미슐랭 가이드와 블루리본 서베이에서 최근 몇 년간 꾸준히 등록되면서 그 맛을 인정받았다. 팀호완의 주요 메뉴는 챠슈바오번과 딤섬이다. 시그니처 메뉴인 챠슈바오번은 찐빵 같은 번 안에 BBQ 소스에 버무린 고기가 푸짐히 들어있는 일종의 빵이다. 단짠단짠의 맛이 일품이다. 딤섬은 여러 종류가 있는데, 그중 새우의 탱글탱글한 식감이 매력적인 하가우, 육즙 가득한 돼지고기와 새우의 조화가 일품인 사오마이, 시금치와 새우의 만남이 끝내주는 부채교까지 3개의 딤섬이 가장 유명하다. 딤섬은 간이 세지 않아 아이들이 먹기 좋다. 그밖에 볶음밥과 면 요리 또한 만족도가 높다. 팀호완은 현재 삼성점, 용산점, 강남역점까지 서울에만 3개의 지점이 있다. 이 중에서 삼성점은 코엑스와 도보로 이동이 가능할 만큼 접근성이 좋아 별마당도서관, 아쿠아리움 등에 갈 때 들러 식사하기 편하다.

RESTAURANT

알로하포케
학동점

한줄평 신선한 해산물과 채소가 가득한 하와이안 샐러드 전문점
서울특별시 강남구 논현로 705 0507-1328-9183
월~금 11:00~22:00, 토·일·공휴일 11:00~21:00
주변 공영주차장 이용 **주변 명소** 가로수길

아이들을 위한 건강한 한 끼

하와이안 샐러드 전문점이다. 아이들에게 건강식 한 끼가 필요하다면 알로하포케를 추천한다. 해산물과 각종 채소로 건강한 한 끼 식사가 가능한 식당으로, 하와이 로컬 음식 '포케'를 맛볼 수 있다. 포케란 하와이어로 '자르다', '조각내다'라는 뜻이다. 해산물과 채소를 잘게 잘라 소스로 비벼 만든 전통음식이다. 연어, 참치 등의 해산물과 토마토, 병아리콩, 오이 등 각종 채소에 유기농 콤부차와 같은 건강음료를 더해 한국인의 입맛에 맞는 포케를 제공한다. 만약 아이가 샐러드를 싫어한다고 해도 걱정 없다. 우유푸딩 & 메이플칩, 살아있는 요구르트 등 아이가 좋아할 만한 메뉴가 다채롭게 준비되어 있다.

RESTAURANT

송화

한줄평 고향의 맛이 느껴지는 건강 식단 한식 맛집
서울특별시 강남구 강남대로94길 69 02-561-6225
월~금 11:30~22:00(브레이크타임 14:00~17:00, 라스트오더 20:00, 주말·공휴일 휴무) 가게 앞이나 역삼문화공원제1호 공영주차장(도보 5분, 테헤란로7길 21) **주변 명소** 강남역, 선릉과 정릉

건강 식단 한식 맛집

역삼동에 있는 송화는 28년 된 씨 된장으로 간장과 된장을 직접 담아 만들어낸 건강한 한식 맛집이다. 송화의 대표인 나여임 명장의 김치로도 굉장히 유명하다. 나여임 명장은 2021년 제8회 대한민국을 빛낸 10인 대상 중에서 소비자 브랜드 대상에 선정되기도 했다. 음식 하나하나가 건강한 맛이 느껴져서 제대로 된 한식을 든든히 먹었다는 기분이 든다. 주메뉴는 강된장, 송화 불고기, 버섯전골과 두부전골 등이며, 코스요리를 제외한 인기 메뉴는 대부분 점심 메뉴라 점심시간 방문을 추천한다. 아이가 먹기 좋은 음식으로는 송화 불고기가 딱 맞다.

RESTAURANT

하순옥 황금안동국시 목동본점

한줄평 건강하고 따뜻한 보양식 안동국시 맛집
서울특별시 양천구 목동서로 213 세신비젼프라자 지하 1층
0507-1326-2648 월~토 10:30~21:00(브레이크타임 월~금 15:00~17:00/토 16:00~17:00, 일요일 휴무) **제1주차장** 건물 지하 주차장, 무료
제2주차장 매장 건물의 옆옆 건물, 양천구 목동서로 225, 2시간 무료
주변 명소 목동종합운동장

아이와 건강한 한 끼 식사를 위해

하순옥황금안동국시 목동본점은 목동역과 오목교역 사이에 있어 대중교통으로의 접근이 편리하다. 더불어 아이와 건강한 한 끼 식사를 함께하기 위해 가기 좋다. 이 집에서 아이와 방문하여 안동국시를 맛보고자 한다면, 후식용 안동국시를 주문하면 양이 딱 적당하다. 안동국시는 소의 살코기만으로 육수를 낸 안동지방의 음식이다. 국물이 진하고 담백한 게 특징이다. 국시 외에 주메뉴로는 상황버섯을 입은 황금수육이 있다. 한우 1++ 등급만 사용하는 수육으로 육질은 부드럽고 풍미와 육즙은 고소하다. 공깃밥은 백반이 아닌 강황밥을 내온다. 색이 노랗고 예뻐서 아이들도 맛있게 먹는다. 아이와 방문하기 좋은 또 다른 이유는 식당인 안채와 별개로 사랑채라는 쉼터가 있기 때문이다. 사랑채는 하순옥황금안동국시를 이용한 손님이라면 누구나 자유롭게 방문하여 음료와 커피를 마시며 쉴 수 있는 곳이다. 아이가 호기심을 가질만한 장구, 양반 갓, 항아리 등이 전시되어 있어 더욱 좋다. 음식 맛이나 분위기 등이 모두 좋아 가족 단위로 외식하기 좋은 식당이다.

CAFE & BAKERY

호이안로스터리

한줄평 호이안 올드타운에 본점을 둔 베트남 현지 프랜차이즈 카페가 서울에

송리단길점 서울특별시 송파구 백제고분로45길 3-18 0507-1357-8931

Ⓟ 송파여성문화회관 주차장 이용(도보 6분 거리, 5분에 150원)

문정점 서울특별시 송파구 법원로 128 B동 115호

0507-1358-8931 Ⓟ 건물 지하주차장 이용

공통 사항 매일 11:00~22:00 **주변 명소** 롯데월드, 롯데월드몰, 석촌호수

베트남의 인기 카페가 서울에

베트남 호이안의 인기 카페 중 하나인 호이안로스터리를 서울에서 만나볼 수 있다. 한국 본점인 문정점과 잠실 송리단길점, 이렇게 두 곳이 있다. 두 곳 모두 호이안 올드타운에 있을 법한 특유의 노란색으로 외관을 장식해 베트남 현지 분위기를 흠뻑 느낄 수 있다. 인테리어 또한 베트남 현지 소품들로 가득 채워져 있어 이국적 느낌이 물씬 난다. 송리단길점은 가정집을 리모델링하여 더 넓고 이국적인 환경을 갖추고 있지만, 주차가 불편하다. 반면 문정점은 송리단길점보다 규모는 작지만, 건물 지하 주차장을 이용할 수 있어 편리하다. 공통점은 두 지점 모두 지하철로 접근이 편하고송파나루역 1번 추구에서 270m, 문정역 4번 출구에서 22m 베트남 스타일로 예쁘게 꾸미고 있다는 것이다. 추천 음료는 호이안 현지 로스터리 카페와 마찬가지로 카페쓰어다, 카페쓰어농, 에그크림라테 등이다. 특히 에그크림라테는 한국에서 보기 힘든 커피 메뉴로 호기심으로 한번 도전해 볼 만하다.

CAFE & BAKERY

브릭스파크

한줄평 레고 조립 및 피규어 제작이 가능한 레고 카페
서울특별시 송파구 바람드리길 57 지하 1층
0507-1303-0816 매일 13:00~22:00(마지막 입장 21:00)
건물 뒤편 주차장(만차 시 풍납시장 주차장이나 인근 공영주차장 이용)
주변 명소 광나루한강공원

레고 피규어 제작 전문 카페

브릭스파크는 원하는 레고를 조립하며 놀거나 미니 피규어 제작을 요청할 수 있는 레고 피규어 제작 전문 카페다. 천호역 9번 출구에서 200m 거리에 있다. 카페 내부는 하나의 작품처럼 화려하게 장식된 레고들로 가득 채워져 있어, 올드레고를 비롯하여 유니크한 레고까지 구경하는 재미가 쏠쏠하다. 브릭스파크를 이용하는 방법은 간단하다. 원하는 이용 시간과 레고 제품을 선택한 후 신나게 조립하면 끝이다. 브릭스파크를 찾아오는 주요 고객은 커플 또는 아이를 동반한 가족 단위 방문객이 많다. 조립 소요 시간은 짧게는 1시간, 길게는 3시간 정도 소요된다. 레고는 아이들이 좋아하는 블록 놀이면서, 아이 이상으로 부모도 좋아하는 키덜트 취미 활동이기도 하다. 브릭스파크는 레고 조립 체험뿐만 아니라 원하는 인물, 연예인, 캐릭터 등을 미니 피규어로 제작 가능한데, 홈페이지를 통해 주문 제작할 수 있다. 레고 카페지만 음료 선택의 폭이 좀 있는 편이다. 커피는 아메리카노핫/아이스로만 가능하며 그밖에 뜨거운 티와 아이스 드링크류 등을 맛볼 수 있다.

CAFE & BAKERY

카페닛시

한줄평 가성비 최고에 아담한 놀이방까지 있는 둔촌동의 카페
서울특별시 강동구 진황도로61길 76, 2층
02-489-0191
10:00~22:00(매주 일요일 휴무)
전용 주차장
주변 명소 올림픽공원

가성비 최고! 아이들 놀이방 보유!

지하철 9호선 중앙보훈병원역 1번 출구에서 약 100m 거리에 있는 카페이다. 대중교통을 통한 접근성도 좋지만, 대형 주차장을 갖추고 있어 차를 이용해 방문하기도 좋다. 커피, 티, 에이드, 스무디, 디저트 등 다양한 메뉴를 제공하고 있으며 아메리카노가 2,500원으로 가격대가 합리적이다. 주차가 가능하면서 가격까지 저렴해서 가성비가 뛰어나기로 유명하다. 1인석 바 테이블을 비롯하여 다인 석 테이블까지 방문 인원에 따라 활용할 수 있는 다양한 테이블을 보유하고 있다. 게다가 입구를 제외한 삼면이 모두 창으로 되어 있어서 채광과 개방감이 훌륭하다. 아이와 방문하기 좋은 카페로 소문난 이유는 카페 한쪽 모서리에 아담한 놀이방이 있기 때문이다. 영유아 연령대가 놀기 좋은 공간이다. 화려하진 않지만, 블록, 책, 놀이 매트, 주방 놀이 시설까지 알차게 갖추고 있다. 놀이방 바로 옆에 테이블이 있어 아이가 혼자 놀고 있어도 아이와 시선을 주고받으며 쉬기 좋은 카페다.

 CAFE & BAKERY

핫코베이커리

- **한줄평** 신선하고 다양한 건강식 베이커리를 맛볼 수 있는 카페
- 서울특별시 강남구 봉은사로44길 25, 101호
- 0507-1328-0944
- 08:00~20:00(일요일 휴무)
- 가게 앞 유료 민영 주차장 이용
- **주변 명소** 선정릉, 봉은사, 코엑스

당일 생산, 당일 판매, 화학첨가제 제로

핫코 베이커리는 국내외 대회 그랑프리에서 여러 차례 수상한, 국가대표 출신 파티셰가 만드는 베이커리 맛집이다. 당일 생산, 당일 판매를 원칙으로 하며 화학첨가제를 전혀 사용하지 않는다. 고급 강력분, 프랑스 버터를 비롯한 신선한 재료로 빵을 만들어 소화가 잘되기 때문에 아이들도 맘 놓고 먹을 수 있다. 카페에서 빵을 데워먹을 수 있다는 것, 게다가 답례품 케이크 주문 제작이 가능하다는 것 또한 핫코 베이커리만의 장점이다. 핫코 베이커리는 매일 같은 빵을 제공하지 않는다. 시즌마다 새로운 빵들을 계속 출시하고 있으며, 특히 연말 시즌의 딸기 생크림 케이크는 필자의 인생 케이크로 손꼽을 만큼 인상적인 맛이다. 가게 규모는 작지만, 화이트 우드톤의 편안한 분위기에 사장님과 직원분이 모두 친절하여 단골손님이 많다. 지하철 9호선 언주역과 선정릉역 사이 중간쯤에 있어 대중교통으로도 접근이 편리하다.

CAFE & BAKERY

팀홀튼
신논현점

한줄평 캐나다 국민 카페 프랜차이즈 국내 1호점 서울특별시 강남구 강남대로 476 070-7450-1001 월~금 07:00~22:00, 토 08:00~22:00, 일 08:00~21:00 1만 원 이상 주문 시 주차타워 1시간 이용 가능
주변 명소 강남역 교보문고, 코엑스 별마당도서관

가볍게 쉬어가기 좋은 카페

팀홀튼은 캐나다 국민 카페로 국내 1호점은 신논현 3번 출구 바로 앞 어반하이브 건물 1층에 있다. 카페가 있는 건물은 동그란 구멍이 줄 맞춰 뚫린 독특한 외관의 디자인이라 눈에 띈다. 강남 중심부 신논현역과 접근성이 뛰어나 항상 붐비는 편이며, 아이를 위한 특별한 장점을 갖춘 카페는 아니다. 하지만 너무 조용한 분위기가 아니라서 아이와 방문하기에 부담이 없으며 유아 의자 정도는 갖추고 있다. 추천메뉴로는 프렌치바닐라라테, 더블더블, 아이스캡 등이 있다. 아이가 먹기 좋은 디저트로는 도넛 종류와 메이플치즈멜트, 메이플햄앤치즈멜트를 추천한다. 교보문고 대각선 방향이라 아이와 서점을 방문하기 좋다.

CAFE & BAKERY

식물관PH

한줄평 도심 속에서 식물과 사람이 함께 쉬는 공간
서울특별시 강남구 광평로34길 24 02-445-0405
10:00~17:00(입장 마감 16:00, 토·일 휴무) ₩ 성인 10,000원, 청소년 7,000원, 소인 5,000원, 36개월 미만 무료 가능(공간 부족), 수서 공영주차장 이용(도보 16분) **주변 명소** 석촌호수, 롯데월드

마음 편안해지는 식물원 카페

SRT 고속열차에 탑승할 수 있는 수서역 부근의 카페이다. 식물들이 무성하게 자라는 식물원 카페인데, 정확히 얘기하자면 전시장과 프로젝트 룸까지 갖춘 4층으로 이루어진 복합문화공간이다. 입장료에 음료와 전시 입장료까지 포함되어 있다. 식물과 사람이 함께 쉬는 공간이라 도심 속의 숲처럼 아늑하여, 식물을 좋아하는 사람들에게 만족도가 높다. 실내는 유리 온실처럼 채광이 좋고 따뜻하여 아이와 함께 쉬어가기 좋다. 3층은 통유리로 야외 숲 뷰라 전망이 뛰어나다. 분위기가 조용한 편이며 여유 있게 커피를 마시고 싶은 분들에게 추천한다. 주말엔 웨딩홀로 운영된다.

CAFE & BAKERY

카페쉘리

한줄평 작은 바다 풍경 바라보며 휴식 즐기기 좋은 수족관 카페
서울특별시 강남구 밤고개로 21길 71
0507-1371-5515 11:00~21:30
건물 뒤편(5대 가능), 만차 시 매장 앞 '밤고개 21길 공영주차장' 이용
주변 명소 석촌호수공원, 롯데월드

아이와 시간 보내기 좋은 수족관 카페

수서역 인근에 있는 매력적인 카페로 '자신만의 작은 바다를 만들어 가는 공간'을 모토로 탄생했다. 실내엔 아쿠아리움을 연상케 하는 크고 작은 수조가 가득하다. 카페 콘셉트와 아주 잘 어울린다. 아이들이 호기심을 갖기에 충분하다. 단층 구조로 내부 공간 곳곳이 저마다 특색있게 꾸며져 있어 사진 찍을 만한 곳이 많다. 예쁜 물고기와 산호초를 구경하는 것만으로도 방문의 의미가 있으며, 아이와 함께 시간 보내기 좋다. 반려견 동반도 가능하며, 다양한 음료와 브런치, 디저트도 즐길 수 있다. 수조와 생물산호, 열대어에 대해 더 알고 싶으면 직원을 통해 안내받을 수 있다. 날씨가 좋은 계절이면 주변에 율현공원이 있어 산책을 즐기기도 좋다.

CAFE & BAKERY

Workshop by 배스킨라빈스

한줄평 지금까지 없었던 새로운 배스킨라빈스의 시작점
서울특별시 강남구 논현로 201 0507-2093-3216
월~목 07:30~22:00, 금 07:30~23:00, 토·일 10:00~23:00
지하 주차장 1시간 무료, 추가 15분당 1,000원
주변 명소 양재천, 매헌시민의숲

트렌디한 공간에서 특별한 젤라토 즐기기

양재역과 매봉역 사이 도곡동에 있는 SPC 본사 SPC2023 1층에 있는 배스킨라빈스 매장이다. 매장 분위기가 밝고 화사해서 들어가자마자 기분이 좋아진다. 마치 동화 속에 들어온 기분이 든다. 아이들이 좋아할 만한 인테리어이다. 워크숍은 전국에서 유일무이한 배스킨라빈스 매장으로 세련된 분위기에서 일반 매장에서 맛볼 수 없는 특별한 아이스크림을 즐길 수 있어 좋다. 워크숍 시그니처 케이크 '에그'는 먹기 아까울 정도로 귀여운 동물 캐릭터, 과일 등으로 만들어져 눈길을 끈다. 호기심으로 누구나 한 번쯤 맛보고 싶은 와사비 아이스크림은 톡 쏘는 맛으로 큰 인기를 끌고 있다. 다양한 아이스크림을 맛보고 싶다면 4가지 또는 8까지 아이스크림을 한 번에 맛볼 수 있는 워크숍 샘플러 메뉴를 추천한다.

CAFE & BAKERY

프롤라
더현대서울점

한줄평 커피와 디저트가 맛있는 이탈리안 에스프레소 카페
서울특별시 영등포구 여의대로 108, 4층
02-3277-0450 10:30~20:00 (주말은 20:30 마감)
더현대 서울 지하 주차장 이용(현대백화점 앱 회원가입 시 2시간 무료 주차 가능)
주변 명소 여의도한강공원

이탈리안 에스프레소 카페

프롤라는 성수동에 본점을 둔 이탈리안 에스프레소 카페로 더현대 서울점은 여의도에 있다. 화려한 색채를 자랑하는 힙하고 멋진 인테리어가 더현대 서울점의 특징이다. 에스프레소 카페인만큼 커피 메뉴가 주를 이루는데, 몇 가지 추천하자면 마스카르포네 치즈 크림이 100% 함유된 한정 수량 에스프레소 티라미수, 피넛 버터 소르베와 초코 버블이 더해진 피노키오가 대표적이다. 프롤라는 커피만큼이나 디저트가 맛있기로 유명하다. 더현대 서울점에서만 만나볼 수 있는 브론테는 진한 에스프레소에 고소하고 달콤한 피스타치오 크림이 어우러져 맛을 낸다. 카페인이 함유되지 않은 디저트도 다양하게 준비되어 있는데, 달콤한 디저트를 원한다면 버터 쿠키 반죽에 홈메이드 과일 콩포트를 올려 만든 이탈리아 정통 파이 '홈메이드 크로스타타'를 꼭 맛보자.

별마당

PART 4

경기도 남부권

과천, 성남, 용인, 수원……. 경기도 남부권은 경기도의 중심이다. 서울대공원, 에버랜드, 수원화성, 농협 안성팜랜드 등 이름만 들어도 절로 고개가 끄덕여지는 명소를 가득 품고 있다. 경기도 남부권 명소 중에서 아이와 가기 좋은 곳을 엄선했다. 아울러 키즈 프렌들리 맛집과 카페, 호텔도 함께 모았다.

경기도관광공사
https://ggtour.or.kr/gto/

경기도 남부권 여행 지도

강남순환도시고속도로
렛츠런파크 서울
국립과천과학관
서울랜드
국립현대미술관
어린이미술관
서울대공원
안양천예술공원
안양천
생태공원
오렌지힐
과천시
안양시
성남시
중대물빛공원
촌놈집 광양점
카페랄로판교
플링크
판교점
현대어린이책미술관
소바공방
평촌중앙공원
채운
제주몬트락
백운호수
한국잡월드
롯데프리미엄아웃렛
의왕점
율동공원
분당어린이안전체험관
수도권제1순환고속도로
의왕
무민공원
와우리장작구이
나인블럭
돌담집
산촌누룽지백숙
뮤지엄
그라운드
경부고속도로
의왕시
서울용인고속도로
둥근상시골집
철도박물관
베이커리
카페리코
의왕생태
과학관
해우재
초평가베
왕송호수공원
삼성화재
모빌리티구지엄
호암미술관

화성행궁
광교
알토이미술관
효원공원
(월화원)
버거웨이 본점
국보회관
앨리웨이광교
세상의모든아침
아우어베이커리
경기도
어린이박물관
한국민속촌
도나스테이
더판타지움
수도권제2순환
고속도로
동탄호수공원
주렁주렁 동탄점
네이처스케이프
플러스
물향기수목원
오산시
오산버드파크
경부고속도로
평택파주고속도로

경기도 남부권 명소

SIGHTSEEING

SIGHTSEEING

서울대공원

한줄평 세계의 이름난 동물 대부분을 한곳에서 구경할 수 있다.

경기도 과천시 대공원광장로 102 02-500-7335

3월~4월·9월~10월 09:00~18:00 **5월~8월** 09:00~19:00 **11월~2월** 09:00~17:00

₩ 동물원 성인 5,000원, 청소년 3,000원, 어린이 2,000원 테마가든 성인 2,000원, 청소년 1,500원, 어린이 1,000원 코끼리 열차 성인 1,500원, 어린이 1,000원 스카이 리프트(1회권 기준) 성인 7,000원, 청소년 4,500원, 어린이 4,000원 스카이 리프트 패키지1(리프트 2회, 동물원, 테마가든) 성인 17,000원, 청소년 10,500원, 어린이 9,000원, 유아 6,000원 스카이 리프트 패키지2(리프트 2회, 동물원) 성인 15,000원, 청소년 9,000원, 어린이 8,000원, 유아 6,000원

추천 코스 호랑이길, 테마가든 **추천 나이** 2세부터 **추천 계절** 봄~가을

주변 명소 서울랜드, 국립과천과학관, 국립현대미술관 어린이미술관, 렛츠런파크

https://grandpark.seoul.go.kr

동물 친구들이 다 모였다

과천에서 아이와 가 볼 만한 곳 중에서 가족 방문객이 가장 많은 곳이다. 넓은 규모만큼이나 볼거리가 다양하다. 대표적으로 동물 친구들이 가득한 서울동물원과 아름다운 정원이 있는 테마가든이 있다. 서울동물원은 한 해 350만 명이 찾는 우리나라 대표 동물원이다. 아름다운 홍학이 사는 홍학사, 호랑이와 표범이 사는 맹수사, 기린·얼룩말·하마·미어캣·사자·치타 등이 생활하는 아프리카관, 오랑우탄·침팬지·원숭이가 반겨주는 유인원관, 코끼리 전담관, 캥거루와 왈라루를 볼 수 있는 호주관, 열대조류관 등 여러 동물의 집이 있다. 이 밖에도 곰, 뱀, 늑대, 사슴, 곤충 등 세계의 동물 대부분을 구경할 수 있다. 서울동물원 중에서 가장 인기가 많은 코스는 '호랑이길'이다. 홍학사에서 시작해 공작마을까지 약 1.5km 거리가 호랑이길이다. 이 길을 따라가며 얼룩말, 고릴라, 오랑우탄, 사자, 호랑이, 곰까지 구경할 수 있다. 관람 시간은 약 두 시간이다.

식물원에 조성된 테마가든은 서울대공원에서 가장 아름다운 곳이다. 수많은 장미가 색채의 향연을 펼치는 장미원, 모란과 작약이 동양의 화려하고 우아함을 연출해 주는 모란·작약원, 여유로운 휴식을 즐길 수 있도록 넓은 잔디밭에 조성된 휴休정원, 따뜻한 시골 고향의 정서를 듬뿍 담은 유실수로 조성된 고향 정원, 작은 동물의 보금자리인 어린이동물원으로 구성돼 있다. 이 중에서 어린이동물원이 아이들에게 인기가 제일 많다. 풍산개, 진돗개, 나귀, 마모셋 원숭이, 일본원숭이, 미어캣, 다람쥐원숭이, 토끼, 양 같은 동물을 만날 수 있다. 아이들을 위한 동물 교실도 운영한다.

서울대공원은 계절 따라 매력적인 모습으로 변모한다. 봄이면 벚꽃이, 여름엔 초록의 향연이, 가을이면 단풍이 대공원을 화려하게 물들인다. 코끼리 열차와 스카이 리프트를 이용하면 조금 더 빠르게 대공원까지 갈 수 있다. 특히 코끼리 열차는 이름처럼 귀여운 코끼리 모양이라서 아이들이 무척 좋아한다. 만약 동물원과 테마가든, 스카이 리프트까지 모두 이용할 계획이라면 리프트 패키지를 구매하자. 세 구역을 개별로 구매하는 것보다 훨씬 저렴하다.

SIGHTSEEING

서울랜드

한줄평 아이들을 위한 공연과 놀이시설이 많은 테마파크
경기도 과천시 광명로 181 02-509-6000 **월~목** 10:00~19:00 **금·일** 10:00~20:00 **토** 10:00~21:00
₩ 종일권 **어른** 52,000원 **청소년** 46,000원 **어린이** 43,000원 야간권(오후 4시부터) **어른** 45,000원 **청소년** 39,000원 **어린이** 36,000원/36개월 미만 무료 **추천 공연 및 코스** 로드쇼 마스커레이드, 애니멀 킹덤, 떠나요 동화의 숲, 쥐라기 랜드, 뭉게 공항 액션 존, 브루 미즈 동산, 베스트키즈 **추천 나이** 2세부터 **추천 계절** 사계절
주변 명소 서울대공원, 국립과천과학관, 국립현대미술관 어린이미술관, 렛츠런파크 https://seoulland.co.kr

아이들 프로그램이 다채롭다

수도권 지하철 4호선 대공원역 바로 앞에 있어서 대중교통 접근성이 뛰어나다. 다른 테마파크에 비해 유아부터 성인까지 연령대에 따라 즐길 수 있는 시설과 놀이기구 종류가 많다. 특히 어린이를 위한 공연과 놀이시설이 잘 갖추어져 있다. 한 예로 로드 쇼 마스커레이드는 서울랜드 전역에서 열린다. 로드 쇼는 누구나 즐길 수 있다. 가족 뮤지컬 '애니멀 킹덤'도 인기가 많다. 미아와 사파이어 정글 친구들의 용기 있는 모험 이야기를 다루고 있다. '떠나요, 동화의 숲'도 가족 뮤지컬이다. 머털이와 그의 친구들이 상상 가득한 동화 속으로 안내한다. 추천할 만한 키즈 놀이시설로는 대형 미끄럼틀, 심해 놀이터, 그물 타기, 클라이밍 존으로 구성된 '뭉게 공항 액션 존'을 꼽을 수 있다. '쥐라기 랜드'와 볼 대포, 파도 슬라이드, 월드카 & 타요 놀이터, 키즈 모션 플레이로 구성된 '베스트키즈'도 인기가 많은 놀이시설이다. 겨울엔 눈썰매장이 문을 열고, 메리 산타 랜드 축제도 펼쳐진다.

SIGHTSEEING

국립과천과학관

한줄평 유아와 어린이가 과학과 친해지게 도와준다. 경기도 과천시 상하벌로 110
02-3677-1500 09:30~17:30 **휴관** 월요일 ₩ **성인** 4,000원 **어린이와 청소년** 2,000원(7세 미만 무료)
추천 전시관 유아체험관, 천체투영관 **추천 나이** 3세부터 **추천 계절** 사계절
주변 명소 서울랜드, 서울대공원, 국립현대미술관 어린이미술관, 렛츠런파크 https://www.sciencecenter.go.kr

과학과 친구가 되는 공간

국립과천과학관은 다소 어렵게 느껴질 수 있는 과학을 다양한 체험을 통해 쉽게 접근하게 도와준다. 상설전시관, 과학탐구관, 자연사관, 미래상상SF관, 첨단기술관, 유아체험관 등 전시실이 주제별로 다양하다. 유아체험관은 미취학 아이들이 체험 놀이를 할 수 있는 공간으로, 국립과천과학관의 인기 전시관 중 하나다. 누리과정과 연계하여 나의 몸, 공룡, 우리 동네 같은 주제를 정하여 신체, 정서, 언어, 사회성 등을 키워주는 데 초점을 맞추고 있다. 유아체험관은 체험작동형 전시물 45개로 구성돼 있다. 나와 나의 주변을 놀이와 탐색을 통해 스스로 조작하며 즐거움을 느낄 수 있는 체험 놀이공간이다. 천체투영관과 천문대도 아이와 가기 좋은 곳이다. 아름다운 밤하늘을 별자리와 함께 체험하며 배울 수 있고, 우주와 태양계, 바닷속 산호와 오로라 등 다양한 주제의 영화를 돔 상영관에서 선택하여 관람할 수 있다. 과학 실험, 소프트웨어, 환경, 창작 등 어린이를 상대로 하는 다양한 탐구 과정도 운영한다. 유아체험관, 천체투영관, 천문대, 체험전시물 일부는 온라인 예약이 필수이다.

SIGHTSEEING

국립현대미술관 어린이미술관

한줄평 유아와 어린이가 예술과 친해지게 도와준다.
경기도 과천시 광명로 313 02-2188-6000 10:00~18:00 **휴관** 월요일 ₩ 무료
추천 나이 3세부터 **추천 계절** 사계절 **주변 명소** 서울랜드, 서울대공원, 국립과천과학관, 렛츠런파크
https://www.mmca.go.kr/visitingInfo/gwacheonInfo.do

놀면서 키우는 창조성과 상상력

국립현대미술관 과천 1층에 있다. 어린이미술관은 간단한 미술 활동과 작품 관람을 통해서 창의적으로 나를 표현하고, 현대미술의 개방성과 다양성을 이해하여 보다 넓은 시야에서 세상을 바라볼 수 있도록 도와준다. 아울러 타인과 내가 다름을 인정하고 이해와 배려가 가능한 사람으로 성장하도록 도와준다. 어린이미술관 전시는 때에 따라 계속 바뀌며, 전시 교체 주기는 긴 편이다. 아이들은 그림을 그리거나 부모와 그림책을 볼 수 있고, 일상과 연결된 예술 작품들을 경험할 수 있다. 어린이미술관은 또 여름과 겨울 방학 기간에 작가와 함께하는 워크숍 프로그램을 진행한다. 워크숍은 작가의 작품 감상, 상상 드로잉, 어린이가 상상한 동물과 식물을 입체적으로 표현하는 활동 등을 하게 된다. 6세 이상 어린이 동반 가족이 참여할 수 있으며, 온라인으로 선착순 모집한다. 워크숍에 참여하지 않더라도 야외 전시 공간이 아름답고 쉴 수 있는 곳도 있어서 날씨가 좋은 계절이면 아이들과 시간을 보내기 좋다.

SIGHTSEEING

렛츠런파크서울

한줄평 경마도 구경하고 소풍도 즐길 수 있다.
경기도 과천시 경마공원대로 107 1566-3333 09:00~18:00 **휴무** 월~화
₩ 2,000원(1년에 1회 모든 방문객에게 무료 입장권 제공, 비경마일은 무료) **추천 나이** 2세부터 **추천 계절** 사계절
주변 명소 서울랜드, 서울대공원, 국립과천과학관, 국립현대미술관 어린이미술관 https://park.kra.co.kr/

말을 주제로 한 이색적인 공원

아이들과 이색적인 나들이를 즐길 수 있는 곳이다. 경마는 금요일부터 일요일까지 열린다. 그 외는 경마가 열리지 않지만, 휴무일을 빼고는 시민들에게 개방해 피크닉 및 산책을 즐기기 좋다. 피크닉은 지정된 장소에서만 가능한데 솔밭정원과 산책길, 포니 랜드가 대표적이다. 솔밭정원은 경마 입장료를 낸 후 정원에서 경마를 관람할 수 있다. 산책길은 입장료를 내지 않아도 경마 관람이 가능한 위치에 있다. 포니 랜드는 경주로 안에 있는 공원으로, 예전엔 카트 체험, 조랑말 구경과 먹이 주기 체험, 텐트 이용 등이 가능했으나 현재는 부분만 개방하고 있다. 지금은 아이들이 마음껏 뛰어놀 수 있는 놀이터 및 공원 역할을 하고 있다. 산책로, 그늘막, 잔디광장, 화장실 등을 이용할 수 있다. 렛츠런파크엔 말박물관도 있다. 말은 고대로부터 물자의 운반과 교통, 통신, 농경, 전쟁 등 폭넓고 다양한 분야에서 역할을 담당해 왔다. 말의 역사와 한국의 말 문화를 엿볼 수 있다. 여름엔 '썸머 나잇 시네마'가 열린다. 이땐 경마 중계 전광판이 낭만적인 야외 스크린으로 변한다. 경마장 안에 키즈랜드도 있다.

SIGHTSEEING

한국잡월드

한줄평 희망하는 직업을 미리 체험할 수 있다. 경기도 성남시 분당구 분당수서로 501 1644-1333
09:00~18:30(일요일 휴무) ₩ 9,000원~18,000원 **추천 나이** 4세부터 **추천 계절** 사계절
주변 명소 현대어린이책미술관, 율동공원, 분당어린이안전체험관 www.koreajobworld.or.kr

대한민국 최대 직업체험관

서울 잠실의 키자니아와 더불어 부모들 사이에 직업체험관으로 인기가 높다. 키자니아와 차이가 나는 점은 연령대에 따라 어린이체험관과 청소년체험관으로 구분되어 있다는 것이다. 어린이체험관은 48개월부터 초등학생 4학년까지 체험할 수 있고, 청소년체험관은 초등학생 5학년부터 고등학생이 참여할 수 있다. 직업체험관 외에 만들기 체험관이 따로 있는 것도 차이 나는 특징이다. 메카이브라는 창작 공간이 그곳인데, 금속·디지털·나무·가죽 등 300여 가지 재료, 50여 개 장비와 도구를 활용하여 자유롭게 나만의 작품을 만들 수 있다. 메카이브는 다양한 정보를 얻고 콘텐츠를 공유하는 공간, 만들기의 재미와 취미생활을 넘어 미래의 직업으로 발전시키는 공간을 지향한다. 어린이, 청소년, 성인 모두 이용할 수 있다. 진로설계관과 숙련기술체험관도 눈길을 끈다. 진로설계관에선 초등학교 4학년 이상이면 적성과 흥미를 알아보고 맞춤형 진로를 탐색할 수 있다. 초등학교 5학년 이상은 숙련기술체험관에서 건축·로봇·가구·항공 정비·전기차·패션 디자인 등 20여 가지 기술을 체험할 수 있다.

SIGHTSEEING

현대어린이책미술관

한줄평 책으로 키우는 상상력과 예술적 감성 경기도 성남시 분당구 판교역로146번길 20
031-5170-3700 10:00~19:00(월 휴무) ₩ 6,000원 **추천 나이** 2세부터 **추천 계절** 사계절
주변 명소 한국잡월드, 율동공원, 분당어린이안전체험관 www.hmoka.org

책과 미술을 더불어 만나는 특별한 공간

현대어린이책미술관MOKA는 우리나라에서 최초로 '책'을 주제로 문을 연 어린이미술관이다. 신분당선 판교역 바로 옆 현대백화점 5~6층에 있다. 북아트 컬렉션 등 아이들의 상상력을 자극하는 기획 전시를 꾸준히 열고 있으며, 아이들을 대상으로 북아트 창작 프로그램 같은 전시 연계 프로그램을 진행한다. 현대어린이책미술관은 또 6천여 권의 국내외 우수 그림책을 보유하고 있다. 아이들은 그림책을 보며 문학적 상상력과 예술적 감수성을 키울 수 있고, 더 나아가 스토리에 담긴 의미와 타인을 이해하는 방법을 흥미롭게 경험할 수 있다. 작가와 함께하는 워크숍, 전문 에듀케이터들의 장단기 교육프로그램도 운영한다.
현대어린이책미술관은 공간 디자인도 특별하다. 5층에서 6층으로 이어지는 버블 스텝이란 징검다리 공간이 특히 인상적이다. 이곳에서 아이들은 징검다리를 건너듯 오르내리고 앉아서 쉬고 책을 읽을 수 있다. 미술관 야외에는 아이들이 좋아하는 회전목마가 있다. 현대어린이책미술관 입장권 구매 시, 1회 무료로 이용할 수 있는 티켓을 준다.

SIGHTSEEING

율동공원

한줄평 아이와 피크닉 즐기기 좋다. 경기도 성남시 분당구 문정로 72
031-729-4387 00:00~24:00(연중무휴) ₩ 무료 **추천 나이** 1세부터 **추천 계절** 봄~가을
주변 명소 한국잡월드, 현대어린이책미술관, 분당어린이안전체험관 https://www.seongnam.go.kr/tour/

호수 산책과 피크닉 즐기기

분당 동북쪽 아파트 단지 옆에 있는 자연생태공원이다. 면적이 81만여 평으로 분당신도시 중심에 있는 중앙공원보다 몇 배나 크다. 자연의 아름다움과 멋을 최대한 살리면서도 다양한 놀이시설을 적절히 배치했다. 율동공원 중심부는 4만여 평이나 되는 넓고 아름다운 저수지이다. 호수 주변으로 약 1.85km에 이르는 산책로가 있다. 호수를 바라보며 숲이 우거진 길에서 산책을 즐길 수 있다. 율동공원엔 단순히 산책로만 있는 게 아니다. 수변 산책로 주변으로 어린이 놀이터와 잔디광장, 배드민턴장, 책 테마파크, 조각공원, 분수대, 캠핑장, 반려견 놀이터, 야외무대, 어린이안전체험관 등 볼거리와 즐길 거리, 체험 거리가 다양하다. 또 지정 구역에서는 텐트와 돗자리를 이용할 수 있어서 주말이면 가족 단위로 피크닉을 즐기는 사람들이 많다. 호수 주변으로 식당과 카페들이 많아 분당을 대표하는 외식 및 데이트코스 가운데 하나이다. 율동공원의 랜드마크였던 45미터 번지점프대는 철거 후 생태 문화공간으로 다시 태어날 예정이다.

SIGHTSEEING

분당어린이안전체험관

한줄평 교통사고와 자연 재난을 미리 대비할 수 있다. 경기도 성남시 분당구 문정로 40
0507-1320-9501 10:00~17:00(월요일 휴무) ₩ 7,700원~28,000원(체험에 따라 다름) **추천 나이** 미취학아동
추천 계절 사계절 **주변 명소** 한국 잡월드, 현대어린이책미술관, 분당율동공원 www.hmoka.org

안전 체험도 하고 곤충 체험도 하고

율동공원 옆에 산기슭에 있다. 분당어린이안전체험관은 곤충나라, 만들기체험관, 교통안전체험관, 재난안전체험관까지 네 개 체험관으로 구성돼 있다. 곤충 나라를 제외하고는 모두 온라인 사전 예약이 필요하다. 4개의 체험관 중 특히 2층 교통안전체험관과 3층 재난안전체험관의 예약률이 높다. 교통안전체험관은 태풍 안전, 자전거 안전, 보행 안전, 버스 안전 등 교통과 관련한 안전의 중요성을 50분 동안 체험할 수 있다. 재난안전체험관은 소방 안전, 비상 탈출, 지진 안전, 응급 처리 체험까지 교통안전체험관과 마찬가지로 50분 동안 전문 강사의 안내와 지도를 받으며 재난 안전을 체험할 수 있다. 곤충나라는 반딧불이와 사슴벌레, 장수풍뎅이, 유충 등 다양한 곤충을 직접 보며 곤충의 생애, 몸의 구조, 생활사 등을 관찰할 수 있다. 반딧불이 철에는 실제로 반딧불이를 볼 수 있다. 약 일주일 정도만 짧게 진행한다. 시기는 대체로 8월 말부터 9월 초까지이다. 매해 비슷한 시기에 진행하니 홈페이지에서 정확한 일정을 확인하자. 특별한 체험이 될 것이다.

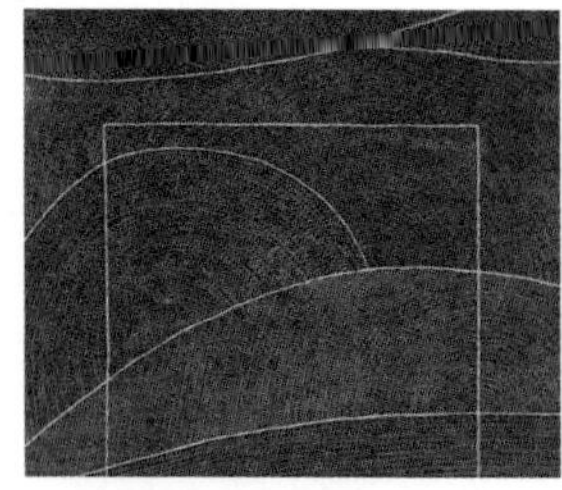

SIGHTSEEING

호암미술관

한줄평 예술 산책은 기본, 아름다운 정원 산책은 덤 경기도 용인시 처인구 포곡읍 에버랜드로562번길 38
031-320-1801 10:00~18:00(희원 정원 도슨트 13:00, 15:00, 보화문 앞/월요일 휴무) ₩ 14,000원 **추천 나이** 2세부터 **추천 계절** 봄~가을 **주변 명소** 에버랜드, 삼성화재 모빌리티뮤지엄 https://www.leeumhoam.org/

국보급 미술품, 그리고 풍경화 같은 정원

삼성그룹 창업자 이병철이 수집한 한국의 고미술품과 근현대 미술 작품을 바탕으로 1982년 개관한 사립 미술관이다. 2023년 리노베이션을 마쳤다. 불화와 도자기 등 호암미술관이 소장한 고미술품은 국보와 보물급이 많을 만큼 알차고 풍성하다. 간송미술관과 더불어 우리나라 고미술 사립 미술관의 쌍벽을 이루고 있다.
호암미술관은 소장품과 전시의 품격뿐만 아니라 전통 조경의 멋을 제대로 느낄 수 있는 곳이다. 미술관 앞에 있는 전통 정원 '희원'이 그곳이다. 희원은 우리나라 전통 정원 조형미의 뿌리인 '차경의 원리'를 바탕으로 만들었다. 옛 지형을 복원해 정원과 정원에 배치한 건물이 숨겨지고 드러나며 한 폭의 풍경화를 보여준다. 정원은 덕수궁의 유현문을 본떠서 전돌을 쌓아 올린 보화문에서 시작된다. 보화문을 지나면 매화나무숲과 마주하고, 오솔길을 따라 오르면 관음정이 있는 작은 동산 소원이 나온다. 희원의 절경은 가을에 제일 두드러진다. 희원과 미술관을 둘러봤다면 바로 앞에 있는 호수 삼만육천지 주변 산책을 추천한다. 수변광장과 석인의 길은 가족 나들이 장소로 제격이다.

SIGHTSEEING

삼성화재 모빌리티뮤지엄

한줄평 체험, 전시, 피크닉까지 가능한 모빌리티 문화공간 경기도 용인시 처인구 포곡읍 에버랜드로376번길 171
031-320-9900 **화~금** 09:00~17:00 **토~일** 10:00~18:00 **휴무** 월요일 ₩ 8,000원~10,000원(24개월 미만 무료, 모빌리티 체험비 별도) **추천 나이** 2세부터 **추천 계절** 사계절 **주변 명소** 호암미술관, 에버랜드 https://stm.or.kr

자동차, 드론, 우주여행까지

삼성화재 교통박물관에서 2023년 새롭게 재개관했다. 예전보다 볼거리와 즐길 거리가 더 풍부해졌다. 뮤지엄은 1층과 2층과 이루어져 있다. 1층엔 친환경, 자율주행, 드론, 우주여행 등 다양한 모빌리티를 이해할 수 있는 전시물이 가득하다. 1층의 또 다른 볼거리로는 현대의 포니자동차와 같은 한국의 역사적인 자동차를 감상할 수 있다는 점이다. 레이싱게임부터 미니카 레이스, 자동차의 원리를 이해하는 체험 나라 같은 즐길 거리도 제법 많다. 2층에선 감성적인 클래식 자동차를 만날 수 있다.

짐작했겠지만, 여러 모빌리티 중에서 자동차는 전시물 중심이다. 따라서 자동차를 좋아하는 아이와 부모에겐 최고의 나들이 장소이다. 삼성화재 모빌리티뮤지엄엔 본관 외에도 볼거리가 많다. 애니카 공원은 날씨가 맑은 날 피크닉을 즐기기 좋고, 주차장 입구 쪽에 있는 어린이교통나라는 교통안전 체험장이다. 직접 또는 간접으로 체험하며 교통안전을 몸으로 익힐 수 있다. 교통안전 교육은 홈페이지에서 예약할 수 있다.

SIGHTSEEING

에버랜드

한줄평 볼거리와 즐길 거리가 가득한 국내 최대 테마파크
경기도 용인시 처인구 포곡읍 에버랜드로 199 031-320-5000 10:00~22:00(퍼레이드 시간 14:30~15:30)
₩46,000원~68,000원(캐리비안베이는 별도) **추천 나이** 1세부터 **추천 계절** 사계절
주변 명소 호암미술관, 삼성화재 모빌리티뮤지엄 www.everland.com

국내 최강 오감 만족 테마파크

꿈과 환상의 나라 에버랜드는 아이들에겐 천국 같은 곳이다. 놀이기구, 동물원과 식물원, 워터파크를 갖추고 있으며, 다채로운 축제와 퍼레이드가 열리는 테마파크이다. 우리나라뿐만 아니라 아시아에서도 방문객이 많기로 손에 꼽힌다. 입장객 기준으로 우리나라 테마파크 중에서 1위이고, 아시아에서 6위이다. 세계의 모든 테마파크 중에선 16위이다. 에버랜드의 놀이공간은 크게 어트랙션, 동물원 주토피아, 정원 플랜 토피아 등 세 구역으로 구분할 수 있다. 어트랙션 구역에서는 40가지 놀이기구가 스릴과 짜릿함을 선사한다. 주토피아에는 사파리월드, 로스트 밸리, 판다 월드가 있다. 정원 플랜 토피아는 포시즌스 가든과 장미원, 하늘정원길 등으로 구성돼 있다. 어트랙션 중에서 대표적인 것으로 롤러코스터인 T익스프레스, 급류 보트 체험 공간인 아마존 익스프레스가 있다. 이 중에서 T익스프레스는 많은 사람들이 오픈 런을 할 만큼 인기가 높다. 스마트 줄서기가 필수이므로 방문 전에 에버랜드 앱을 다운받자. 동물원에서는 사파리월드, 로스트 밸리, 판다 월드 모두 인기가 높다. T익스프레

스와 마찬가지로 오픈 런이 벌어지는 곳이니, 앱에서 스마트 줄서기를 하자. 동물원에서 가장 인기가 많은 동물은 단연 판다이다. 특히 푸바오는 우리나라에서 태어난 최초의 판다로 인기가 하늘을 찔렀다. 아쉽게도 2024년 4월 번식을 위해 중국으로 송환되었다. 하지만 푸바오의 부모 판다와 쌍둥이 동생은 계속 만나볼 수 있으니 너무 아쉬워하지 말자. 정원 플랜 토피아는 아름다운 정원과 계절을 바꾸며 피어나는 형형색색 꽃 덕에 에버랜드에서 가장 화려한 곳이다. 튤립, 장미 등 아름다운 테마정원은 그대로 포토 존이 된다.

에버랜드엔 시즌마다 다양한 이벤트와 축제가 펼쳐진다. 꾸준히 진행되는 이벤트로는 카니발과 문라이트 퍼레이드가 있다. 핼러윈과 크리스마스 시즌의 에버랜드는 더욱 화려하게 빛난다. 지금까지 소개한 공간 외에도 에버랜드엔 놀거리가 많다. 이 가운데 여름에 가장 빛나는 곳 캐리비안베이 워터파크, 겨울에 개장하는 스노우버스터 눈썰매장을 빼놓을 수 없다. 꽃 피는 봄부터 눈 내리는 겨울까지 사계절 볼거리와 즐길 거리가 가득한 곳, 에버랜드에선 하루가 너무 빨리 지나간다.

SIGHTSEEING

라마다용인호텔

한줄평 에버랜드 여행을 위한 최적 숙소

경기도 용인시 처인구 포곡읍 마성로 420 031-8097-6500 **체크인/체크아웃** 15:00/11:00

추천 나이 2세부터 **무료 대여 물품** 침대 가드, 아기 욕조, 아기 발 받침대, 가습기(사전 신청 필수)

추천 시설 키즈플레이존 **주변 명소** 호암미술관, 에버랜드 http://ramadayongin.com

다양한 키즈 룸, 에버랜드가 지척이다

용인시 처인구 포곡읍 전대리에 있다. 용인의 대표 관광지인 에버랜드를 방문하는 가족들이 가장 많이 이용하는 호텔이다. 에버랜드 셔틀버스 주차장까지는 자동차로 1분, 에버랜드 정문 주차장까지는 5분이면 도착할 만큼 접근성이 매우 뛰어나다. 4성급 호텔로 직원들의 서비스가 만족스럽다. 아이들의 취향을 맞춘 다양한 키즈 룸을 갖추고 있다. 스포츠카 모양으로 침대를 꾸민 레드 룸, 캐릭터가 반겨주는 오렌지 룸, 동물을 소재로 꾸민 키즈 스위트룸 등 아이들에게 즐거움과 행복을 주는 객실이 다채롭다. 키즈 룸이 아니더라도 가족끼리 투숙하기에 좋은 룸 타입이 여러 개다. 성인 2명 아이 1명 또는 성인 2명 아이 2명이 투숙한다면 2층 침대와 퀸사이즈 침대가 있는 디럭스 쿼드DELUXE QUAD를 추천한다. 아이를 위한 부대시설로는 아담한 키즈 플레이 존이 있다. 아이들을 위한 피아노 연주회와 미술 전시회도 열린다. 아침 일찍 에버랜드 오픈 런하기엔 이만한 호텔이 없다.

SIGHTSEEING

한국민속촌

한줄평 아름다운 자연과 문화 체험을 겸비한 전통문화 관광지 경기도 용인시 기흥구 민속촌로 90
031-288-0000 10:00~19:00(겨울철은 18:00까지, 여름철 주말과 휴가철에는 23:30까지) ₩ 25,000원~35,000원
추천 나이 1세부터 **추천 계절** 사계절 **주변 명소** 에버랜드, 삼성화재 모빌리티뮤지엄 www.koreanfolk.co.kr

즐거움이 넘치는 시간 여행

1974년 건립 후 지금까지 내국인은 물론 외국인에게도 꾸준히 사랑받고 있는 최고의 전통문화 관광지다. 규모는 약 30만 평이다. 우리나라의 그 어느 곳보다 조선시대 마을을 옛 모습 그대로 재현하였다. 전통 마을과 전통 먹거리, 다채로운 전통 놀이와 예술 공연 등 종일 즐겨도 아쉬울 만큼 볼거리와 즐길 거리가 많다. 이뿐만 아니라 산과 숲과 개천을 두루 품은 민속촌은 아름다운 자연환경이 무척 아름답다. 마치 자연에 깃든 실제 전통 마을에 온 기분이 든다. 옛날로 돌아가 시간 여행하듯, 여유롭게 공원을 산책하듯 구경하기 좋다.

민속촌에 왔으니 한복 차림으로 관람해도 좋겠다. 민속촌 안과 밖에 한복대여점이 여러 곳이다. 아름다운 한복을 입고 아이와 멋진 추억을 쌓고, 예쁜 사진도 남겨보자. 길이 평탄해 유모차를 사용하기 좋고, 쾌적하고 넓은 수유실이 있어서 영유아를 동반한 가족 방문객의 만족도가 높다. 겨울엔 썰매 타기, 빙어 낚시 체험도 할 수 있다.

SIGHTSEEING

용인농촌테마파크

놀면서 경험하는 우리의 농촌

아이들이 농촌을 체험하기 안성맞춤이다. 가족 단위의 나들이 장소로도 손색이 없다. 종합체험관, 곤충체험관, 관상동물원, 수생 관찰 연못, 잔디광장, 원두막 등을 갖추고 있다. 종합체험관 실내에선 주말마다 달고나 만들기, 다육 식물 아트와 같은 체험 활동을 할 수 있다. 야외에선 윷놀이, 딱지치기 같은 전통 놀이를 즐길 수 있다. 여름엔 물놀이장이 문을 연다. 유아 풀장과 아동 풀장을 따로 개장하므로 아이의 나이에 맞게 선택하면 된다. 텃밭 식물 오감 체험과 나이별로 맞춤 해설을 해주는 숲 해설 프로그램은 아이들에게 특별한 경험이 될 것이다. 원두막은 선착순으로 이용할 수 있다. **한줄평** 놀고 보고 만들며 하는 농촌 체험 경기도 용인시 처인구 원삼면 농촌파크로 80-1 031-324-4081 **3월~4월** 09:30~17:30 **5월~8월** 09:30~18:30 **9월~10월** 09:30~17:30 **11월~2월** 09:30~16:30(월요일 휴무) ₩ 1,000원~3,000원(용인 시민과 3세 이하 유아는 무료) **추천 나이** 1세부터 **추천 계절** 봄~가을 **주변 명소** 한국민속촌

SIGHTSEEING

뮤지엄그라운드

전시, 예술 체험, 그리고 휴식

땅·대지의 의미를 품은 미술관으로 2018년 10월 용인시 수지구 고기리계곡에 문을 열었다. 세 개 전시실과 야외조각공원, 멀티교육실, 미술관 책방, 루프톱 카페로 이루어져 있다. 미술 애호가뿐 아니라 모든 시민, 모든 나이대 관객에게 열려 있는 미술관을 지향하고 있다. 아이들 눈높이에 맞는 전시가 자주 열리며, 예술 체험 프로그램도 진행한다. 전시 일정은 홈페이지를 참고하면 된다. 미술관 책방도 눈길을 끈다. 작은 야외 공간으로 아이들이 책을 읽거나 간단한 드로잉 체험을 할 수 있다. 루프톱 카페는 어린이를 위한 음료와 간단한 디저트를 준비해 놓고 있다. 잠시 쉬었다 가기 좋다. **한줄평** 아이와 가기 좋은 체험형 미술관 경기도 용인시 수지구 샘말로 122
031-265-8200 10:30~18:00(월~화 휴무) ₩ 어린이와 청소년 4,000원, 성인 5,000원(24개월 미만 유아는 무료)
추천 나이 1세부터 **추천 계절** 사계절 **주변 명소** 고기리계곡 https://www.museumground.org/

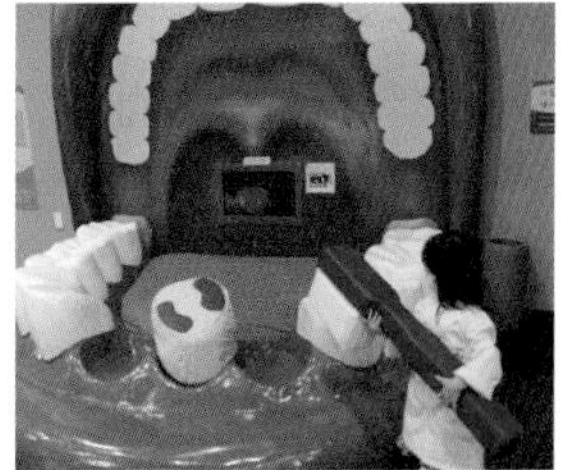

SIGHTSEEING

경기도어린이박물관

한줄평 아시아 최대 독립형 체험식 어린이박물관
경기도 용인시 기흥구 상갈로 6 031-270-8600
1회차 10:00~13:30, 2회차 14:00~17:30(월 휴무) ₩ 4,000원(경기도민 2,000원, 12개월 미만은 무료)
추천 나이 1세부터 **추천 계절** 사계절 **주변 명소** 한국민속촌 https://gcm.ggcf.kr/

상상력을 키워주는 체험식 박물관

용인시 기흥구 상갈동에 있다. 경기도어린이박물관은 어린이들의 꿈과 호기심, 상상력을 키우는 데 도움을 주는 체험식 박물관이다. 영아, 유아, 초등학생까지 모두 즐길만한 체험형 전시물관 프로그램이 다양하다. 어린이박물관 중에서 국내 최초의 독자 건물을 보유할 만큼 규모도 크고 알차다. 지하 1층, 지상 3층에 전시실, 기획전시실, 카페, 강당 등을 갖추고 있다. 1층은 48개월 미만 영아들이 놀기 좋은 자연 놀이터가 있고, 자연 관찰을 주제로 한 작은 생태 전시가 열린다. 이곳은 영유아를 위한 대표적인 체험 공간이다. 2층에선 '도전! 어린이 건축가' 전시가 열린다. 증강현실(AR)과 다양한 체험을 통해 건축의 구조, 건축의 역사, 유명한 건축물에 대해 알아볼 수 있다. 또, 실제 건축가가 되어 여러 공간을 만드는 특별한 경험을 할 수 있다. 유아부터 체험하기 좋은 전시이다. 3층에선 우리 몸의 구조와 기능을 탐구하는 전시, 다문화 가족을 이해하면서 공동체 의식을 가질 수 있는 체험 전시 등을 만나볼 수 있다. 워낙 인기가 많은 박물관이므로 무조건 예약하길 권한다.

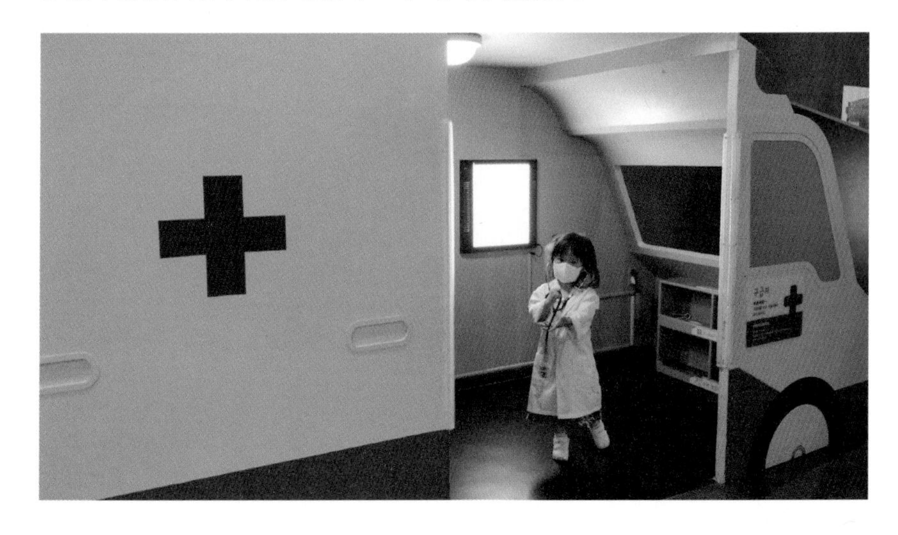

SIGHTSEEING

알토이미술관

한줄평 영유아를 위한 원목 교구 체험 공간 경기도 용인시 기흥구 동백3로11번길 9 동백씨티빌 3층 010-2357-4569 매일 10:00~19:00(2시간 이용 가능) ₩ 19,000원~25,000원(성인은 8,500원, 허브차 제공) 추천 나이 1세부터 추천 계절 사계절 주변 명소 한국민속촌, 에버랜드 https://www.instagram.com/alltoyartmuseum

신나는 나무 장난감 놀이터

용인시 기흥구 중동 동백 신도시 안에 있다. 아파트에 사는 학부모들의 만족도가 높다. 몬테소리, 프뢰벨 등의 인기 교구와 평소에 접하기 힘든 다양한 원목 교구를 한 번에 체험할 수 있다. 평소에 원목 교구에 관심은 있었지만 구매하기 망설여졌다면 체험 목적으로 방문하는 것도 좋은 방법이다. 미술관에선 어린이가 스스로 자율적으로 다양한 모양을 만들고 해체하며 원목 교구를 체험할 수 있다. 교구를 가지고 놀다가 사용법이나 그 밖의 궁금한 점은 그때그때 문의할 수 있다. 상시 대기하는 직원이 친절하게 설명해 준다. 미술관 이용 시간은 두 시간이다. 원목 교구가 교구장에 빼곡하게 채워져 있어서 2시간이 부족할 정도이다. 방문 적정 연령대는 미취학 영유아이다. 12개월 이상부터 입장할 수 있으며, 예약제로 운영하고 있다. 아이들의 놀이공간을 충분히 확보해 주기 위해 입장 인원을 제한하고 있다. 미취학 영유아라 하더라도 정적인 활동을 지루해하는 아이라면 원목 교구에 흥미를 느끼지 못할 수도 있으니 참고하자. 성인은 입장 시 1인당 허브차 한 잔을 제공한다.

SIGHTSEEING

안양예술공원

한줄평 안양 제1경으로 꼽힌 예술 공원

경기도 안양시 만안구 예술공원로131번길 7 ₩ 무료 **추천 나이** 유아부터

추천 계절 봄~가을 **주변 명소** 병목안시민공원, 망해암

국내 최초 공공예술 테마파크

관악산과 삼성산 골짜기에 있다. 예전엔 음식점과 매점, 놀이시설, 천연 수영장 등을 갖춘 유명한 유원지가 있었다. 2005년 자연훼손을 막기 위해 다 철거하고 국내 최초로 예술 공원으로 만들었다. 안양유원지가 그랬듯, 안양예술공원도 안양의 대표적인 명소이자 시민들이 즐겨 찾는 쉼터이다. 조각, 설치 작품 등 세계적인 입체 미술 작품 60여 점이 여행자를 반겨준다. 예술 작품은 산과 계곡 이곳저곳에 안겨 있다. 안양예술공원은 예술 감상과 숲 산책을 함께 할 수 있어서 더 좋다.

계절 따라 바뀌는 풍경도 매력적이다. 봄엔 벚꽃이 아름답고, 여름엔 계곡에서 물놀이를 즐기기 좋다. 가을엔 은행나무와 단풍나무가 공원을 형형색색 매혹적으로 물들인다. 안양예술공원은 입구부터 오르막길로 이어진다. 영유아와 함께 산책하고 싶다면 유모차를 미리 준비하는 것이 좋다. 오르막길을 따라 도로 양쪽으로 맛집과 카페가 많으니 힘들면 쉬었다 가도록 하자. 작품 설명을 들으며 산책하는 도슨트 투어도 프로그램도 있다.

SIGHTSEEING

평촌중앙공원

산책, 야경 분수, 아이와 놀기

안양시청 남쪽 맞은 편에 있는 시민공원이다. 평촌신도시를 건설할 때 함께 만들었다. 수만 그루의 나무와 공공 예술 작품, 분수대, 놀이터, 체육시설 등이 있다. 특히 축구장, 테니스장, 인라인스케이트장, 게이트볼장, 배드민턴장까지 체육시설이 다양해서 주말이면 아이와 함께 운동을 즐기는 부모가 많다. 공원 전체가 평지여서 천천히 산책하기 좋다. 봄이면 벚꽃, 여름이면 분수 물놀이, 가을이면 단풍을 즐길 수 있는 안양의 대표 공원 중 하나다. 인근에 평촌역이 있어서 대중교통 접근성이 좋다. 안양 최대 번화가 중 한 곳인 범계로데오거리와 가까워 걸어서 갈 수 있다.

한줄평 아이와 뛰어놀기 좋은 시민공원 경기도 안양시 동안구 관평로 149
031-324-4081 ₩ 무료 **추천 나이** 1세부터 **추천 계절** 봄~가을 **주변 명소** 범계로데오거리

SIGHTSEEING

안양천생태이야기관

실감 나는 생태 하천 체험

안양시 만안구 석수동 안양천 옆에 있다. 예전에 안양천은 수도권의 대표적인 오염 하천이었다. 1990년대부터 대대적인 안양천 살리기 사업을 전개해 이제는 생태 하천으로 다시 태어났다. 안양천생태이야기관은 다시 숨 쉬는 안양천의 생태를 배우고 체험할 수 있는 곳이다. 1~2층과 야외전시관에서 안양천의 사계절 모습과 안양천에 사는 새, 식물, 곤충, 양서류, 파충류 등을 구경하며 안양천 생태계를 이해할 수 있다. 이 중에서 1층 전시관의 VR 체험 '야호! 보트 탐험'의 인기가 높다. VR 기기를 착용하면 실제 보트를 탄 것처럼 생동감 있게 안양천을 탐험할 수 있다. 벚꽃이 아름다운 봄에 방문하길 추천한다.

한줄평 다시 살아난 안양천의 생태 관찰하기 경기도 안양시 만안구 석수로 320
031-8045-7000 09:30~17:30 **휴무** 월 ₩ 무료 **추천 나이** 1세부터 **추천 계절** 사계절
주변 명소 광명에디슨뮤지엄 https://www.anyang.go.kr/river

SIGHTSEEING

백운호수

한줄평 물멍, 산멍하며 호수 둘레길 걷기
경기도 의왕시 백운로 506-1 24시간 ₩ 무료(오리배와 전동 보트 이용료 별도) **추천 나이** 1세부터
추천 계절 사계절 **주변 명소** 의왕무민공원, 롯데프리미엄아울렛 https://www.anyang.go.kr/river

오리배, 산책로, 호반 카페

의왕시 학의동에 있는 인공호수이다. 청계산과 백운산, 모락산에서 흘러내린 물이 모여 아름다운 산속 호수를 만들고 있다. 1950년대 안양 지역에 농업용수를 공급하기 위해 만든 저수지였으나 70년 이후 도시화가 빠르게 진행되면서 저수지 기능은 사라지고 호수로 바뀌었다. 호수 둘레를 수려한 산들이 둘러싸고 있어서 풍경이 무척 아름답다. 나무로 만든 데크 산책로가 호수 전체를 감싸고 있다. 산책로가 평탄해 아이도 걷기 쉽다. 산책로 길이는 약 3km이다. 호수 주변으로 순환 도로가 있어서 드라이브를 즐기기 좋다. 또 순환 도로변엔 예쁜 카페와 맛집이 많이 들어서 있다. 근처에 롯데프리미엄아울렛까지 있어 주말이면 사람들의 발길이 끊이지 않는다. 드라이브와 둘레길 산책도 좋지만, 아이들은 오리배 체험을 더 좋아한다. 도넛과 자동차 모양으로 생긴 전동 보트도 인기가 많다. 2023년에 호수 옆에 무민공원이 생겼다. 하마를 닮은 귀여운 캐릭터 무민이 아이들을 반겨준다. 멋진 놀이터도 있어서 백운호수와 같이 둘러보기 좋다.

SIGHTSEEING

롯데프리미엄아웃렛 의왕점

한줄평 쇼핑과 다양한 문화 체험을 한 곳에서!
경기도 의왕시 바라산로 1 1577-0001 10:30~21:00 **추천 나이** 1세부터 **추천 계절** 사계절
주변 명소 백운호수, 의왕무민공원 https://www.lotteshopping.com/store/main?cstrCd=0406

백운호수 옆 키즈 프렌드리 쇼핑몰

백운호수 동남쪽 도로 건너에 있다. 공식 명칭은 롯데프리미엄아웃렛 의왕점이지만, 간단히 타임빌라스라고 부른다. 시간Time과 별장Villas의 합성어로 오래 머물고 싶은 공간이라는 뜻을 담고 있다. 의왕 타임빌라스가 특별한 이유는 걸어서 백운호수에 갈 수 있다는 점이다. 둘레길 산책, 순환 도로 드라이브, 카페와 맛집 탐방 등 백운호수에서 즐길 거리가 다양하다. 아이와 가면 더 좋다, 오리배와 전동 보트 체험을 할 수 있고, 바로 옆 잔디 광장과 멋진 놀이터를 갖춘 의왕무민공원에서 신나게 놀 수 있다. 공원 곳곳에 있는 캐릭터 무민을 배경으로 예쁜 사진도 찍을 수 있다. 롯데프리미엄아웃렛 의왕점은 단순한 쇼핑센터를 넘어 복합문화공간을 지향하고 있다. 예를 들면, 휘게문고는 서점과 문구점에 카페까지 더해진 복합 공간으로 아이들이 좋아하는 책과 문구류, 액세서리를 두루 갖추고 있다. 야외 잔디마당에는 놀이터 와일드 파크, 분수 물놀이터가 있다. 2층의 동심서당은 서점 겸 도서관이다. 이곳에서는 교구를 체험하고 독서도 할 수 있다. 키즈 카페 바운스도 아이들이 좋아하는 곳이다.

SIGHTSEEING

의왕무민공원

무민 캐릭터와 즐거운 시간을

2023년 11월, 백운호수와 롯데프리미엄아웃렛 의왕점 사이에 들어선 무민 캐릭터 공원이다. 무민 캐릭터는 핀란드 예술가 '토베 얀손'의 작품이다. 의왕무민공원엔 미니어처 존, 아주 멋진 어린이 놀이터, 동그란 무민 아트 볼, 무민 캐릭터 조형물 등이 있다. 낮에도 멋지지만, 조명이 들어오는 밤도 아름답다. 연말엔 크리스마스 장식이 공원을 가득 채워 더욱 아름답다. 무민 아트 볼은 공원 중앙에 있다. 밤이 되면 무민 캐릭터 영상이 들어와 낮보다 더 화려하다. 의왕무민공원은 부모보다 아이들이 더 좋아한다. 무민 캐릭터와 사진을 찍고, 놀이터에서 뛰어놀다 보면 시간이 금방 지나간다.

한줄평 핀란드 캐릭터 무민이 가득한 공원 경기도 의왕시 의일로 65 09:00~22:00 ₩ 무료
추천 나이 1세부터 **추천 계절** 사계절 **주변 명소** 백운호수, 롯데프리미엄아웃렛

SIGHTSEEING

왕송호수공원

집라인과 레일바이크 타며 호수 즐기기

의왕시 남쪽 끝에 있다. 수도권에서는 드물게 레일바이크를 타고 호수를 감상할 수 있다. 특히 봄날엔 흩날리는 벚꽃을 감상하며 레일바이크를 탈 수 있어서 퍽 낭만적이다. 이때는 레일바이크 이용률이 높아진다. 호수공원 안에 캠핑장이 있으며, 집라인은 스릴을 즐기려는 사람들이 많이 찾는다. 아이들이 뛰어놀기 좋은 넓은 공원과 습지대, 관찰 데크 등을 갖추고 있다. 매년 어린이날 전후로 의왕철도축제가 왕송호수공원에서 열린다. 겨울에는 눈썰매장이 개장한다. 호수공원 옆에 의왕조류생태과학관과 철도박물관이 있다. 당일치기로 함께 둘러보기 좋다.

한줄평 집라인은 하늘을 날고 레일바이크는 벚꽃 속을 달린다. 경기도 의왕시 왕송못동로 307
24시간 ₩ 무료(레일바이크, 집라인 이용료 별도) **추천 나이** 1세부터 **추천 계절** 봄~가을
주변 명소 철도박물관, 조류생태과학관 https://www.uiwang.go.kr/UWKORPHY0202

SIGHTSEEING

철도박물관

기관사를 체험하는 즐거움

의왕에서 아이와 한 곳만 나들이 가야 한다면 필자는 철도박물관을 선택하겠다. 철도박물관은 크게 야외와 실내 전시장으로 나누어져 있다. 야외 전시장에선 실물 크기의 여러 기관차를 구경하며 스탬프 투어를 할 수 있다. 호기심을 자극하는지 아이들의 눈빛이 초롱초롱해진다. 실내엔 우리나라 철도 역사를 이해할 수 있는 전시물과 체험 거리가 다양하다. 1층엔 역무원 복장으로 사진을 찍을 수 있는 포토 존이 있다. 아이들이 무척 좋아한다. 직접 기관사가 되어서 기차를 조종하는 시뮬레이션 운전체험실 인기도 만만치 않다. 티켓이 실제 기차 승차권과 동일해서 기차여행을 떠나는 기분이 든다. **한줄평** 기차를 좋아하는 아이를 위한 최고의 선택 경기도 의왕시 철도박물관로 142 031-461-3610 **11~2월** 09:00~17:00 **3~10월** 09:00~18:00(월 휴무) ₩ 4세~18세 1,000원, 19세부터 2,000원(48개월 미만 무료, 운전체험실 요금 500원) **추천 나이** 1세부터 **추천 계절** 사계절 **주변 명소** 왕송호수공원, 조류생태과학관 https://www.railroadmuseum.co.kr/

SIGHTSEEING

의왕조류생태과학관

새와 자연생태 체험하기

바로 옆 왕송호수에 번식하는 새와 자연생태를 학습하고 관찰하고 체험하는 테마 과학관이다. 3층 구조이며, 1층은 왕송호수의 생태를 알 수 있는 생태체험관으로 CG 영상과 다양한 체험학습시설과 카페가 있다. 2층엔 새의 구조와 행동, 성장 등을 학습하고 관찰하는 조류 체험관이 있다. 왕송호수에서 번식하는 조류와 천연기념물 박제 전시관, 민물고기 화석 전시관, 조류 탐조 쉼터가 같이 있다. 3층은 3D 영상 학습실이다. 왕송호수에 서식하는 물고기와 곤충, 한반도에 서식하는 민물고기 등을 관찰할 수 있다. 옥탑의 전망대에선 망원경으로 새와 왕송호수, 주변 경관을 관람할 수 있다. **한줄평** 왕송호수에 사는 새와 물고기, 그리고 천연기념물 조류 관찰하기
경기도 의왕시 왕송못동로 209 031-8086-7490 09:00~18:00 (매표는 17:00 마감, 월 휴무) ₩ 3~6세 1,000원, 7~19세부터 3,000원, 19세 이상 5,000원 **추천 나이** 1세부터 **추천 계절** 사계절 **주변 명소** 왕송호수공원, 철도박물관

SIGHTSEEING

화성행궁

한줄평 스탬프 투어도 하고 한복 입고 예쁜 사진도 찍고!

경기도 수원시 팔달구 정조로 825 031-290-3600 09:00~18:00(야간 개장 5~10월 금~일요일 21:30까지)

₩ 7~12세 700원, 청소년·군인 1,000원, 성인 1,500원(6세 이하 무료, 한복 입으면 무료)

추천 나이 1세부터 **추천 계절** 봄~가을 **주변 명소** 수원화성, 지동시장, 플라잉 수원, 행궁동벽화마을

www.swcf.or.kr/?p=260

야경이 아름다운 국내 최대 행궁

행궁은 임금이 궁궐 밖으로 행차할 때 임시로 거처하던 궁궐을 말한다. 화성행궁은 평상시에는 행정 관청으로, 정조의 행차 시에는 행궁으로 사용했다. 1795년 정조는 이곳에서 어머니 혜경궁 홍씨의 회갑연을 열었다. 하지만 일제강점기에 큰 수난을 겪었다. 병원과 경찰서로 쓰이면서 대부분 훼손되었다. 낙남헌과 노래당만 당시 모습 그대로이다. 1996년부터 『화성성역의궤』와 『정리의궤』를 바탕으로 복원 공사를 진행하고 있다. 화성행궁은 화성 관광열차인 화성어차의 하차 가능 장소 중 하나이다. 연무대에서 화성어차를 타고 화서 행궁 여행을 해도 좋겠다. 정확한 하차 장소는 행궁 앞 수원시립미술관 정류장이다. 아이와 방문하면 행궁을 탐험하며 도장 찍기 놀이를 즐겨 보자. 매표소에서 스탬프 놀이 종이를 얻을 수 있다. 매년 5월부터 10월까지는 야간 개장도 한다. 낮보다 아름다운 화성행궁을 구경할 수 있다. 행궁을 거닐다 보면 한복을 입은 방문객들이 많이 보인다. 한복을 입으면 무료로 입장할 수 있다. 예쁜 사진까지 남길 수 있으니 한번 시도해 보자. 한복은 행궁 인근의 대여점에서 빌릴 수 있다.

SIGHTSEEING

수원화성

한줄평 수원이 자랑하는 세계문화유산이자 대표 관광지 경기도 수원시 장안구 팔달로 280(화홍문 공영주차장)
031-290-3600 09:00~18:00(화성행궁 야간 개장 5~10월 18:00~21:30) ₩ 무료(화성행궁 입장료, 체험비 별도)
추천 나이 1세부터 **추천 계절** 봄~가을 **주변 명소** 화성행궁, 지동시장, 플라잉 수원 https://swcf.or.kr

세계문화유산, 조선 성곽 건축의 꽃

수원화성은 수원에서 가장 먼저 떠오르는 대표 명소이다. 화성은 1796년에 완공된 군사시설이면서 동시에 상업과 거주, 행정시설이 공존하는 신도시였다. 축조 기술의 혁신성, 양식의 새로움, 보존의 완전성 등에서 높은 평가를 받아 1997년 세계문화유산에 등재되었다. 화성은 정조가 아버지 사도세자의 능을 양주 배봉산에서 수원 화산으로 옮기면서, 화산 부근에 있던 관아 등 행정 기관을 팔달산 아래로 옮기면서 건설했다.

화성은 조선시대의 다른 읍성이나 산성과는 몇 가지 차별적인 특징이 있다. 첫째, 화성은 아버지에 대한 정조의 효심이 축성의 시작이자 근본이 되었다. 둘째, 화성은 거주지로서의 읍성과 방어용 산성을 융합한 새로운 형식의 성곽 신도시였다. 셋째, 우리의 전통적인 축성 기법에 동양과 서양의 새로운 과학적 지식과 기술을 적극적으로 활용하여 지금까지 존재하지 않던 성을 건설했다. 넷째, 인공성을 최대한 배제하고 주변 지형에 따라 자연스러운 형태로 성을 만들어 조형적인 아름다움이 뛰어나다. 다섯째, 일종의 준공 보고서인 『화성성역의궤華城城役儀軌』를 간행했다. 이를 통해 화성의 모양과 축성 기법, 인력 동원 상황과 임금 지급 내용 등 공사의 총체적인 상황을 자세히 알 수 있다. 이 덕에 훼손된 성곽을 축성 당시와 똑같은 모습으로 복원할 수 있었다. 이렇듯 화성은 조선 성곽 건축의 꽃이다. 성곽 길이는 5.74km이고, 높이는 4~6m이다. 성곽 안 면적은 약 4만 평이다.

수원 화성은 규모가 크고 넓은 만큼이나 볼거리와 즐길 거리가 다양하다. 사람들이 가장 먼저 즐기는 일은 성곽길 걷기이다. 서장대 또는 화서문에서 장안문과 화홍문을 지나 연못이 아름다운 정원 방화수류정까지 코스가 인기가 많다. 아이와 함께라면 화성어차 탑승을 추천한다. 화성어차는 레트로 감성이 물씬 풍기는 동력차와 객차로 구성된 관광열차다. 열차는 연무대, 화홍문, 장안문, 화서문, 화성행궁을 거쳐 다시 연무대로 돌아온다. 화성은 야경도 아름답다. 봄부터 가을까지는 화성행궁을 야간에도 개장하는데, 최고 야경 명소는 방화수류정동북각루이다. 연날리기 체험, 수문장 교대식인 장용영 수위 의식, 무예24기 시범 공연은 아이들이 더 좋아한다. 연무대 국궁 체험장에선 이색적인 활쏘기를 경험할 수 있다. 매년 가을엔 화성문화제, 정조대왕 능 행차 재현 행사, 미디어아트 영상 쇼 등 다채로운 축제가 열린다. 화성을 높은 곳에서 한눈에 보고 싶다면 창룡문 근처에 있는 플라잉수원에서 열기구 체험을 하면 된다.

화성어차

한줄평 관광열차 타고 수원 화성 구경하기 경기도 수원시 팔달구 매향동 153-11(연무대 옆 수원화성주차장) 031-228-4686 09:40~17:00(하루 20여 회 운행, 25분 소요, 월 휴무) ₩ **승차요금** 어린이 1,500원, 청소년 2,500원, 성인 4,000원(36개월 미만 무료) **운행 노선** 연무대 → 화홍문(하차 가능) → 장안문 → 화서문(하차 가능) → 화성행궁(하차 가능) → 연무대 **추천 나이** 1세부터 **추천 계절** 봄~가을 **주변 명소** 수원화성, 화성행궁, 플라잉 수원, 행궁동벽화마을 https://www.maketicket.co.kr/ticket/GD5843

낭만 넘치는 관광열차

수원화성은 볼거리와 즐길 거리가 풍성한 여행지이다. 하지만 아이와 함께라면 사정이 조금 달라진다. 성곽길이 꽤 긴 데다 화성이 워낙 넓은 까닭이다. 화성어차는 이럴 때 이용하기 좋다. 화성어차는 수원화성의 주된 관광 포인트를 하루 20여 회 순환하는 관광열차이다. 동력차 1대와 객차 세 량으로 구성되는데, 한 번에 36명이 탑승할 수 있다. 운행 시간은 약 25분이다. 동화나 애니메이션 영화에 나올 법한 레트로 어차를 아이들이 무척 좋아한다. 화성어차는 창룡문 근처 연무대를 출발하여 화홍문, 장안문, 화서문, 화성행궁을 거쳐 연무대로 다시 돌아온다. 주행속도는 시속 약 20km이다. 열차 안에서 안내 방송을 들으며 편하게 여행할 수 있어서 아이 동반 방문객에게 안성맞춤이다. 좌석마다 영어, 중국어, 일본어 오디오 시스템도 갖추고 있다. 예전엔 순환형과 관광형 두 가지 코스를 운행했으나 지금은 순환형만 운행한다. 원하는 사람은 중간에 하차할 수 있으나 재탑승은 불가능하다. 탑승권 구매는 연무대 매표소 구매와 온라인 예매 둘 다 가능하다.

SIGHTSEEING

플라잉수원

열기구 타고 화성 구경하기

수원화성 동북쪽 끝에 창룡문이 있다. 창룡문 성곽 밖을 걷다 보면 거대한 열기구를 만날 수 있다. 플라잉 수원이다. 열기구를 타고 높은 하늘에서 화성과 수원 시내를 바라볼 수 있어서 수원화성을 방문하는 이들에게 꾸준한 인기를 얻고 있다. 매표소에서 티켓을 구매한 후 대기소에서 기다리다 순서대로 탑승하면 된다. 기상 상황에 따라 인원이 많이 타거나 적게 탈 수 있다. 기상 악화 시와 탑승 정원이 마감되었을 때는 탑승할 수 없다. 열기구 탑승 가능 시간은 평일 13시, 주말 11시부터이며 낮에는 확 트인 전망을 뚜렷하게 바라보기 좋고, 저녁엔 야경을 만끽하기 좋다. 탑승 소요 시간은 약 13분이다.

한줄평 하늘에서 보는 수원 화성 경기도 수원시 팔달구 지동 255-4(창룡문주차장 옆) 031-247-1300 평일 13:00~22:00, 주말 11:00~22:00 ₩ 성인 20,000원, 중·고등학생 18,000원, 초등학생 17,000원, 25개월~유치원생 14,000원, 24개월 미만 무료 **추천 나이** 유아부터 **추천 계절** 봄~가을 **주변 명소** 수원화성, 화성행궁, 행궁동벽화마을

SIGHTSEEING

행궁동벽화마을

예쁜 벽화가 가득

행궁동은 화성 일대 12개 동을 묶어 일컫는다. 벽화마을은 카페와 맛집이 즐비한 수원의 핫플레이스 '행리단길'에 있다. 주민 스스로 창작 과정의 주체가 되어 아름다운 벽화마을을 만들어냈다. 골목길에 접해 있는 가옥을 중심으로 벽면에 알록달록하고 예쁜 벽화 그림이 가득하다. 벽화를 배경으로 아이와 예쁜 사진을 남기기 좋다. 벽화마을엔 여러 갈래 길이 있는데, 테마를 정해 길 이름을 붙였다. 사랑의 쉼터길, 사랑하다 길, 오빠 생각 길 주제별로 길을 찾아가며 구경하는 재미가 있다. 수원화성, 화성행궁과 가까워 더불어 일정을 소화하기 좋다.

한줄평 예쁜 벽화가 가득한 골목길 경기도 수원시 팔달구 화서문로72번길 9-6 031-244-4519 **추천 나이** 1세부터 **추천 계절** 사계절 Ⓟ 장안동공영주차장, 화성행궁주차장 **주변 명소** 수원화성, 화성행궁, 플라잉 수원

SIGHTSEEING

스타필드수원

한줄평 국내 최대 별마당도서관이 이곳에 있다. 경기도 수원시 장안구 수성로 175
1833-9001 10:00~22:00 **추천 나이** 1세부터 **추천 계절** 사계절
주변 명소 수원화성, 화성행궁, 행궁동벽화마을, 플라잉수원 https://starfield.co.kr/suwon/main.do

고객 경험 극대화를 지향하는 복합 쇼핑몰

2023년 장안구 화서동에 문을 열었다. 스타필드 중에서 하남점 다음으로 규모가 크다. 별마당도서관은 스타필드의 시그니처 시설이다. 수원점에서도 별마당도서관이 있다. 4층부터 7층까지 이어지는 도서관은 별마당도서관 중에서 최대 규모를 자랑한다. 초등학생 이하의 아이와 함께 왔다면 3층의 별마당 키즈를 방문해 보자. 별마당 키즈는 아이들의 꿈을 키워 줄 키즈 전문 도서관이다. 아동 맞춤형 심리 건축 공법으로 공간을 디자인했다. 취향 공유 플랫폼 '클래스콕'도 기억해 두면 좋다. 클래스콕은 문화예술 강좌와 체험 교실이 열리는 공간이다. 아이들을 위한 프로그램이 무척 다양한데, 그림그리기, 요리 체험, 캔들 만들기, 동화 구연, 음악 체험 등이 대표적이다. 부모가 아이와 함께 참여할 수 있는 프로그램도 있다. 연속 강좌뿐 아니라 원데이 클래스도 다채로워 어렵지 않게 당일 체험을 할 수 있다. 이 밖에 아이와 함께 가 볼 만한 곳으로는 키즈카페 챔피언더블랙벨트, 스포츠몬스터, 키즈 체험놀이터 째깍섬, 아트 체험 놀이 카페 상상스케치, 슬라임 체험 카페 슬코 등이 있다.

SIGHTSEEING

더판타지움

한줄평 동물 먹이 주기, 실내 암벽장, 그리고 원데이 클래스까지! 경기도 수원시 영통구 덕영대로 1566
031-8061-8000 10:00~22:00 **추천 나이** 1세부터 **추천 계절** 사계절
주변 명소 수원화성, 화성행궁, 행궁동벽화마을, 플라잉 수원, 스타필드 수원 https://fantaseum.kr

놀이, 휴식, 쇼핑을 한 곳에서

수원에서 아이와 놀 실내 놀이공간을 찾는다면 판타지움이 좋은 해답이 될 수 있다. 판타지움은 수원시 영통에 있는 도심 속 복합몰로 놀이와 휴식, 쇼핑을 더불어 즐길 수 있다. 지하 2층에서 지상 4층까지 총 6개 층으로 구성돼 있다. 쇼핑 공간뿐 아니라 음식점, 카페, 문화공간, 키즈카페, 스포츠 시설 등을 갖추고 있어서 부모와 아이가 모두 즐거운 한때를 보낼 수 있다. 특히 3층엔 아이들이 놀기 좋은 공간이 여럿이다. 챔피언1250는 고공 놀이 브랜드이다. 높이 오르고, 뛰고, 매달리고, 넘어가며 액티브한 놀이를 즐길 수 있다. 초등학생부터가 적합하다. 3~5세 영유아 연령대는 일반 키즈카페 형태로 안전하게 놀 수 있는 키즈스케이프를 추천한다. 놀이에 아트를 더한 공간으로, 미술 원데이 클래스 체험도 할 수 있다. 동물 먹이 주기 체험이 가능한 어푸어푸, 실내에서 암벽타기를 즐길 수 있는 클라임바운스, 집라인과 정글짐, 점핑 등을 즐길 수 있는 파운스슈퍼파크 등도 3층에 있다. 이뿐이 아니다. 1층엔 롤러장 로라비트가, 2층엔 볼링장 빅볼볼링이 있다. 종일 놀아도 모자랄 만큼 판타지움엔 놀이공간이 다채롭다.

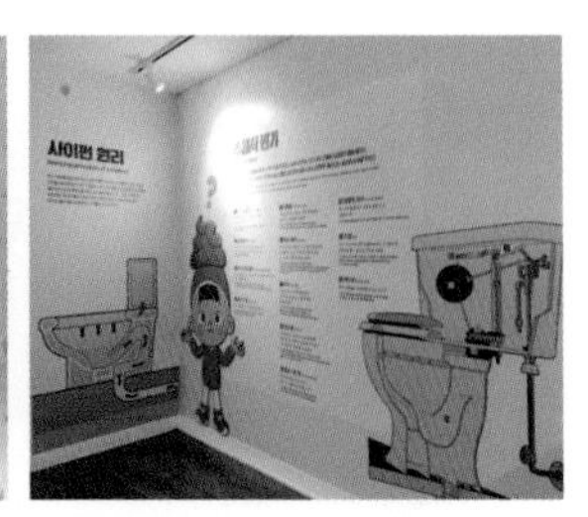

SIGHTSEEING

해우재

한줄평 세계에서 하나뿐인 변기 모양 박물관 경기도 수원시 장안구 장안로458번길 9
031-271-9777 10:00~18:00 **추천 나이** 1세부터 **추천 계절** 사계절 **주변 명소** 수원화성, 화성행궁, 행궁동벽화마을, 플라잉 수원, 스타필드 수원, 판타지움 https://www.haewoojae.com:40002

변기를 닮은 화장실 박물관

해우재는 세상에 하나밖에 없는 변기를 닮은 박물관이다. 박물관 이름을 사찰에서 화장실 명칭으로 쓰는 해우소에서 영감을 받아 지었다. 해우재는 인간의 생활에서 화장실이 얼마나 중요한 공간인지를 보여주는 박물관이다. 야외전시관과 변기 모양의 상설전시관으로 구성돼 있다. 야외전시관엔 대소변을 보는 사람과 동물 조형물로 가득하다. 우스꽝스러운 표정을 짓고 있는 조형물이 대부분이라 구경하는 재미가 있다. 조형물 외에 옛 화장실이나 요강, 변기 모형 등도 함께 구경할 수 있다. 상설전시관은 아담한 2층 구조이다. 화장실의 탄생부터 변기 작동하는 원리, 옛 변기와 요강 등 과거부터 현재까지 화장실의 변화에 대한 정보를 얻을 수 있다. 상설전시관을 구경한 뒤엔 길 건너에 있는 해우재문화센터도 함께 둘러보자. 문화센터 1층은 똥 도서관으로 똥과 관련이 깊은 책만 모아 놓았다. 2층은 어린이체험관이다. 대변과 관련한 다양한 체험과 이야기를 만나볼 수 있다. 마지막으로 전망대에 오르는 걸 잊지 말자. 전망대에 오르면 좌변기 모양의 해우재 외관을 한눈에 바라볼 수 있다.

SIGHTSEEING

수원박물관

한줄평 수원 역사 한눈에 이해하기 경기도 수원시 영통구 창룡대로 265 031-228-4150 09:00~18:00(월 휴무) ₩ 청소년 1,000원, 어른 2,000원, 12세 이하 무료 **추천 나이** 1세부터 **추천 계절** 사계절 **주변 명소** 수원화성, 화성행궁, 행궁동벽화마을, 플라잉 수원, 스타필드 수원, 판타지움, 해우재 https://smuseum.suwon.go.kr/sw/main/view

아이들 체험 거리가 다채롭다

수원시 영통구 이의동에 있다. 박물관은 야외와 실내로 구분돼 있지만, 전시의 대부분은 실내의 1~2층에 집중돼 있다. 박물관을 둘러보기 전에 입구에서 QR코드로 박물관 앱을 다운받으면 오디오 가이드를 이용할 수 있다. 수원의 선사시대, 삼국과 고려시대의 수원, 조선시대 수원의 물과 길, 근대와 60년대의 수원까지 전반적인 수원 역사의 흐름을 이해할 수 있다. 여기까진 초등학생 고학년부터 관람하기 좋다. 유아 및 5~9세 어린이가 놀기좋은 공간으로는 1층 어린이체험실이 있다. 온라인으로 사전 예약하면 이용할 수 있다. 예약 마감이 되지 않은 시간대는 현장 예약도 가능하다. 어린이체험실에선 다채로운 체험이 가능하다. 탁본 뜨기, 반차도 퍼즐 맞추기, 정조대왕 도장 찍기 체험, 문방사우와 서예 체험, 팔달문 동종 퍼즐 맞추기, 전통 초가집 체험, 나무꾼 체험까지 아이들이 즐길 거리가 아주 많다. 야외 박물관엔 고인돌, 연자방아 같은 석조 유물이 있는데, 안내 책자를 통해 위치를 확인하며 찾아보는 재미가 있다. 수원박물관엔 한국서예박물관을 같이 운영하고 있다.

SIGHTSEEING

수원월드컵경기장 축구박물관

한줄평 한국과 세계 축구 역사를 한 곳에서! 경기도 수원시 팔달구 우만동 201-1 031-259-2070 10:00~17:00(월 휴무) ₩ 무료 **추천 나이** 3세부터 **추천 계절** 사계절 **주변 명소** 수원월드컵경기장, 수원화성, 행궁동벽화마을, 플라잉 수원, 스타필드수원, 판타지움, 해우재, 수원박물관 https://suwonworldcup.gg.go.kr/gg_worldcup_building/museum/target

2002년의 영광을 기억하며

2002년 한일월드컵의 성공적 개최를 기념하기 위해 월드컵기념관으로 먼저 개관하였다가 축구박물관으로 재개관하였다. 입장료는 무료이다. 축구 경기를 관람하지 않아도 누구나 입장 가능하다. 축구박물관은 박지성 존, 한국 축구 역사 존, 안정환 골든볼 존, 한일월드컵 존, 유니폼 존, 영상실, 북카페 등으로 구성돼 있다. 박지성 존에서는 박지성의 유소년 시절의 모습과 교토퍼플상가와 에인트호번, 맨체스터 유나이티드에서 활약하며 입었던 유니폼과 축구화 등 전시물이 제법 다채롭다. 안정환 골든볼 존에는 2002 한일월드컵 대한민국 VS 이탈리아의 16강전 골든볼을 구경할 수 있다. 이는 FIFA 선정 세계 8대 골든볼 중 하나이다. 역대 월드컵 공식 공인구와 히딩크 감독 싸인 볼 · FC 바르셀로나팀 싸인 볼 등을 구경할 수 있다. 유니폼 존도 구경하는 재미가 쏠쏠하다. 한국 국가대표팀의 유니폼을 비롯해 2002 한일월드컵 때의 독일, 스페인, 프랑스 국가대표 유니폼과 포르투갈 피구 선수의 유니폼 등도 전시돼 있다. VR 가상현실 체험은 아이와 즐기기 좋다. 페널티킥 상황에서 키커가 되어 골을 넣는 게임으로 이용 시간은 10분이다.

SIGHTSEEING

효원공원과 월화원

한줄평 중국 전통 정원을 산책하는 즐거움 경기도 수원시 팔달구 동수원로 397
031-259-2070 09:00~22:00 ₩ 무료 **추천 나이** 1세부터
추천 계절 봄~가을 **주변 명소** 경기아트센터, 수원나혜석거리, 수원화성

이국적인 정취가 아름다운 중국식 정원

효원공원은 팔달구 인계동 경기아트센터 옆에 있다. 효를 주제로 한 공원으로 '효'에 대한 마음을 일깨워주는 야외 조형물을 만날 수 있다. 뛰어놀기 좋은 잔디밭이 많아 평일이면 어린이집과 유치원에서 소풍 및 견학으로 많이 찾아온다. 효원공원이 유명해진 건 공원 안에 있는 월화원 덕이 크다. 월화원은 효원공원 서쪽에 있다. 중국 광동 지역의 특색을 살린 중국식 정원으로, 경기도와 광둥성이 우호 협약을 맺고 한국과 중국의 전통 정원을 상대 도시에 짓기로 한 약속에 따라 2006년 4월 17일 문을 열었다. 월화원은 광동성 노동자 80여 명이 직접 건너와 지었다. 광둥성의 전통 정원인 영남 정원에서 영감을 얻어 후원에 흙을 쌓아 가산假山을 만들고 인공호수 등을 배치하였다. 호수 주변엔 인공폭포와 배를 본떠 만든 정자를 세웠다. 여러 건물의 창문으로 보는 정원이 아름답다. 인공폭포 위에 있는 중연정의 경치가 제일 아름답다. 무엇보다 월화원 전체를 내려다볼 수 있어서 좋다. 협약에 따라 경기도도 광동성 광저우시의 웨시우공원越秀公園에 소쇄원을 본떠 해동경기원을 만들었다.

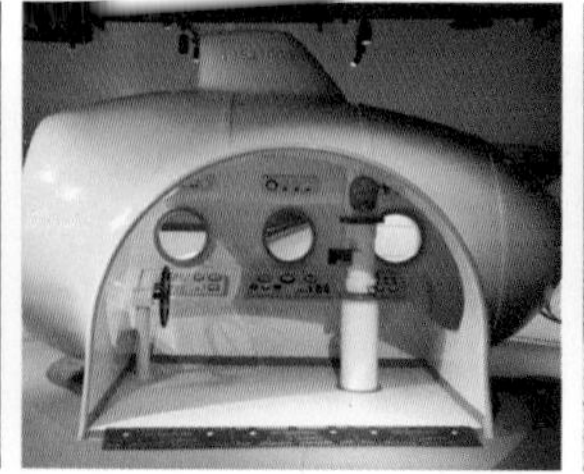

SIGHTSEEING

아쿠아플라넷광교

한줄평 아이들이 좋아하는 인어공주 공연과 바다 놀이터 경기도 수원시 영통구 광교호수공원로 300 포레나광교 지하 1층 1833-7001 10:30~19:30 ₩ 27,000원~30,000원 **추천 나이** 1세부터 **추천 계절** 사계절 **주변 명소** 경기아트센터, 수원나혜석거리, 수원화성 https://www.aquaplanet.co.kr/gwanggyo

경기 남부 최고의 아쿠아리움

갤러리아백화점 광교점 옆 지하에 있다. 경기 남부에서 최대 규모로, 210여 종 30,000마리의 해양 동물과 육지 생물을 만날 수 있다. 대표적인 해양 동물로는 남미에 사는 훔볼트 펭귄, 몸집이 거대하고 이빨이 날카로운 샌드타이거상어, 볼수록 정감이 가는 푸른바다거북, 엄청나게 큰 얼룩매가오리 등을 꼽을 수 있다. 아마존에 사는 식인 물고기로 알려진 피라냐도 볼 수 있다. 공연과 다채로운 체험 프로그램도 경험할 수 있다. 공연 중에서 커다란 수조에서 펼치는 인어공주 쇼 인기가 많다. 유료 체험 프로그램으로는 메인 수조 먹이 주기, 투명 보트 탑승, 펭귄 교육 프로그램, 도슨트 투어 등이 있다. 체험 프로그램의 운영시간과 요금은 홈페이지에서 미리 확인하도록 하자. 3~6세 아이들은 지하 2층에 있는 키즈존을 더 좋아한다. 이곳은 바다 놀이터라는 콘셉트로 만든 터치풀로 아이들이 레고 블록을 만지고 체험하며 물놀이에 흠뻑 빠질 수 있다. 해저 잠망경으로 아쿠아플라넷 대형 수조를 들여다보는 재미도 특별하다.

SIGHTSEEING

앨리웨이광교

나들이 하기 좋은 복합 공간

광교의 원천호수 남쪽에 있는 복합 쇼핑 공간이다. 쇼핑, 음식점, 카페, 서점이 있어서 혼수 산책 겸 주말 나들이를 즐기기 좋다. 아이와 가볼 만한 곳으로는 앨리키즈를 추천한다. 앨리키즈에서 인기 있는 공간은 지하 1층의 키즈 카페 핌 언더그라운드, 자유롭게 책을 읽을 수 있는 1층의 오픈 스타일 미니 도서관, 2층의 목장 콘셉트 카페 범상목장이 있다. 컨시어지에서는 유모차를 비롯한 휠체어, 유아차, 피크닉 매트와 바구니를 무료로 대여할 수 있다. 피크닉 매트와 바구니는 앨리웨이 야외 헬로 그라운드 잔디광장과 길 건너 광교호수공원에서 유용하다. 이벤트와 체험 프로그램은 홈페이지에서 확인하자. **한줄평** 광교호수공원 옆 복합문화공간 경기도 수원시 영통구 광교호수공원로 80 0507-1331-0750 10:00~22:00 **추천 나이** 1세부터 **추천 계절** 사계절 **주변 명소** 광교호수공원, 경기아트센터, 수원나혜석거리, 수원화성 https://www.alleyway.co.kr

SIGHTSEEING

광교호수공원

대한민국 경관 대상에 빛나는

수원의 유명한 관광지였던 원천유원지와 그 옆 신대저수지가 광교신도시가 생기면서 지금의 광교호수공원으로 통합되었다. 70만 평의 공원은 호수 두 개, 수변 공간과 여섯 개의 테마 연못, 아홉 개의 다채로운 분수, 6.5km에 이르는 산책로, 가족 캠핑장, 야외공연장, 스포츠클라이밍장, 원형 데크와 아치형 다리, 습지, 잔디광장, 전망대 등으로 구성돼 있다. 또 자전거 전용도로를 잘 갖추고 있어서 호수 주변을 라이딩하기 좋다. 광교호수공원은 세계조경가협회상과 대한민국경관대상을 받을 만큼 조경이 아름답고 경관의 조형미가 뛰어나다. 원천호수 남쪽의 복합 공간 앨리웨이 광교와 같이 둘러봐도 좋다. **한줄평** 가족 나들이 최적 호수공원 경기도 수원시 영통구 광교호수공원로 102 070-8800-2460 10:00~22:00 **추천 나이** 1세부터 **추천 계절** 봄~가을 **주변 명소** 앨리웨이 광교, 경기아트센터, 수원나혜석거리, 수원화성 https://www.gglakepark.or.kr/

SIGHTSEEING

물향기수목원

한줄평 전국에서 손꼽히는 자생수목원

경기도 오산시 수청동 282 031-378-1261 09:00~18:00(6월~8월 19:00까지, 11월~2월 17:00까지)

₩ 700원~1,500원(주차비 하루 1,500원~5,000원 별도) **추천 나이** 1세부터 **추천 계절** 봄~가을

주변 명소 오산 버드파크 http://farm.gg.go.kr/sigt/74

24개 아름다운 정원이 있는 곳

오산시 금암동·수청동 일대 경부선 철도 서쪽에 있다. 이 일대는 예로부터 맑은 물이 흐르는 곳으로 이름이 나 있었다. 비단을 닮은 바위와 맑은 물이 흐르는 동네. 땅 운명이 이미 정해져 있던 것일까? 이름부터 수목원과 너무 잘 어울린다. 물향기수목원은 경기도산림환경연구소가 운영한다. 규모는 약 10만 평으로 24개 주제 정원이 빼곡하게 들어서 있다. 대표적인 정원으로 미로원, 소나무원, 단풍나무원, 수국원, 습지생태원, 무궁화원, 유실수원, 분재원, 난대식물원, 대나무원 등을 꼽을 수 있다. 물향기수목원은 어느 수목원보다 자연 그대로 보존되어있다는 느낌을 받는다. 아이들이 자연을 느끼고 관찰하고 마음껏 뛰어놀기 안성맞춤인 곳이다. 그늘과 의자가 많아 쉬엄쉬엄 놀기 좋다. 수목원은 사계절 모두 아름답지만, 수국이 피는 6월과 형형색색 단풍나무원이 화려하게 빛나는 가을에 특히 많은 사람이 찾는다. 아쉽지만 반려동물은 출입할 수 없다. 식당과 매점, 자판기, 휴지통도 없다. 아이와 함께 가도 자전거나 인라인스케이트를 탈 수 없다. 모두 수목원을 보호하기 위해서이다.

SIGHTSEEING

오산버드파크

한줄평 동물 체험형 테마파크 경기도 오산시 성호대로 141 오산시청
031-935-5757 10:00~17:00 ₩ 19,000원~23,000원(체험용 먹이 세트 4,000원, 해바라기씨 1,000원, 잉어 사료 1,000원, 야채 스틱 2,000원, 좁쌀 1,000원) **추천 나이** 1세부터 **추천 계절** 사계절
주변 명소 물향기수목원 https://blog.naver.com/osbp0430

새와 수달과 토끼와 놀기

독특하게 오산시청에 붙어 있다. 오산시는 시의 정체성으로 교육도시를 지향하고 있다. 교육도시에 맞는 자연생태 체험시설이 필요하다고 느껴 버드파크를 시청으로 들였다. 버드파크는 실내 동물원이다. 동물원 이름은 버드파크지만, 새뿐만 아니라 토끼, 수달, 거북이, 비단잉어, 카피바라 등 여러 종류의 동물 친구들을 만날 수 있다. 버드 파크에서 처음 마주하게 되는 공간은 1층의 수족관이다. 주로 민물고기들을 관람할 수 있는데 이 중에서 신나게 헤엄치는 수달이 제일 인기가 많다. 2층에선 라쿤을 비롯하여 비단잉어, 토끼, 카피바라 같은 동물을 구경할 수 있다. 그림그리기 존과 같은 체험시설도 있다. 3층은 버드파크의 메인 전시관이다. 사막여우와 육지거북, 대형 파충류와 함께 활공장, 대형 앵무새, 청앵무새 등 수많은 새를 구경할 수 있다. 크고 작은 앵무새를 가까이서 바라볼 수 있을 뿐 아니라 먹이 주기 체험도 할 수 있다. 앵무새는 여러 먹이 중 해바라기씨만 먹으므로 아껴두는 걸 잊지 말자. 먹이는 버드파크 입구에서만 구매할 수 있다. 입장할 때 미리 준비하자.

SIGHTSEEING

농협안성팜랜드

한줄평 신나는 동물 체험형 테마파크
경기도 안성시 공도읍 대신두길 28 031-8053-7979
10:00~18:00(6~8월 주말과 공휴일은 20시까지)
₩ 성인 15,000원, 어린이 13,000원, 36개월 미만 무료(증빙서류 필수)
체험 종류 동물 먹이 주기, 승마 체험, 카트 레이싱, 깡통 열차
추천 나이 1세부터 **추천 계절** 사계절
주변 명소 스타필드 안성 http://nhasfarmland.com

체험형 축산 테마파크

안성에서 아이와 가볼 만한 곳 중 1순위는 늘 안성팜랜드다. 인스타그램을 비롯한 SNS에 광활한 꽃밭과 유럽으로 착각할 만큼 낭만적이고 목가적인 목장 풍경이 수시로 올라온다. 안성팜랜드는 체험 목장이지만, 단순한 목장 체험이 아니라 직접 보고 만지고 먹이를 주며 동물과 농작물, 축산업의 가치를 즐겁게 배우는 테마파크를 지향하고 있다.
안성팜랜드의 역사는 1960년대로 거슬러 올라간다. 1969년 서독과 경제 협력 차원에서 낙농시범 목장과 젖소 200마리를 키우기 시작하면서 안성팜랜드의 역사가 시작되었다. 공식적인 이름은 한독낙농시범목장이었으나, 대부분 안성목장으로 불렀다. 시대의 변화에 따라 젖소, 한우, 돼지, 닭 등 축종별 시범목장, 한우시범사육장, 유기축산목장으로 성격을 바꾸어가며 우리나라의 낙농업과 축산업 발전에 큰 공을 세웠다. 젖소와 한우를 기르는

목장에서 보고 느끼고 즐기는 체험형 축산 테마파크로 탈바꿈한 것은 2012년이다.

안성팜랜드의 크기는 약 40만 평이다. 이 넓은 땅에 갖가지 시설과 공간이 들어섰다. 구체적으로는 팜 키즈 마을, 역사관, 가축 방목장, 체험 마당, 공연장, 꿀벌 마을, 가축 체험 교실, 애견 파크, 그림 같은 초원, 계절을 바꾸며 꽃이 피는 경관 단지, 기념품 가게, 연못, 승마체험장, 놀이기구, 자전거길, 카트장, 산책로, 음식점, 카페 등이 조성돼 있다. 아이들은 소·말·당나귀·토끼·면양·염소·조류 먹이 주기, 승마 체험, 카트 레이싱, 깡통 열차, 전동 자전거 타기 등을 즐기며 신나는 한때를 보낼 수 있다. 반려견을 동반한 방문객은 가족형 애견파크인 파라다이스 독을 이용할 수 있다.

안성팜랜드가 유명한 또 다른 이유는 그림 같은 꽃밭이 있기 때문이다. 사계절이 모두 아름다워 언제 방문하더라도 멋진 경치를 구경할 수 있다. 봄엔 청보리, 호밀, 유채꽃이 가득 피어난다. 여름이면 수국과 해바라기, 연꽃, 양귀비꽃, 백합이 앞서거니 뒤서거니 형형색색 피어난다. 가을은 해바라기와 코스모스, 핑크뮬리가 당신을 반겨준다. 겨울에는 눈의 나라로 변한 백색의 설원이 시야 가득 펼쳐진다. 계절마다 꽃 축제가 열린다. 찰칵, 이곳에서는 누구나 모델이 된다.

SIGHTSEEING

스타필드안성

한줄평 아이와 부모 둘 다 만족도가 높은 쇼핑 레저 테마파크 경기도 안성시 공도읍 서동대로 3930-39
1833-9001 10:00~22:00 **추천 나이** 1세부터 **추천 계절** 사계절
추천 시설 아쿠아필드, 글로우사파리, 별마당도서관, 챔피언1250X, 상상스케치, 토이킹덤, 야외놀이터, 카페 드 아쿠아
주변 명소 농협안성팜랜드 https://www.starfield.co.kr/anseong/main.do

다채로운 즐거움을 주는 쇼핑 레저 공간

농협안성팜랜드에서 자동차로 15분 거리에 있다. 동화 속 탑처럼 높이 솟은 63m 전망대 덕에 스타필드 안성은 멀리서부터 시선을 끈다. 스타필드 안성은 부모와 아이 모두 만족도가 높은 곳이다. 부모는 쇼핑을 즐기기 좋고, 아이는 실내와 야외에 놀이공간이 많아 종일 즐겁게 시간을 보낼 수 있다. 스타필드의 시그니처 공간인 별마당도서관이 이곳에도 있다. 코엑스나 수원점처럼 멋진 인증 사진을 찍을 수 있다. 다만, 두 지점보다 규모가 작은 점이 조금 아쉽다. 무엇보다 스타필드 안성엔 아이의 나이에 따라 즐길 수 있는 키즈 카페가 세 곳이나 있다. 챔피언125X는 활동적인 아이들이 놀기 좋은 액티브한 키즈 카페이다. 정적이고 감성적인 공간을 원한다면 별마당키즈와 상상스케치로 가면 된다. 상상스케치는 어린이들의 호기심과 감성을 자극하는 아트 체험 카페이다. 글로우사파리는 가상 판타지 동물을 만날 수 있는 미디어 테마파크이다. 사진이 예쁘게 나오는 곳으로 화려한 영상미를 자랑한다. 부모와 함께 즐기기 좋은 시설로는 찜질 스파와 물놀이가 결합한 아쿠아필드를 꼽을 수 있다.

경기도 남부권 맛집과 카페

Restaurant & Cafe

RESTAURANT

채운

한줄평 화덕에서 구운 생선구이 전문점
경기도 성남시 분당구 하오개로344번길 1
0507-1340-7999 매일 11:00~21:00(브레이크타임 15:00~16:30)
가게 앞 주차장 **주변 명소** 한국잡월드

저염 숙성 생선구이 전문점

분당 운중동에서 10년 넘게 운영되고 있는 판교 대표 화덕 생선구이 음식점이다. 화덕에서 구운 생선 맛이 더없이 찰지고 담백하다. 운중동은 조용한 동네이다. 하지만 주말 점심시간이 되면 음식점에 대기 줄이 생길 정도로 방문객이 많아진다. 저염 숙성 생선구이 전문점으로 고등어, 삼치, 갈치, 코다리, 임연수 구이 정식까지 생선구이 메뉴가 주를 이룬다. 그중에서도 대표메뉴는 고등어구이 정식이다. 먹음직스럽게 잘 구운 고등어구이 한 마리가 테이블 중앙에 놓이고 주변으로 장아찌류와 나물 반찬 등이 채워진다. 밥은 강황을 넣은 돌솥밥으로 나온다. 건강 식단으로 차려진 한 끼는 아이 동반 가족 방문객에겐 최고의 식사이다. 1인 1메뉴 주문을 해야 하는데, 10세 미만 아이와 갈 경우엔 생선구이 하나만 추가 주문하면 된다.

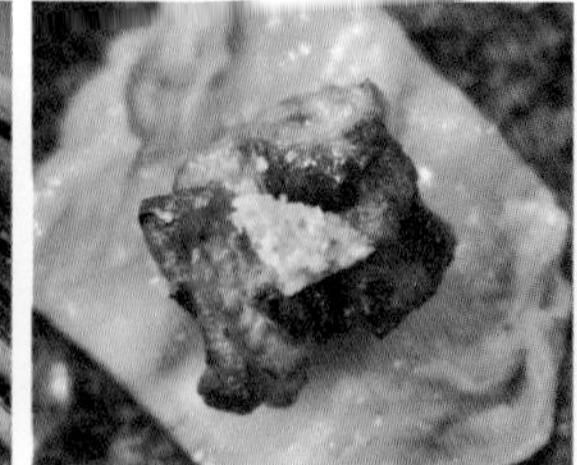

RESTAURANT

제주몬트락
분당수내점

한줄평 위생 등급이 우수한 수내동 오겹살 맛집
경기도 성남시 분당구 황새울로258번길 23 그라테아 101호 031-714-7122
월~금 11:30~22:30(브레이크타임 14:30~16:30) **토·일** 12:00~22:00(브레이크타임 없음) Ⓟ 매장 건물 내 주차장(2시간 무료), 만차일 경우 수내역 롯데백화점 환승 공영주차장 이용 **주변 명소** 율동공원, 분당중앙공원

분당에서 제주 돼지고기 즐기기

제주몬트락은 아이와 방문하기 좋은 고깃집으로 식약처 인증 위생 등급 맛집이다. 농림축산식품부 무항생제 및 안전 관리 인증을 받았다. 식당의 홀은 넓고 쾌적해서 대가족 모임도 적합하다. 주요 메뉴는 흑돼지 숙성 오겹살과 생갈비, 특수목살 등이 있으며, 모두 100% 제주 돼지고기를 사용한다는 점에서 특별하다. 또한, 가스 불을 사용하지 않고 숯불에 고기를 굽고, 숯불구이에 특화된 불판을 사용하여 고기 맛이 뛰어나다. 그래서 은은하게 중독성 있는 고기를 맛볼 수 있다. 직원이 직접 그릴링 해주기 때문에 아이와 편하게 식사를 즐길 수도 있다. 고사리, 쌈무, 묵은지 명이나물 등 밑반찬도 다 맛있고, 특히 제주 몬트락만의 특제소스 마늘 새우젓이 일품이다. 분당수내점은 수내역 1번 출구에서 도보 4분 거리로 접근성이 좋으며, 차를 가져온 경우 주차 또한 편리하다. 점심에는 돼지불백세트나 돼지국밥 등 가성비 좋은 메뉴가 있어서 간단히 식사를 즐기기도 좋다.

카페랄로판교

한줄평 호수 같은 운중저수지 뷰가 아름다운 브런치 맛집
경기도 성남시 분당구 하오개로 246 0507-1407-5711
매일 10:00~22:00(라스트오더 21:30) 매장 앞 전용 주차장
주변 명소 운중저수지

음식도 맛있고 커피 맛도 좋고

카페랄로는 분당 판교의 브런치 맛집이자 베이커리 카페이다. 운중저수지가 훤히 보일 만큼 전망이 좋아 한적한 곳으로 나들이 나온 기분을 느낄 수 있다. 레스토랑이자 베이커리 카페라서 어느 한쪽이 부족하다고 생각할 수도 있는데, 전혀 그렇지 않다. 음식도 맛있고, 커피도 맛있다. 3층짜리 단독 건물을 사용하고 있는데, 식사와 음료는 2층에서 주문할 수 있다. 1층은 애견 동반이 가능한 야외 테라스이고, 3층은 실외 테라스와 실내 루프톱이 있어 더욱 멋진 운중저수지 뷰를 즐기며 식사할 수 있다. 더불어 카페랄로에선 직접 로스팅한 커피를 마실 수 있다.

RESTAURANT

돌담집

한줄평 고기리 계곡 능이백숙 맛집
경기도 용인시 수지구 이종무로49번길 5
0507-1329-5292 매일 11:00~21:00
전용 주차장 주변 명소 고기리 계곡, 뮤지엄그라운드

오리주물럭과 능이 닭백숙

돌담집은 용인시 수지구의 고기리 계곡 바로 인근에 자리한, 오리와 닭백숙 맛집이다. 주메뉴는 오리주물럭과 능이닭백숙이다. 능이닭백숙은 주문 후 약 30분 이상 소요된다. 돌담집은 건물 내부와 야외공간까지 넉넉한 식사 공간을 제공한다. 실내는 가정집 같은 포근한 분위기를 자아낸다. 여름엔 야외 식사 공간이 인기가 많다. 돌담집은 계곡에서 식사할 수 있는 식당은 아니다. 그러나 걸어서 1~2분 거리에 계곡이 있다. 식사 후 산책하기 좋고, 계곡에서 물놀이 후 식사하기도 안성맞춤이다.

촌놈집 관양점

한줄평 키즈 카페를 보유한 프랜차이즈 고깃집
경기 안양시 동안구 부림로 166, 1층·2층 031-421-6992
매일 11:30~22:00(브레이크타임 월~금 15:00~17:00)
1층 기계식 주차(무료), 스마트스퀘어 체육공원 공영주차장(안양시 동안구 부림로 170번길 20) 주차비 지원 **주변 명소** 평촌중앙공원

고기도 먹고, 신나게 놀고

촌놈집은 주로 수도권에 자리하고 있는 프랜차이즈 고깃집이다. 아이와 가기 좋은 식당으로 유명한데, 그 이유는 맛도 좋지만, 관양점을 비롯한 일부 매장이 키즈 카페 수준의 키즈존 놀이방을 보유하고 있기 때문이다. 맛있는 고기를 먹고 더불어 키즈 카페에서 신나게 놀 수 있어서 아이뿐 아니라 부모들의 선호도가 높은 편이다. 키즈 카페는 관양점 외에 위례점, 삼덕공원점, 미사강변점 등에도 있다. 고기 또한 돼지고기부터, 호주산 와규까지 선택의 폭이 넓다. 촌놈와규스페셜, 촌놈돼지한근, 된장술밥 등의 메뉴를 추천한다.

RESTAURANT

소바공방

한줄평 아이와 가기 좋은 돈가스 맛집
경기도 안양시 동안구 시민대로 180 롯데백화점 평촌점 7층
031-8086-9797 월~금 10:30~20:00, 토·일 10:30~20:30
백화점 주차장 **주변 명소** 평촌중앙공원

롯데백화점의 돈가스 맛집

평촌의 롯데백화점 7층 식당가에 있는 돈가스 맛집이다. 같은 층 어느 식당보다 아이와 방문하는 가족 단위 손님 비율이 높은 식당이다. 각종 돈가스 메뉴와 우동, 소바 등을 판매하고 있다. 다양한 음식을 한 번에 맛보고 싶다면 치즈·등심·안심·새우가스와 함께 미니 소바 또는 미니 우동을 선택할 수 있는 소바 공방 정식을 추천한다. 식당 내부는 테이블 간격이 넓어서 손님이 많아도 북적이지 않아 아이와 식사하기에 적합하다.

RESTAURANT

둥근상시골집

한줄평 갈치구이정식이 맛있는 왕송호수 부근의 맛집
경기도 의왕시 왕송못동로 215, 1층
031-437-0789 매일 11:30~20:00
건물 옆 주차장 **주변 명소** 왕송호수공원, 철도박물관

모든 반찬이 다 맛있는 갈치 맛집

의왕시 왕송호수공원 인근에 있는 갈치구이정식 맛집이다. 메뉴 중엔 코다리조림정식도 있다. 하지만 주메뉴인 갈치구이정식과 갈치조림정식으로 승부를 보는 진정한 갈치 맛집이다. 짭조름하면서 담백한 갈치구이는 제주 은갈치만 사용하며, 비린 맛이 전혀 없어 아이들의 입맛에 잘 맞는다. 식사 중 뜨끈한 숭늉과 추가 공깃밥은 무료로 제공된다. 갈치도 갈치이지만 한 상 가득 나오는 모든 반찬이 하나같이 맛이 뛰어나서 갈치구이 집이 아니라 백반집이라 해도 믿을 것 같다.

RESTAURANT

산촌누룽지백숙

한줄평 부드러운 백숙과 걸쭉한 누룽지
경기도 의왕시 백운로 140-10 산촌
031-456-8023 매일 11:30~21:00
주차 공간 있음 **주변 명소** 백운호수

누룽지 죽과 나오는 푸짐한 백숙

의왕에는 누룽지 백숙 식당이 많은데 그중에서 산촌은 가게 분위기도 좋고 고객의 입맛까지 사로잡는 맛집이다. 메뉴는 누룽지 오리백숙과 누룽지 닭백숙, 쟁반막국수로 간단하다. 백숙은 누룽지 죽과 함께 나와서 양이 푸짐하기로 유명하다. 산촌 특유의 부드러운 백숙과 백숙만큼이나 만족도 높은 걸쭉한 누룽지 죽은 누구나 인정하는 맛이다. 겉절이김치와 함께 먹으면 맛이 더 풍부해진다. 예쁜 시골집 분위기의 이 집은 야외에 반려견과 닭을 기르고 있어 아이들의 눈길을 사로잡는다. 식후 커피와 아이스크림, 뻥튀기를 무료로 맛볼 수 있는 것도 산촌만의 장점이다.

와우리장작구이 백운호수점

한줄평 백운호수 옆 훈제 오리 맛집
경기도 의왕시 백운로 394
0507-1358-5392 매일 11:30~21:30(브레이크타임 16:00~17:00)
가게 앞 넓은 주차장 **주변 명소** 백운호수

오리바비큐와 생오리차돌구이

와우리장작구이는 동탄에 본점을 둔 오리고기 맛집이다. 의왕의 백운호수점은 주변에 백운호수와 여러 카페, 롯데의 타임빌라스 쇼핑몰 등이 있어서 아이와 나들이 시간 보내기 좋다. 야외에 준비된 장작 바비큐 시설을 보면 이 집이 오리고기 바비큐 맛집임이 실감이 난다. 다양한 오리고기 메뉴가 있지만, 대표 메뉴는 오리바비큐와 생오리차돌구이다. 이 중 생오리차돌구이가 더 인기가 많다. 고기를 다 먹은 후 직접 만들어 먹는 볶음밥은 빠질 수 없는 별미다. 식후 가게 옆 무료 카페에서 커피까지 해결할 수 있어서 만족도가 높다.

버거웨이본점

한줄평 나혜석거리에서 건강한 수제버거 맛보기
경기도 수원시 팔달구 인계로166번길 48-21 샤르망 제1층 107호
0507-1476-5444 24시간 수원 인계동 나대지 주차장(경기 수원시 팔달구 인계동 1041-9) **주변 명소** 나혜석거리, 효원공원, 월화원

신선한 재료로 만든 수제버거

수원 나혜석거리 초입에 있다. 신선한 재료로 만드는 수제버거 맛집이다. 매일 아침 공수해 오는 채소를 매장에서 직접 손질하여 만들기 때문에 건강한 수제버거를 맛볼 수 있다. 패티는 주문과 동시에 직화로 구운 소고기 패티를 사용한다. 빵 또한 일반 햄버거 빵이 아닌 버터 함량이 높은 브리오쉬번을 사용한다. 버거와 함께 치킨도 판매한다. 100% 닭 다리 살만 사용한 부드러운 치킨이라 버거만큼 인기가 많다. 버거와 치킨 이외에 시그니처 음료인 리얼 바닐라 밀크쉐이크, 국물 떡볶이, 스낵랩 등도 추천한다.

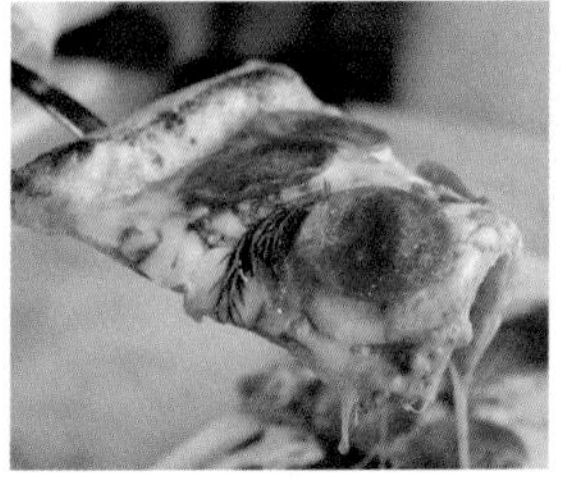

RESTAURANT

세상의모든아침 광교점

한줄평 광교호수공원 뷰 레스토랑
경기도 수원시 영통구 광교호수공원로 80 앨리웨이 어라운드라이프 3층
031-547-9870 10:00~21:00(브레이크타임 15:30~17:00, 월요일 휴무)
앨리웨이 상가 주차장(식사하면 무료)
주변 명소 광교 앨리웨이, 광교호수공원

아름다운 뷰, 맛있는 브런치

세상의모든아침은 여의도에 본점을 둔 레스토랑이다. 수도권을 중심으로 몇 개 지점이 있다. 지점이 많지는 않지만, 음식 맛이 좋기로 은근히 소문이 나 있다. 광교점은 광교 앨리웨이 상가 3층에 있다. 광교 호수가 보이는 파노라마 뷰를 자랑하며, 아름다운 뷰를 보고 있으면 가게 이름처럼 아침을 맞이하는 듯 상쾌하여 기분이 좋아진다. 광교 앨리웨이의 맛집 중에서도 브런치가 맛있는 레스토랑으로 알려져 있으며, 파스타·리조토·샐러드 등의 메뉴가 주를 이룬다. 추천메뉴로는 트뤼프 머쉬룸 페투치니, 바게트프렌치토스트, 멕시칸 콥 샐러드 등이 있다. 광교 호수가 보이는 창가 좌석은 네이버 예약으로 가능하며 테이블은 선착순으로 배정된다. 단체모임에 적합한 넓은 홀과 룸이 있어 돌잔치 같은 대관 행사도 진행하고 있다.

RESTAURANT

국보회관

한줄평 나혜석거리의 깔끔하고 담백한 고깃집

경기도 수원시 팔달구 효원로291번길 29, 1층

0507-1328-3613 **월~금** 11:00~22:00(브레이크타임 14:30~16:30)

토·일 12:00~22:00(브레이크타임 없음)

가게 앞 주차장 **주변 명소** 나혜석거리, 효원공원, 월화원

최고급 한우와 돼지갈비 맛보기

수원 인계동 나혜석거리에 있다. 수원에서는 고기 품질이 좋기로 소문이 나 있다. 그도 그럴 것이, 국보회관은 '한우 1++ 넘버 9'만 사용하는 한우 음식점이자, 돼지갈빗집이다. 매주 2회 서울시 성동구 마장동에서 선별한 최고급 한우를 받아와 손님상에 내놓기 때문에 믿고 먹을 수 있다. 한돈 숯불 돼지갈비도 인기가 많으며, 맛은 대체로 깔끔하고 담백하여 아이들이 먹기에도 부담이 없다. 아이 전용 식판과 식기, 아기 턱받이, 의자 또한 준비해 놓고 있다. 반찬으로는 각종 샐러드, 무쌈채소말이, 나물 등이 정갈하게 나온다. 식당 실내는 4인용 방부터 26인용 룸까지 단체 손님을 수용할 수 있는 넓은 공간을 확보하고 있다. 도보 10분 거리에 효원공원과 월화원이 있어서 식사 전후로 둘러보기 좋다. 수인분당선 수원시청역 10번 출구에서 도보 3분 거리이다.

RESTAURANT

자작나무갈비
안성공도점

한줄평 기본 반찬도 맛있고 서비스도 좋은 갈비 맛집
경기도 안성시 공도읍 서동대로 3924
031-651-1028 매일 11:30~22:00
가게 앞 전용 주차장
주변 명소 안성스타필드

여유롭고 오붓하게 고기로 식사하기

안성 스타필드 인근에 있는 갈비 맛집이다. 가게 내부 인테리어는 모던하고 깔끔한 편이다. 매장 내 테이블이 간격을 두고 여유롭게 배치되어 있어 방문객이 많아도 복잡한 느낌이 들지 않는다. 자작나무갈비의 모든 고기 메뉴는 직원이 처음부터 끝까지 구워주기 때문에 아이와 식사하기 편하다. 기본 반찬은 흑임자 연근 무침, 샐러드, 잡채, 튀김, 무 무침 등이 나오며 깔끔하고 맛도 좋다. 이 집의 오징어식해와 양배추쌈 그리고 고기가 조합을 이룰 때 가장 맛있게 고기를 먹는 방법이 완성된다. 자작나무갈비는 고기 단품뿐만 아니라 다양한 식사와 점심 정식 또한 인기가 많다. 점심 정식으로는 갈비찜솥밥정식, 갈비된장찌개정식(11:30~16:30, 주말과 공휴일 제외) 등이 있고, 식사로는 한정판매 메뉴인 3대 갈비탕과 육회비빔밥 등이 있다. 여유로운 공간에서 오붓한 식사를 즐기고 싶다면 자작나무갈비를 추천한다.

CAFE & BAKERY

오렌지힐

한줄평 건강한 식재료로 만든 브런치 베이커리 카페
경기도 과천시 구리안로 83 0507-1428-0651
08:30~17:50(일요일 휴무)
가게 앞 주차
주변 명소 과천서울대공원

영양 만점 건강한 브런치 즐기기

과천시 문월동, 과천 인터체인지와 과천터널 사이 청계산 끝자락에 있다. 과천시 외곽이라 주변이 조용하고 한적해서 좋다. 하얀 건물에 창문마다 오렌지색 차양을 단 외관이 퍽 인상적이다. 오렌지힐 카페는 브런치와 베이커리를 모두 즐길 수 있는 카페이다. 2층 구조로 1층에서는 커피와 음료, 2층에선 브런치 식사가 가능하다. 따스한 분위기가 느껴지며 통유리 밖으로 초록빛 나무가 보여 자연의 품에 안긴 듯한 기분이 든다. 카페 메뉴는 커피와 라테, 주스, 다양한 크루아상과 샌드위치 등이다. 오렌지힐의 크루아상은 100% 프랑스산 밀가루 T45를 사용하여 직접 만든 것이다. 샐러드로 만든 브런치 식사를 이 집에서는 샐러식이라고 하는데, 국까지 나와 든든한 한 끼 식사로 손색이 없다. 건강한 식재료로 만든 영양 만점 샐러식은 양도 정말 푸짐하다.

CAFE & BAKERY

플링크 Flink 판교점

한줄평 서울 3대 크루아상 베이커리 판교점에서 맛있는 빵 맛보기
경기도 성남시 분당구 판교역로166, 1층 12호
0507-1428-7222
평일 08:00~20:00 **토·일** 09:00~20:00(추석과 설 당일 휴무)
카카오 아지트 주차장 **주변 명소** 한국잡월드

카카오 캐릭터도 구경하고 빵도 먹고

판교디지털단지의 카카오 아지트 1층에 있다. 서울 3대 크루아상 베이커리 카페로 유명한 플링크 압구정점의 분점이다. 주차는 카카오 아지트 건물을 이용할 수 있어서 편리하다. 크루아상이 맛있는 카페는 대부분 페이스트리 빵도 맛있는 편이다. 팽 오 쇼콜라, 토마토 바질 페이스트리도 인기가 좋다. 그밖에 무화과 데니쉬, 피낭시에 등 적당히 다양한 종류의 빵이 있다. 카페에 시간별로 나오는 빵을 안내해 놓아 편리하다. 빵을 데워먹기 좋게 미니 오븐을 준비해 놓았다. 작은 서비스이지만 세심한 배려가 좋은 인상을 준다. 음료는 커피 외에 딥 초콜릿, 과일주스 등 아이가 빵과 함께 마실 만한 것도 있다. 카카오 아지트 1층은 아이들이 좋아할 만한 카카오 캐릭터들이 곳곳에 보이고, 서점과 카페, 식당 등도 들어서 있어 구경하는 재미가 있다.

CAFE & BAKERY

나인블럭
고기동점 9 block

한줄평 테라스에서 계곡 물소리를 들을 수 있는 힐링 카페
경기도 용인시 수지구 이종무로49번길 6 나인블럭 고기동점
031-526-6540 매일 09:00~21:00(별관 09:00~19:00)
전용 주차장 **주변 명소** 고기리 계곡, 뮤지엄 그라운드

자연 속에 자리한 힐링 카페
나인블럭은 수도권을 중심으로 만나볼 수 있는 프랜차이즈 카페다. 나인블럭 고기동점은 용인 관광지 중 여름 핫플레이스인 고기리 계곡 인근에 자리하고 있다. 단층이지만 실내가 널찍하며 카페 곳곳에서 벽돌과 나무, 자연, 햇살이 반겨준다. 한마디로 말해서 자연 속에 자리한 힐링 카페다. 특히 카페 앞뒤에 자리한 야외 테라스는 계곡의 물소리가 들려, 잠시나마 도심의 번잡함을 잊고 편안한 마음으로 쉬게 해준다. 얼마 전엔 애견 동반이 가능한 복합문화공간이자 별관인 라이브러리 & 펫이 문을 열었다.

CAFE & BAKERY

스타벅스
용인고기동유원지점

한줄평 고기동 계곡의 자연을 품에 담은 스타벅스 매장
경기도 용인시 수지구 고기동 216-12 1522-3232
매일 08:00~21:00 **빵 나오는 시간** 08:00/13:00/18:00(하루 3번)
전용 주차장 **주변 명소** 고기동 계곡

고기동 계곡 옆 카페
용인시 수지구 고기동은 계곡이 있어 여름이 되면 많은 사람이 시원한 계곡에 발을 담그기 위해 찾아온다. 사람이 모이는 곳이다 보니 자연스럽게 식당과 카페도 많은 편인데, 2024년에 새롭게 스타벅스가 계곡 인근에 오픈하였다. 내부는 2층 구조로 되어있고, 1층에서 야외 공간과 이어진다. 전면 통유리로 멋진 경치가 보이며, 야외 테이블도 많아 숲속에서 커피를 마시는 듯한 분위기를 낼 수 있다. 2층에도 1층과 마찬가지로 전면 통유리가 있어 푸르른 숲 뷰를 즐기며 자연을 만끽하기 좋다. 용인시 고기동 스타벅스만의 또 다른 장점은 베이커리다. 직접 빵을 구워내기 때문에 갓 구워진 맛있는 빵을 맛볼 수 있다.

CAFE & BAKERY

로스트앤베이크 용인양지본점 Roast & Bake

한줄평 30년 경력 제빵장인의 베이커리 카페
경기도 용인시 처인구 양지면 양지로 297
0507-1494-5503 월~금 09:00~21:00, 토·일 09:00~22:00
매장 앞 전용 주차장
주변 명소 에버랜드(차로 20분 소요)

용인에서 손꼽히는 베이커리 카페

영동고속도로 양지IC 부근에 있는 용인에서 손꼽히는 베이커리 카페이다. 2층 건물에 들어선 대형 카페로 아이를 동반한 가족 단위 손님이 쉬기 좋다. 커피는 쌉싸름한 다크 초콜릿 풍미가 나게 에프터 다크 원두를 사용하여 만들며, 매일 아침 7시부터 구운 빵을 맛볼 수 있다. 로스트앤베이크는 오전 시간에 방문하면 커피를 무료로 제공하는 이벤트를 진행 중이다. 평일 기준으로 오전 9시부터 낮 12시 이전까지 빵류 3만 원 이상 구매 시 아메리카노 한 잔이 무료이다. 주말엔 오전에 빵류 5만 원 이상 구매 시 아메리카노 두 잔을 무료로 받을 수 있다.
로스트앤베이크의 수많은 빵 중 무엇을 먹어야 할지 고민된다면 베스트셀러 TOP10 중에 골라보자. 단호박 크림치즈, 지중해, 고구마 브리오슈, 생크림 팡도르, 치즈 명란 바게트, 오즈의 마법사, 마늘의 향기, 가을의 전설, 악마의 유혹, 에멘탈 치즈 플라워 중에서 고르면 된다. 실력 있는 30년 경력의 제빵사가 만든 빵들이다.

CAFE & BAKERY

베이커리카페 리코

한줄평 야외 놀거리 가득한 베이커리 카페
경기도 의왕시 왕송못서길 26-1
070-8837-5000 매일 10:30~21:30
전용 주차장(주차 요원 있음) **주변 명소** 왕송호수공원

잔디정원, 모래 놀이터, 트램펄린

카페 리코는 의왕시 왕송호수 인근에 있는 대형 베이커리 카페이다. 아이들이 뛰어놀기 좋은 넓은 잔디정원을 보유하고 있고, 모래 놀이터와 트램펄린, 붕붕 카와 칠판, 그네 등도 갖추고 있다. 야외 키즈카페라고 해도 될 정도로 아이들의 놀거리가 가득하다. 여기에 매일 아침 50여 종류의 빵이 나오는데, 당일 제조해서 당일 판매하는 것을 원칙으로 한다. 야외와 카페 내부 모두 워낙 사람이 많은 편이다. 3층 루프톱은 그나마 사람이 많지 않으며, 야경이 예쁘기로 유명하다.

CAFE & BAKERY

초평가배

한줄평 의왕 왕송호수 옆 한옥 카페
경기도 의왕시 왕송못서길 52 초평가배
0507-1322-4161 매일 10:00~21:30
전용 주차장 **주변 명소** 왕송호수공원

초평동의 한옥 카페

초평가배의 초평은 의왕시 초평동, 가배는 커피라는 뜻이다. 해석하면 '초평동의 카페'라는 의미다. 초평가배는 2층 구조로 된 한옥 카페로 1층은 주차장, 2층은 카페 공간으로 사용되고 있다. 좌식으로 신발을 벗고 앉을 수 있는 방석 자리가 인상적인데, 호수 뷰는 아니지만 조용한 초평동 마을과 소나무 뷰를 바라보기 좋다. 카페가 왕송호수공원과 가까워 레일바이크 체험 및 공원 산책 전후로 들르기 좋다. 철도박물관도 가까운 거리에 있다. 아메리카노와 애플시나몬티 등의 음료와 약과 아이스크림, 앙버터모나카 같은 디저트도 인기가 좋다.

CAFE & BAKERY

아우어베이커리 광교앨리웨이점

한줄평 더티초코와 빨미까레가 맛있는 베이커리 카페
경기도 수원시 영통구 광교호수공원로 80 F동 139, 140호
031-8019-7755 매일 09:00~21:00 앨리웨이 상가 전용 주차장(1만 원 이상 구매 시 1시간 무료, 추가 10분당 1,000원) **주변 명소** 광교호수공원

광교호수공원 나들이하고 빵도 먹고

아우어베이커리는 주로 서울과 수도권에 있는 프랜차이즈 베이커리이다. 수원에는 복합문화공간인 앨리웨이에 입점하고 있다. 매장 맞은편엔 광교호수공원이 있어서 아이와 나들이 나왔다가 방문하여 커피와 디저트를 즐기기 좋다. 아우어베이커리의 인기 빵은 나오는 시간이 정해져 있다. 인기가 많은 더티초코는 12시 30분에 나오므로 이전에 방문하면 맛볼 수 없다. 더티초코와 함께 카야 크루아상과 초콜릿 풍미가 좋은 빨미까레, 카넬레도 아우어베이커리의 인기 빵이다.

CAFE & BAKERY

도나스데이

한줄평 도심 속 휴양지 느낌 가득한 도넛 베이커리 카페
경기도 수원시 권선구 서수원로 174-2 도나스데이
0507-1417-1019 매일 10:00~21:30
건물 옆 주차장 **주변 명소** 오목호수공원

수제 크림 도넛 전문점

당일 생산, 당일 판매를 원칙으로 운영하는 수제 크림 도넛 전문점으로 기대 이상의 맛있는 도넛을 맛볼 수 있는 곳이다. 맛은 물론이고 마치 휴양지에 온 듯한 착각이 들 정도로 예쁜 실내 인테리어를 자랑한다. 알록달록한 도넛이 예쁘게 진열되어 있고, 편안하게 쉴 수 있는 분위기이다. 루프톱은 사진이 예쁘게 나오는 이국적인 풀빌라 감성을 담아내고 있다. 야외 좌석도 있어 날씨 좋은 날엔 햇살을 즐기기 좋다. 추천메뉴로는 '순수 우유 크림 도나스', '애플시나몬 크림 도나스', '초당옥수수 크림 도나스' 등이 있다. 주말엔 많이 붐비므로 원하는 도넛을 맛보고 싶다면 오전 방문을 추천한다.

PART 5
경기도 서부권

김포, 부천, 광명, 시흥, 안산, 화성……. 경기도 서부권은 서해안 명소를 두루 품고 있다. 꼭 서해안이 아니더라도 광명동굴, 부천로보파크, 동탄호수공원 등 아이와 가기 좋은 명소가 많다. 경기도 서부권의 대표 명소와 체험 여행지, 키즈 프렌들리 맛집과 카페, 호캉스 즐기기 좋은 호텔을 한데 모았다.

경기도관광공사
https://ggtour.or.kr/gto/

경기도 서부권 여행 지도
태백산
수산공원
김포함상공원
수도권제2순환고속도로
김포시
현대모터스튜디오
일산호수공원
대종칼국수
옐로우마운틴
원당종마목장
매직플로우
(스타필드 고양)
한강
포포시네마
라마다
김포한강호텔
인천국제공항고속도로
영종대교
김포공항
국립항공박물관
레노부르크
뮤지엄
부천시
경인고속도로
오라델떼
부천로보파크
한국만화박물관
웅진플레이도시
백소바
부천자연생태공원
인천광역시
광명시
삼동소바
명장시대
워너두칠드런뮤지엄

용도수목원
테이크호텔
안양천
생태이야기관
시흥갯골
생태공원
심향
고반가든
물왕본점
시흥시
신세계프리미엄
아웃렛
산골수목원
그림책
꿈마루
군포시
철쭉동산
초막골생태공원
영동고속도로
배곧한울공원
시흥오이도박물관
시흥에코센터
초록배곧
안산산업
역사박물관
좋은아침
페스츄리
시화나래휴게소
안산시
종현농어촌체험
휴양마을
대부바다향기테마파크
3대째할머니네집
발리다
평택시흥고속도로
드림아트
스페이스
서해안고속도로
카캉스
대부도
화성시
유리섬
박물관
페이브베이커리
화성남양점
종이미술관
바다향기
수목원
평택시농업생태원
엉클브룩슈즈평택
웃다리문화촌
소풍정원
동탄호수공원
주렁주렁동물원
롤링힐스호텔
네이처스케이프플러스
안산어촌민속박물관

경기도 서부권 명소

SIGHTSEEING

김포함상공원

한줄평 거대한 군함을 구경할 수 있는 특별한 공원 경기도 김포시 대곶면 대명항1로 110-36 031-987-4097
3월~10월 09:00~19:00, 11월~2월 09:00~18:00 ₩1,000원~3,000원 **추천 나이** 6세부터
추천 계절 사계절 **주변 명소** 대명포구, 수산공원(카페)

군함과 수륙양용차 구경하기

바다 위에 정박해 있는 LST-671 운봉함에 올라 안보 체험을 할 수 있는 공원이다. 운봉함은 대한민국 해군의 전차 상륙함이다. 운봉함은 원래 1944년 미국 매사추세츠주에서 건조되어 여러 전쟁에 참전했다. 1955년 중고 군함을 우리 해군이 인수하여 2006년까지 대한민국의 바다를 지키다 퇴역했다. 운봉함은 아이들은 물론 어른도 쉽게 접하기 힘든 거대 군함으로, 김포 여행의 필수 코스로 손꼽힌다. 운봉함에 승선하려면 별도의 입장료를 내야 한다. 내부에 직접 들어가서 전시관 구경과 군함 체험을 할 수 있으므로, 아이와 함께 승선하길 추천한다. 김포함상공원엔 운봉함뿐만 아니라 해병대의 용맹함과 어울리는 수륙양용차 LVT-P7과 인천 상륙작전 때 우리 해군이 상륙하는 데 공을 세운 수륙양용차 LVT-3C, 해상초계기S-2도 함께 만나볼 수 있다. 김포함상공원은 아이들이 뛰어놀기 좋은 야외 놀이터도 갖추고 있다. 주변에는 어판장을 갖춘 대명포구가 있어서 함께 둘러보기 좋다.

라베니체

한줄평 보트 타고 낭만적인 수상 마을 즐기기 경기도 김포시 김포한강4로 12(장기6 공영주차장)
₩ 보트 요금 2인승 문보트 20,000원, 6인승 패밀리보트 25,000원 **보트 예약** 김포시 홈페이지(https://www.gimpo.go.kr/u/15674) **추천 나이** 2세부터 **추천 계절** 봄~가을 **주변 명소** 김포아트빌리지

야경이 아름다운 한국의 베네치아

이탈리아의 베네치아를 떠올리게 하는 작은 수상 마을이다. 라베니체는 한강신도시의 금빛수로 1.7km를 따라 양옆으로 조성돼 있다. 규모는 베네치아와 비교할 수 없지만 기다란 수로 옆으로 맛집과 카페 등이 쭉 이어진다. 긴 수로와 수로 위로 떠다니는 보트를 보면 퍽 이국적인 느낌이 든다. 이곳은 낮과 밤 분위기가 확연히 차이가 난다. 낮에는 조용한 수변 마을 같지만, 밤이 되면 조명을 받아 낭만적인 분위기가 흐른다. 김포를 대표하는 야경 명소여서 밤이 되면 많은 사람이 라베니체를 찾는다. 수로 옆 상점가 길을 따라 천천히 산책해도 좋고, 맛집 또는 카페에서 야경을 즐겨도 좋다. 라베니체의 낭만을 제대로 느끼고 싶다면 달처럼 생긴 문보트에 탑승해 보자. 탑승 인원에 따라 보트 모양이 다르다. 2인승은 문보트이고, 6인승은 정팔각형 모양의 패밀리보트이다. 추천 계절은 날씨가 좋은 봄부터 가을까지이다. 겨울철엔 바람이 차가워 아이와 같이 가기에 적절하지 않다. 보트 탑승은 김포시 홈페이지에서 예약해야 한다.

SIGHTSEEING

김포아트빌리지

한줄평 한옥과 전통 체험 시설이 공존하는 예술 마을 경기도 김포시 모담공원로 170-1 031-999-3995
10:00~22:00(월 휴무) ₩ 무료(공방과 숙박 체험은 유료) **추천 나이** 1세부터 **추천 계절** 봄~가을
주변 명소 라베니체 https://www.gcf.or.kr/

아이와 떠나는 한옥마을 나들이

김포시 운양동 한강신도시에 있는 한옥촌이다. 1980년대 서울의 북촌과 을지로의 한옥을 옮겨오면서 처음 한옥마을이 생겼다. 한강신도시가 생기면서 리모델링을 거쳐 복합 문화공간으로 다시 태어났다. 김포아트빌리지는 모담산 동쪽 끝자락에 안겨있다. 아트빌리지는 한옥 17채, 창작스튜디오 5개, 아트센터, 야외공연장, 전통 놀이마당으로 구성돼 있다. 한옥마을의 고즈넉하고 전통적 아름다움과 아트센터의 현대적 아름다움이 공존한다. 주차장에서 가까운 쪽에 잔디 마당과 야외공연장이 있다. 이곳을 지나면 한옥마을이다. 중앙광장 주변으로 아이들이 놀기 좋은 놀이마당이 펼쳐지는데, 이곳에선 투호 놀이와 수레 체험, 감옥과 곤장 체험을 할 수 있다. 한옥마을 안엔 카페, 식당, 체험 공방, 전통한옥숙박체험관이 있다. 전통한옥숙박체험관엔 3개의 객실이 있다. 하나투어를 통해 예약하면 누구나 이용할 수 있다. 한옥마을은 마을 자체가 예쁘고, 포토 존이 많아서 체험 시설을 이용하지 않아도 아이와 즐겁게 보낼 수 있다.

SIGHTSEEING

포포시네마

알록달록 키즈 전용 영화관

김포시 풍무동 홈플러스 지하 1층에 있는 아이들을 위한 전용 영화관이다. 일반 영화관처럼 어두운 환경이 아니라 키즈카페처럼 밝고 자유로운 분위기에서 영화를 관람할 수 있다. 영화 시작 10분 전 야광 댄스 타임이 펼쳐지는 게 인상적이다. 반짝반짝 빛나는 조명 아래에서 아이들이 댄스 음악에 맞춰 신나게 춤을 춘다. 영화관에선 팝콘, 어린이 음료, 미니 피자, 추로스, 핫도그 등을 판매하는데, 상영관으로 음식을 가지고 들어갈 수 있다. 아이가 간혹 큰소리를 내더라도 서로 이해해 준다. 좌석은 자율 좌석제이며, 모노플렉스 홈페이지에서 예매와 상영 영화 정보 확인이 가능하다. **한줄평** 키즈카페 같은 어린이 전용 영화관 경기도 김포시 풍무로 167 070-4800-6068 11:00~18:00(둘째, 넷째 수요일 휴무) ₩9,000원~14,500원 **추천 나이** 영유아~어린이 **추천 계절** 사계절 **주변 명소** 라베니체, 김포아트빌리지 https://www.monoplex.com/space/17

SIGHTSEEING

라마다앙코르바이윈덤 김포한강호텔

가격이 합리적인 키즈 프렌들리 호텔

경인아라뱃길이 시작되는 김포경인여객터미널 옆에 있다. 김포공항에서 자동차로 10분 거리일 만큼 공항 접근성이 좋다. 호텔 앞 횡단보도 건너편에 현대프리미엄아울렛 김포점이 있어서 쇼핑과 맛집을 한꺼번에 해결할 수 있다. 근처에 아라마리나 수상레저체험센터가 있어서 주변을 관광하기도 좋다. 라마다앙코르의 또 다른 장점은 키즈 프렌들리 호텔이라는 점이다. 아이 침대를 갖춘 키즈룸과 아이의 침실을 따로 갖춘 주니어 키즈 스위트룸이 있다는 점이다. 또 키즈킹덤이라는 키즈카페를 갖추고 있어서 가족 단위 투숙객의 만족도가 높은 편이다. 숙박료도 합리적이다. **한줄평** 키즈룸과 키즈카페를 잘 갖추고 있다. 경기도 김포시 고촌읍 아라육로152번길 169 0507-1398-2041 체크인/체크아웃 15:00/11:00 **추천 시설** 키즈킹덤 **주변 명소** 경인아라뱃길, 김포현대아울렛 https://www.ramadagimpohanriver.com/ko/

SIGHTSEEING

웅진플레이도시

부천을 대표하는 레저스포츠 테마파크

사계절 언제나 즐길 거리가 가득한 부천의 대표 테마파크이다. 여름엔 가족 단위로 실내외 워터파크를 많이 찾고, 가을부터는 따뜻한 '온천스파1300'을 방문하는 사람이 많다. '온천스파1300'은 지하 1,300m 암반에서 천연 온천수를 끌어 올리는 까닭에 이런 이름을 붙였다. 계절에 상관하지 않고 연중 인기가 꾸준한 시설도 있다. 미디어 놀이 체험 거리가 다양한 키즈카페인 플랜디와 국내 최대 실내 스포츠 시설인 볼베어파크, 해양생물과 바다동물을 구경할 수 있는 플레이아쿠아리움이 대표적이다. 워터파크와 온천 스파를 자주 찾는다면 가성비가 좋은 연간 이용권 구매를 추천한다. **한줄평** 워터파크부터 아쿠아리움까지 즐길 거리가 다채롭다. 경기도 부천시 조마루로 2 1577-5773 10:00~18:00 ₩ 워터파크 40,000원~70,000원, 플레이아쿠아리움 25,000원~30,000원, 플랜디 15,000원~20,000원 **추천 나이** 영유아~어린이 **추천 계절** 사계절 **주변 명소** 한국만화박물관, 레노부르크뮤지엄, 부천로보파크 http://www.playdoci.com

SIGHTSEEING

한국만화박물관

캐릭터도 만나고 만화도 보고

사라져가는 우리 만화를 수집하고 보전하고 전시하는 곳으로, 아이들이 특별히 좋아한다. 박물관 규모는 4층 건물로, 층마다 볼거리가 다채롭다. 입구에서 아이들이 좋아하는 <헬로 카봇>의 주인공 펜타스톰이 반겨준다. 1층엔 기획전시실과 만화영화상영관, 뮤지엄 숍이 자리를 잡고 있다. 2층엔 만화를 마음껏 볼 수 있는 만화도서관이 있다. 이곳은 아이뿐만 아니라 부모들도 좋아한다. 3층엔 전시 공간과 입체상영관이 있으며, 4층엔 만화 콘텐츠와 연관된 체험시설이 많다. 이곳에선 아이들이 몸을 움직이며 체험 시설을 즐길 수 있다.

한줄평 만화를 좋아하는 아이들에겐 천국 같은 곳 경기도 부천시 길주로 1 1577-5773
10:00~18:00(월 휴무) ₩ 개인 5,000원, 3~4인 가족 12,000~16,000원 **추천 나이** 영유아~어린이 **추천 계절** 사계절 **주변 명소** 웅진플레이도시, 레노부르크뮤지엄, 부천로보파크 https://www.komacon.kr/comicsmuseum

SIGHTSEEING

부천자연생태공원

한줄평 실내외 수목원과 생태공원을 고루 갖춘 부천의 대표 식물원

경기도 부천시 원미구 길주로 660 032-320-3000 3월~10월 09:30~18:00, 11월~2월 09:30~17:00(연중무휴)

₩700원~3,500원 **추천 나이** 영유아~어린이 **추천 계절** 사계절

주변 명소 웅진플레이도시, 레노부르크뮤지엄, 부천로보파크, 한국만화박물관 http://ecopark.bucheon.go.kr

체험 거리가 많은 수목원과 생태공원

부천시 원미구 춘의동, 지하철 7호선 까치울역 근처에 있다. 부천자연생태공원은 실내 수목원과 야외생태공원으로 구성돼 있다. 볼거리와 체험 거리가 다양한 게 큰 매력이다. 수목원만 관람할지, 야외생태공원도 관람할지에 따라 입장료가 다르다. 비가 오거나 겨울이 아니라면 야외생태공원까지 둘러보도록 하자. 실내수목원은 식물전시관과 온실이 있는 1층, 식물체험관이 있는 2층으로 구분된다. 아이들이 즐길만한 체험 거리는 2층 식물체험관에 모여있다. 모형 채소를 수확하고 바구니에 담는 놀이, 나뭇잎 도면을 따라 그림을 그리는 놀이 등 계절별로 피는 꽃과 나무, 열매를 체험하며 자연을 느끼고 경험할 수 있는 유익한 공간이다. 야외생태공원은 형형색색 아름다운 꽃과 식물이 눈을 즐겁게 해준다. 아이들은 투호 놀이나 봉숭아 물들이기 체험 등을 즐길 수 있다. 생태공원을 걷다 보면 자연스럽게 부천무릉도원수목원으로 이어진다. 시원하게 떨어지는 작은 인공폭포를 따라 입장하게 되면 메타세쿼이아 가로수길과 수많은 식물을 구경할 수 있다.

SIGHTSEEING

레노부르크뮤지엄

한줄평 빛을 테마로 한 몰입형 미디어아트 뮤지엄 경기도 부천시 오정구 신흥로 511번 길 180
032-672-9725 11:00~21:00(1월 1일, 설과 추석 당일 휴무) ₩ 6,000원~12,000원(36개월 미만 무료)
추천 나이 영유아~어린이 **추천 계절** 사계절 **주변 명소** 웅진플레이도시, 부천로보파크, 한국만화박물관, 부천자연생태공원 https://www.instagram.com/renoburgmuseum

상상 속 세계로 들어가는 특별한 경험

2023년 10월, 부천시 오정구 오정동에 문을 연 미디어아트 전시관이다. 'Gleam:e 빛나.'라는 콘셉트로 빛을 테마로 한 아홉 개의 몰입형 디지털 아트 콘텐츠와 2개의 개방형 전시 작품을 감상할 수 있다. 각 공간은 어느 하나 평범한 곳이 없다. 자연과 우주, 예술. 상상 속의 세계에 온 것 같은 기분이 든다. 아이들과 예쁜 사진을 찍을 수 있는 건 물론이고, 색다른 감각과 분위기로 상상력을 키우는 경험을 할 수 있다. 11개의 미디어아트 공간 중 아이와 함께 하기 좋은 곳을 뽑자면 바닥에 놓인 모래를 밟으며 아름다운 달빛 영상을 관람할 수 있는 M2 Hidden Moonlight, 영화관 수준의 대형 스크린에 화려한 오로라와 우주의 영상을 관람할 수 있는 M4 Prequel of Aurora, 핑크빛 아름다운 나무와 흩날리는 꽃잎 영상을 바라보며 그네를 탈 수 있는 M7 Swinging Blossom 등이 있다. 각 전시 공간을 이동하는 길목이 어둡고 좁다. 여유롭게 관람하고 싶다면 평일 방문을 추천한다. 실내에서 유모차 이용 불가.

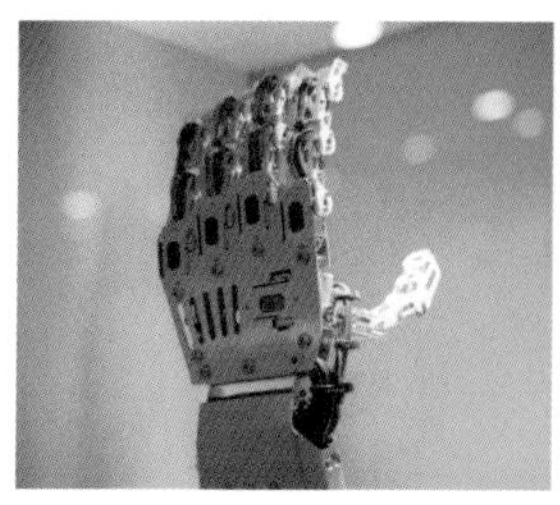

SIGHTSEEING

부천로보파크

한줄평 로봇 체험이 가능한 국내 최초의 로봇 상설 전시관 경기도 부천시 원미구 평천로 655 032-716-6442
10:00~12:00, 12:30~14:30, 15:00~17:00(회차별 운영, 전시 투어 매시 20분 2층에서 진행, 월요일 휴무)
₩ 3,000원~5,000원(36개월 미만 무료) **추천 나이** 영유아~어린이 **추천 계절** 사계절
주변 명소 웅진플레이도시, 한국만화박물관, 부천자연생태공원, 레노부르크뮤지엄 https://www.robopark.org:444/

신나는 로봇 체험

로봇산업은 부천시가 역량을 집중해 키우는 특화 산업이다. 부천로보파크는 부천시의 이런 정책이 낳은 선물이다. 우리나라 최초의 로봇 상설 전시장으로, 아이들이 로봇을 이해하고 직접 체험할 수 있는 특별한 공간이다. 부천로보파크는 3층으로 구성돼 있다. 본격적인 로봇 투어는 2층부터 시작된다. 물건을 만들고 이동하는 산업용 로봇과 사람을 닮고 사람처럼 행동하는 휴머노이드 로봇을 구경할 수 있다. 또 리모컨으로 로봇을 움직이게 하여 게임을 하거나 건반을 밟아 로봇이 피아노를 연주하게 하는 오케스트라 로봇 등을 직접 체험할 수 있다. 이 밖에도 VR 체험, 몰펀 놀이, 그림을 그리는 스케치봇 체험 등 다채로운 로봇 세계를 경험할 수 있다. 로봇 투어도 로보파크의 필수 볼거리다. 매시간 20분에 2층에서 진행되는데 마술 로봇, 변신 로봇, 댄싱 크루 등 다양한 로봇이 등장해 자신의 특기를 뽐낸다. 투어 시간 40분이 순식간에 지나간다. 아이들이 특히 즐거워하는 시간이니, 로봇 투어를 놓치지 말자.

SIGHTSEEING

광명동굴

한줄평 우리나라 최초의 동굴 테마파크 경기도 광명시 가학로85번길 142
070-4277-8902 09:00~18:00(월요일 휴무) ₩ 2,500원~10,000원(36개월 미만 무료) **추천 나이** 영유아~어린이
추천 계절 사계절 **주변 명소** 광명에디슨뮤지엄, 테이크서울광명호텔 https://www.gm.go.kr/cv

공연, 와인동굴, 미디어아트 쇼

원래는 일제가 1912년 금과 은, 구리 등을 수탈할 목적으로 개발한 동굴이었다. 1972년 폐광된 뒤 새우젓 저장 창고로 사용하던 동굴을 2011년 광명시가 매입하여 역사와 문화가 흐르는 관광명소로 탈바꿈시켰다. 지금은 해마다 200만 명이 넘는 사람이 찾을 정도로 광명을 대표하는 핫플레이스가 되었다. 폐광에 문화예술의 숨결을 불어넣어 창조적인 테마파크로 재생한 점이 놀랍다. 주요 볼거리 중 하나가 웜홀광장이다. 화려한 조명이 동굴을 환히 밝히는 모습이 아름다워 너도나도 카메라를 든다. 미디어 파사드 쇼가 펼쳐지는 예술의 전당 또한 놓칠 수 없는 공간이다. 동굴 벽에 LED 조명을 비추어 영상을 표현하는데, 강렬한 영상미를 즐길 수 있다. 예술의 전당은 동굴에 있는 국내 최초의 문화공간이다. 이곳에선 다채로운 공연도 펼쳐진다. 빛을 주제로 한 아트 프로젝트가 펼쳐지는 빛의 공간과, 와인 한 방울 나지 않지만 광명을 와인의 메카로 만든 198m의 와인동굴도 놓칠 수 없다. 그 외 황금폭포, 황금궁전, 동굴 지하 호수 등은 가파른 계단을 내려가야 나온다. 아이와 함께라면 조심히 내려가자.

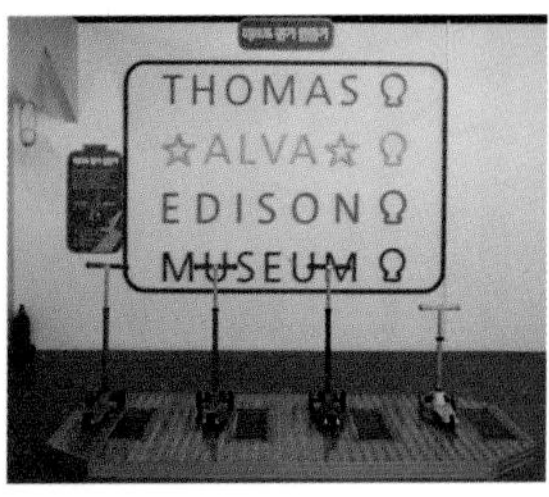

SIGHTSEEING

광명에디슨뮤지엄

한줄평 체험과 놀이로 과학과 친해지는 시간 경기도 광명시 일직로12번길 24, 클래시아 3층 02-897-1123 평일 11:00~17:00, 주말 11:00~19:00(화·수 휴무, 단체 예약 시 휴무일 변경 가능. 홈페이지 확인 필수) ₩ 7,000원~30,000원 **추천 나이** 유아~어린이 **추천 계절** 사계절 **주변 명소** 광명동굴, 테이크서울광명호텔 https://blog.naver.com/edisonsm

키즈카페 같은 체험형 과학관

광명시 일직동 KTX광명역 근처에 있는 사립과학관이다. 과학관이라서 어렵고 아이들 머리를 복잡하게 할 것 같지만, 실제는 전혀 그렇지 않다. 과학관 구성이 전시 중심이 아니라 체험 중심이어서 아이들이 신나게 놀 수 있다. 한마디로 광명에디슨뮤지엄은 머리를 아프게 하는 곳이 아니라 과학과 놀이를 결합한 체험형 키즈카페 같다. 아이들은 의자에 앉아서, 의자에 매단 줄을 당기며 도르래의 원리를 스스로 배운다. 전기자동차 시뮬레이터에서 레이싱게임을 즐기며 전기자동차를 체험한다. 자신 몸에 흐르는 전기가 소리를 내는 것을 확인하며 전기의 원리를 공부한다. 에디슨전시관에선 발명왕 에디슨의 3대 발명품인 백열전구와 축음기, 영사기를 직접 구경할 수 있다. 에디슨은 우리가 일상생활에서 사용하는 생활가전도 두루 발명했다. 이곳에선 그가 발명한 선풍기, 재봉틀, 다리미, 전화기도 구경할 수 있다. 틀린 그림 찾기 게임, 악기를 연주할 수 있는 에디슨 음악대, 맘껏 뛰놀 수 있는 에어바운스까지, 광명에디슨뮤지엄은 마지막까지 아이들을 즐겁게 해준다.

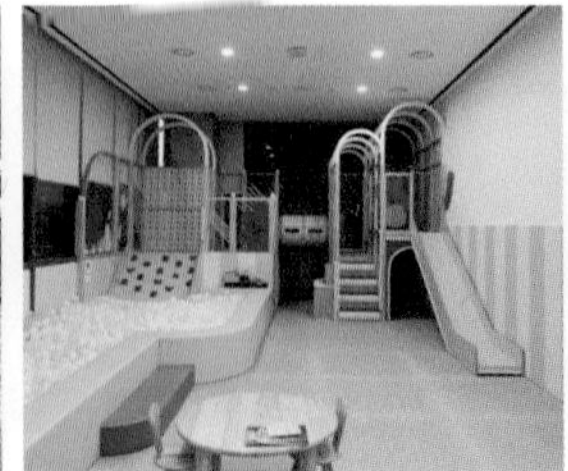

SIGHTSEEING

테이크서울 광명호텔

한줄평 가성비 좋은 키즈 프렌들리 호텔 경기도 광명시 신기로 22
0507-1485-7100 체크인/체크아웃 15:00/11:00 ₩ 쿠킹클래스 비용 투숙객 30,000원, 비 투숙객 40,000원
주변 명소 광명동굴, 광명에디슨뮤지엄 https://www.take-hotel.com

아이와 함께 호캉스 즐기기

KTX광명역에서 가까운 4성급 키즈 프렌들리 호텔이다. 호텔 6층에 미끄럼틀, 볼풀, 트램펄린 등을 갖춘 키즈룸이 있다. 로비에는 광명 지역 아이들의 전통 놀이로 알려진 사방치기를 영상으로 구현한 포토 존이 있다. 5층 미디어케이브이도 포토 존이다. 통로의 좌우 벽과 천장에 쉬지 않고 영상이 흐르는데, 미디어아트가 아름다워 많은 사람이 사진을 찍는다. 맞은편의 계단식 객석처럼 꾸민 미디어라운지도 인상적이다. 책을 읽거나 개방감이 좋아 창밖 풍경을 감상하기 좋다. 예약 후 이용할 수 있는 전망 좋은 인피니티풀도 매력 포인트이다. 인기가 많으므로, 수영장 사용권이 포함된 패키지 숙박권을 구매했다면 체크인 후 바로 예약하길 추천한다. 아이와 함께 머물기 좋은 객실은 퀸 베드와 싱글 베드로 구성된 TAKE3와 아이용 2층 침대가 있는 TAKE4이다. 테이크호텔은 비대면 체크인이 가능하다. 휴대전화로 전송받은 체크인 링크에 접속하면 모바일 스마트키를 받을 수 있다. 일반 호텔처럼 객실 카드를 사용하고 싶으면 5층 프론트 데스크로 가면 된다. 호텔에서 갤러리와 쿠킹클래스도 운영한다.

SIGHTSEEING

초막골생태공원

한줄평 체험 프로그램이 많은 군포의 랜드마크 생태공원 경기도 군포시 초막골길 216
031-390-4041 ₩ 무료 **추천 나이** 유아~초등학생 **추천 계절** 봄~가을
주변 명소 수리산도립공원, 철쭉동산, 그림책꿈마루 https://www.gunpo.go.kr/chomakgol/index.do

신나는 숲과 생태 체험

초막골생태공원 군포에서 아이와 한 곳만 방문하라고 한다면 주저 없이 선택해야 할 곳이다. 넓은 부지에 조성된 생태공원으로 수리산도립공원 자락에 있다. 도심에서 보기 힘든 자연 생태를 잘 유지하고 있다. 인공 연못과 인공폭포, 다랑논, 맹꽁이습지원 등 하루에 모두 둘러보기 힘들 정도로 다채롭게 구성돼 있다. 특히 아이와 함께라면 친환경 놀이시설인 자가발전놀이터와 올바른 횡단보도 이용 방법을 배울 수 있는 어린이교통체험장을 추천한다. 초막골유아숲체험원은 숲에서 자연을 느끼며 신체활동을 즐길 수 있는 곳이다. 흔들 놀이기구나 경사 미끄럼틀, 외줄 건너기, 세 줄 타기, 그물망 오르기 등 즐길 거리가 다채롭다. 오전 10~12시, 오후 13~15시는 유아숲체험원 수업 시간이다. 이때는 일반 방문객은 입장할 수 없으니 참고하자. 초막골생태공원에서는 상시 체험 프로그램도 운영한다. 초막골생태전시관 체험과 자연 관찰 프로그램인데, 대상은 유아와 초등학생이다. 구체적인 내용은 홈페이지에서 확인할 수 있다. 캠핑장도 운영한다.

SIGHTSEEING

철쭉동산

봄마다 펼쳐지는 분홍빛 향연

지하철 4호선 수리산역 근처에 있다. 도심에서 보기 힘든 철쭉 단지로, 매년 4월 말~5월 초에 군포철쭉축제가 열린다. 영산홍과 산철쭉, 자산홍까지 철쭉을 대표하는 품종 세 가지를 모두 구경할 수 있다. 동산 가득 철쭉이 핀 풍경이 절경이다. 가장 멋진 전망을 자랑하는 곳은 중앙그네 전망대다. 이곳에서는 20만 그루가 꽃을 피워 낸 철쭉 단지의 화사한 풍경 전체를 조망할 수 있다. 철쭉동산은 계단이 많아 아쉽게도 유모차를 이용하기는 어렵다. 철쭉동산만 구경하고 돌아가기에 아쉽다면, 걸어서 10분 거리에 있는 초막골생태공원까지 일정에 넣어보자. 생태공원까지는 숲길로 이어져 있다.

한줄평 꽃축제가 열리는 도심 속 대형 철쭉 단지 경기도 군포시 산본동 1152-14 ₩ 무료
추천 나이 유아~초등학생 **추천 계절** 4월 말~5월 초 **주변 명소** 초막골생태공원, 수리산도립공원, 그림책꿈마루

SIGHTSEEING

그림책꿈마루

그림책, 마술쇼, 색칠 놀이

군포시 금정동 한얼공원 서쪽 자락에 있다. 아이들이 그림책과 친해질 수 있는 문화공간이다. 책을 대여하거나 아이들이 편하게 앉아서 책을 볼 수 있는 안락한 공간이다. 그림책에 관한 전시가 꾸준히 열리고 있다. 로비를 비롯한 여러 곳에 색칠 놀이를 할 수 있는 공간이 많다. 마술쇼, 음악회 등 아이들이 좋아하는 공연도 열린다. 그림책꿈마루 옥상엔 정원과 카페, 아이와 놀기 좋은 쉼터가 있다. 쉼터 중에서 케빈 형태의 단독공간은 신발을 벗고 편히 쉴 수 있고, 사진이 예쁘게 나오는 그림책꿈마루의 핫플레이스다. 각종 행사와 교육 프로그램은 홈페이지에서 확인하자.

한줄평 그림책도 읽고 마술쇼도 보고 경기도 군포시 청백리길 16 031-391-4545 09:00~22:00(월 휴관)
₩ 무료 **추천 나이** 유아~초등학생 **추천 계절** 사계절 **주변 명소** 초막골생태공원, 철쭉동산, 수리산도립공원
www.gunpo.go.kr/picturebook

SIGHTSEEING

시흥오이도박물관

한줄평 직접 체험하며 배우는 신석기시대 경기도 시흥시 오이도로 332 031-310-3052
10:00~18:00(월 휴관) ₩ 무료(어린이체험실은 1,000원) **추천 나이** 3세~9세 **추천 계절** 사계절
주변 명소 오이도선사유적공원, 오이도빨간등대, 배곧한울공원, 갯골생태공원 https://oidomuseum.siheung.go.kr

신석기 마을에서 선사시대 체험하기

오이도는 서해안 최대 신석기시대 유물 출토지이다. 이름에서 알 수 있듯이 예전엔 육지에서 4km 떨어진 섬이었으나 염전과 시화공단이 들어서면서 1980년 말에 육지가 되었다. 1980년대 유적 발굴 과정에서 여러 개 패총과 통일신라시대의 주거지, 그리고 조선시대의 봉수대 등이 드러났다. 박물관에선 오이도 출토 유물을 관람하고, 선사시대 생활 문화를 체험할 수 있다. 박물관은 3층 구조이다. 주요 관람시설로는 2층 어린이체험실과 3층 상설전시실을 꼽을 수 있다. 어린이체험실에선 신석기 마을에서 다양한 체험을 할 수 있다. 하루 3회10:30~12:00, 13:30~15:00, 15:30~17:00 운영하며, 회차별 체험 시간은 1시간 30분이다. 신석기 마을 농장 체험, 유물 북 미술 놀이, 동물 그리기 인터랙티브 체험 등 다채로운 활동을 경험할 수 있다. 홈페이지에서 예약해야 하며, 체험비는 1,000원이다. 상설전시실에선 신석기시대의 사냥과 채집, 어로 생활, 주거생활 등을 관찰하고 체험할 수 있다. 바로 옆 선사유적공원도 같이 둘러보면 좋다.

SIGHTSEEING

배곧한울공원

이국적인 해수 체험장을 품은

시흥 배곧신도시에 있는 대형 공원이다. 오이도에서 가까워 함께 다녀오기 좋다. 모두 평지로 되어있으며 인천 바다를 바라보며 산책과 자전거를 즐길 수 있다. 어른뿐만 아니라 아이들도 즐길만한 공간이 많다. 그중에서 해수 체험장과 모래놀이가 가능한 어린이 놀이터의 인기가 많다. 특히 여름이면 많은 사람이 해수 체험장을 찾는다. 이국적인 데다가 해수 풀장에서 시원한 물놀이를 즐길 수 있기 때문이다. 지하 150m에서 끌어 올린 암빈해수 70%, 상수도 물 30%를 섞어 해수 풀장에 공급한다. 그늘막 포함해 1만 원 이내로 해외 휴양지 느낌을 만끽할 수 있다.

한줄평 즐길 거리가 다양한 바다 전망 해변 공원 경기도 시흥시 해송십리로 61 0507-1326-6963 24시간(해수 체험장 10:00~12:00, 13:00~17:00, 월·금요일 휴무) ₩ 무료(해수 체험장 4,000원, 그늘막 5,000원) **추천 나이** 유아부터 **추천 계절** 봄~가을 **주변 명소** 시흥오이도박물관, 오이도선사유적공원, 오이도빨간등대, 갯골생태공원, 시흥에코센터 초록배곧

SIGHTSEEING

시흥 신세계프리미엄아웃렛

키즈카페에 미니 기차와 회전목마까지 갖춘

볼거리와 먹을거리, 즐길 거리에 쇼핑까지 할 수 있어서 아이와 떠나는 나들이 장소로 제격이다. 시흥 신세계프리미엄아웃렛엔 아이들이 놀만한 콘텐츠가 많은 편이다. 아이들은 특히 미니 트레인(미니 기차)을 좋아한다. 운행 시간은 약 5분 정도로 짧지만, 아웃렛을 한 바퀴 둘러보는 재미가 있다. 3층에 있는 플레이타임은 실내 키즈카페이다. 계절에 상관없이 놀고 즐길 수 있어서 좋다. 야외 회전목마는 영유아가 특히 좋아하고, 어린이놀이터에도 아이들이 많다. 회전목마 맞은편엔 게임센터까지 갖추고 있다. 겨울엔 크리스마스 마켓이 열린다.

한줄평 볼거리와 먹을거리, 살 거리와 즐길 거리가 풍성하다. 경기도 시흥시 서해안로 699 1644-4001
5~10월 10:30~21:00, 11~4월 10:30~20:30 **추천 나이** 1세부터 **추천 계절** 사계절 **주변 명소** 오이도선사유적공원, 오이도빨간등대, 배곧한울공원, 갯골생태공원, 시흥에코센터초록배곧 https://www.premiumoutlets.co.kr/siheung

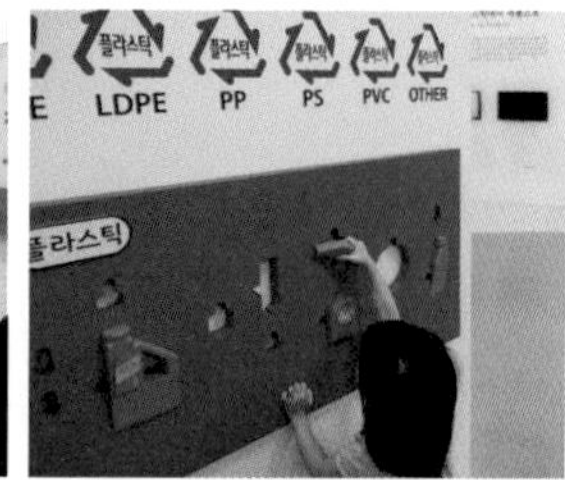

SIGHTSEEING

시흥에코센터 초록배곧

한줄평 체험을 통해 환경을 이해하는 녹색교육센터

경기도 시흥시 경기과기대로 284 031-431-5005 09:30~17:30(월 휴관) ₩ 1,000원~2,000원(4세 이하 무료, 3D 영상과 전기자동차 체험은 500원~2,000원) **추천 나이** 유아부터 **추천 계절** 사계절 **주변 명소** 시흥오이도박물관, 오이도선사유적공원, 오이도빨간등대, 배곧한울공원, 갯골생태공원 https://www.sh-ecocenter.or.kr/

체험하며 이해하는 환경문제

시흥시가 운영하는 환경 배움터이다. 다양한 전시물, 교육과 체험 프로그램을 통해 환경문제에 쉽게 다가가게 도와준다. 예를 들면 분리수거 체험, 숲 탐방과 숲 놀이, 탄소중립 에너지 탐험대 활동 등을 통해 아이들이 자연스럽게 자연과 환경 보호의 중요성을 깨닫게 된다. 시흥에코센터에서 인기 있는 체험 프로그램은 '어린이 체험 놀이터'이다. 아이들은 이글루와 수상 가옥 체험, 녹색 그림 그리기, '도전 불 끄기 왕' 같은 체험을 하면서 자연스럽게 환경문제를 이해하게 된다. 전기로 움직이는 친환경 자동차를 직접 체험해 보는 야외 프로그램도 있다. 6세~13세 어린이가 체험할 수 있는 프로그램으로 체험 시간이 정해져 있다. 시간표는 홈페이지에서 미리 확인할 수 있다. 시흥에코센터는 전시관도 운영하고 있다. 아이들은 상설전시관의 '함께 꿈꾸는 녹색마을'에서 우리 마을 녹색 가게, 지구를 생각하는 정류장, 환경을 생각하는 우리 집 등 각 코너를 돌며 다양한 환경 관련 체험을 할 수 있다. 각 코너를 지날 때마다 제시하는 미션을 완료하면 이를 점수로 확인해 준다.

SIGHTSEEING

갯골생태공원

한줄평 전기차가 다니는 150만 평 생태공원 경기도 시흥시 동서로 287 031-488-6900
09:00~18:00(안내 센터 운영 시간) ₩ 무료(해수 체험장 4,000원, 염전 체험장 4,000원, 전기차 2,000원)
추천 나이 영유아~어린이 **추천 계절** 봄~가을 **주변 명소** 오이도선사유적공원, 오이도빨간등대, 배곧한울공원, 시흥 신세계프리미엄아웃렛 https://oidomuseum.siheung.go.kr

갈대밭, 갯벌 습지, 벚꽃 터널이 있는 생태공원

시흥에는 크고 작은 공원이 많다. 그중에서 대표적인 곳이 장곡동 제3경인고속화도로 옆에 있는 갯골생태공원이다. 폐염전 부지에 들어선 150만 평의 갯벌 습지이자 생태공원이다. 국가해양습지보호구역으로 지정되었을 만큼 자연과 생태가 잘 보존되어 있다. 육지 깊숙이 들어와 형성된 갯골과 초지 군락지는 보기 드문 인상적인 풍경을 보여준다. 옛 염전과 소금 창고 등 사라져가는 해안문화의 자취도 엿볼 수 있다. 그뿐이 아니다. 갈대숲과 벚꽃 터널, 갯골습지센터에서 계절에 따라 변하는 자연의 아름다움을 만끽할 수 있다. 생태공원이 워낙 넓지만, 전기차가 운영되기 때문에 둘러보는 데 큰 어려움은 없다. 해수 체험장, 염전 체험장과 같은 체험시설도 잘 갖추고 있고, 아이들이 뛰어놀기 좋은 놀이터와 잔디광장도 있다. 이밖에 수상 자전거 체험장, 생태학습장, 생태관찰 탐방로, 캠핑장, 탐조대, 체험학습장, 전시실 등을 골고루 갖추고 있다. 흔들전망대는 갯벌생태공원을 한눈에 바라보기 좋은 곳이다. 아이와 천천히 올라가 보자.

SIGHTSEEING

용도수목원

한줄평 아이들 눈높이에 맞춘 체험형 수목원
경기도 시흥시 매화동 산 32-20 031-310-3052 3월~10월 09:30~18:00, 11월~2월 09:30~17:00
₩ 3,000원~6,000원(24개월 이하 무료, 체험비 1,000원~3,000원 **추천 나이** 영유아~어린이 **추천 계절** 봄~가을
주변 명소 오이도선사유적공원, 오이도빨간등대, 배곧한울공원 www.yongdo.co.kr

체험 거리가 많은 키즈 프렌들리 수목원

아름다운 정원에 아이들의 체험 거리가 더해진 수목원이다. 가장 먼저 마주하게 되는 곳은 허브식물원과 허브 카페이다. 허브식물원에서는 다육식물과 물고기, 각종 식물을 구경할 수 있다. 허브 카페에서 먹이를 구매해서 물고기 먹이 주기 체험을 할 수 있다. 카페에선 솜사탕 만들기 체험도 할 수 있고, 간식도 살 수 있다. 용도수목원엔 다른 수목원보다 아이들의 만족도가 높다. 그 이유는 아이들의 눈높이에 맞춘 공간과 체험 거리가 많기 때문이다. 허브 카페 근처엔 아이들이 즐거워하는 모래 놀이터, 그네와 미끄럼틀을 갖춘 미니 놀이터가 있다. 그늘막이 있어서 여름에도 놀기 좋다. 소동물원에선 염소와 거위, 토끼를 구경할 수 있다. 이곳에서도 먹이 주기 체험이 가능하다. 소동물원을 지나면 쥐라기 파크가 나온다. 이름 뜻대로 공룡들이 가득한 공원이다. 공룡을 좋아하는 아이라면 공룡 이름 맞추기 놀이를 해도 좋을 것 같다. 깡통 열차도 아이들이 좋아하는 이색 체험 거리다. 깡통 열차는 주말에만 운행한다.

SIGHTSEEING

워너두칠드런스 뮤지엄

한줄평 도심 속 체험형 테마파크

경기도 시흥시 은계호수로 49 시흥센트럴돔그랑트리캐슬 B1층 031-314-0101 10:00~18:00(화 휴무) ₩11,000원~26,000원(24개월 이하 무료) **추천 나이** 영유아~어린이 **추천 계절** 사계절 **주변 명소** 오이도선사유적공원, 오이도빨간등대, 배곧한울공원, 시흥 신세계프리미엄아웃렛, 용도수목원 http://childrensmuseum.kr

생각을 키우는 미국식 체험관

칠드런스뮤지엄은 1899년 미국 브루클린에서 시작한 아이들을 위한 체험관이다. 스템STEM 교육에 스포츠를 더한 체험형 복합 문화시설로, 미국 전역에 약 300개 이상 운영하고 있다. 스템은 네 가지 학문의 영문 첫 글자를 조합한 것인데, 구체적으로는 자연과학SCIENCE, 미래 기술TECHNOLOGY, 공학ENGINEERING, 수학MATH을 뜻한다. 칠드런스뮤지엄은 아이가 스스로 문제를 인식하고 창의적인 방법을 설계하여 문제를 해결하게 하는 체험형 교육방식을 지향하고 있다. 직접 만든 배를 띄우며 물의 세계를 배우고, 바람을 맞으며 눈에 보이지 않는 공기를 체험한다. 바다에 있는 플라스틱을 낚시하며 지구의 소중함을 되새기고, 운동경기를 하며 협동심을 배우는 식이다. 조금 딱딱해 보이지만, 우리나라 키즈카페에서 볼 수 있는 놀이시설도 많고, 스포츠 체험시설 또한 다양해서 아이들이 신나게 즐기며 놀 수 있다. 달마다 이벤트와 클래스를 꾸준히 진행하고 있으니 방문 전에 홈페이지를 참고하도록 하자.

SIGHTSEEING

안산산업역사박물관

한줄평 산업 도시 안산의 변천사를 알 수 있는 박물관 경기도 안산시 단원구 화랑로 265
031-369-1694 09:00~18:00(월 휴무) ₩ 무료 **추천 나이** 영유아~어린이 **추천 계절** 사계절
주변 명소 화랑유원지, 경기도립미술관, 종이미술관, 유리섬박물관, 바다향기수목원 http://ansan.go.kr/aim

농어촌에서 제조업 메카로 변신하기까지

2022년 9월 말에 개관한 최신식 박물관이다. 지금의 안산시가 있기 전, 반월 신도시 조성부터 현재까지 안산의 산업 발전을 한눈에 둘러볼 수 있다. 안산은 상전벽해라는 말이 딱 어울리는 도시다. 안산은 1970년대까지 농촌이자 어촌 마을이었다. 반월 · 시화국가산업단지가 생기면서 우리나라에서 손꼽히는 제조업 메카로 극적인 변화를 겪었다. 안산산업역사박물관에 가면 안산의 드라마틱한 변화를 온전히 느낄 수 있다. 공장에 있어야 할 다양한 기계 등 박물관의 전시물이 아이들에겐 다소 조금 딱딱해 보일 수 있다. 하지만 오히려 지금은 찾아볼 수 없는 오래된 컴퓨터와 휴대전화, 자동차 등 신기한 전시품들이 호기심을 불러일으킨다. 그뿐만 아니라 여러 VR 체험 및 현장 체험 등 다채로운 무료 체험을 상시로 진행하고 있다. 체험에 관한 정보는 공식 홈페이지에서 확인하도록 하자. 입장료와 체험 모두 무료이며, 화랑유원지에 있는 경기도미술관을 함께 관람하고, 여기에 유원지까지 산책할 수 있어서 좋다.

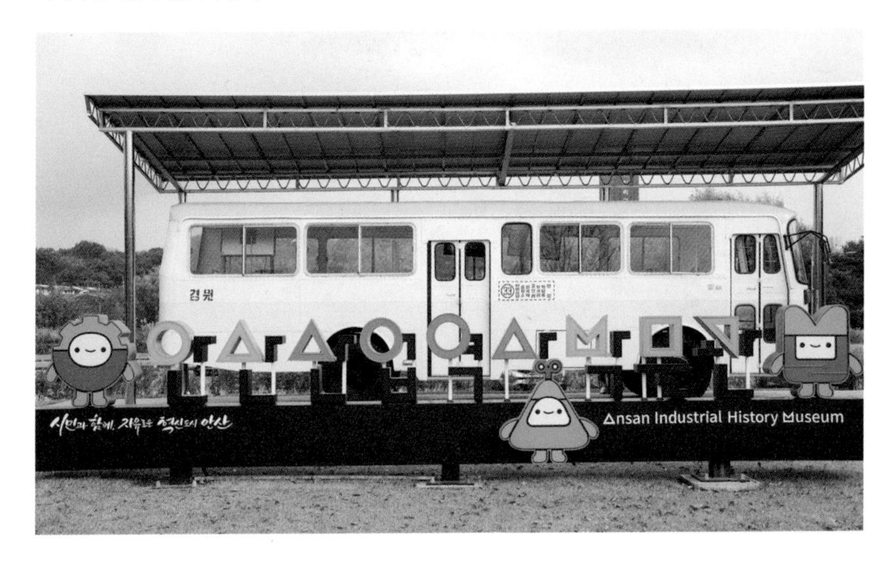

SIGHTSEEING

종이미술관

한줄평 우리나라 최초의 종이 조형 미술관
경기도 안산시 단원구 대남로 233 0507-1445-0606 화~금 10:00~17:30, 토~일 10:00~18:00(월 휴무)
₩ 6,000원~9,000원(24월 이하 무료) **추천 나이** 영유아~어린이 **추천 계절** 사계절
주변 명소 방아머리해수욕장, 유리섬박물관, 바다향기수목원, 대부바다향기테마파크 http://www.종이미술관.com

종이로 만든 로봇부터 정교한 예술 작품까지

우리는 누구나 어릴 적 종이접기에 대한 추억을 기억에 품고 있다. 필자는 유난히 비행기 접기에 빠져서 친구들과 어울려 멀리 날리기 시합에 열중했던 기억이 아직도 생생하다. 종이미술관은 안산시 대부도에 있다. 종이접기를 좋아하는 아이라면, 그리고 종이접기에 관한 옛 추억이 있는 부모라면 분명히 좋아할 만한 미술관이다. 미술관은 3층 구조이다. 관람 동선은 3층부터 시작해서 2층, 지하, 야외로 둘러보면 된다. 아이가 관심을 가질만한 공간은 지하에 있는 어린이미술관이다. 종이 한 장으로 사물, 동물 등을 표현한 창작 종이접기 작품과 거대한 종이 로봇, 그리고 작은 곤충과 구두에 이르는 정교한 종이 작품을 만나볼 수 있다. 성인 입장료엔 음료가 포함되어 있다. 실내 전시 관람 후 1층 카페에서 영수증 보여주면 음료로 교환해 준다. 야외는 아이들이 간단히 뛰어놀기 좋은 공터와 의자 등을 잘 갖추어 놓았다. 날씨가 좋은 날 쉬었다 가기 좋다.

SIGHTSEEING

유리섬박물관

한줄평 현대 유리 작품 감상과 공예 체험이 가능한 박물관 경기도 안산시 단원구 부흥로 254 0507-1477-6264
09:30~18:00(유리 공예 시연 11:30/14:30/16:30, 월 휴무) ₩8,000원~10,000원(36개월 이하 무료) **추천 나이** 영유아~어린이 **추천 계절** 사계절 **주변 명소** 종이미술관, 대부바다향기테마파크, 바다향기수목원 http://www.glassisland.co.kr

작품 감상과 체험, 유리 공예 시연까지

유리 공예 작가들이 만든 현대 유리 작품을 전시한 박물관으로, 종이미술관과 마찬가지로 안산시 대부도에 있다. 유리섬박물관엔 유리섬미술관과 다양한 장르의 예술 작품을 감상할 수 있는 맥아트미술관, 그리고 어린이미술관이 함께 자리하고 있다. 유리섬미술관 내부로 들어가기 전에 야외 조각공원이 먼저 반겨준다. 형형색색 입체 작품들이 발길을 붙잡는다. 포토 존이 많아서 아이와 사진 찍기 좋다. 미술관 입구로 들어가면 제일 먼저 그리스 신화에 나오는 바다의 여신 테티스를 형상화한 작품을 만나볼 수 있다. 큐빅 약 1만 개를 사용하여 표현한 작품으로, 유리섬미술관에서 가장 인상이 깊다. 이 밖에도 아이들의 호기심을 자극할 만한 아기자기하고 정교한 작품이 많다. 유리 공예 체험 거리도 다양하다. 블로잉 체험, 램프 워킹 체험, 샌딩 체험이 대표적이다. 1,200도 이상 고온의 유리를 블로우 파이프를 이용해 작품으로 만드는 유리 공예 시연도 구경할 수 있다. 매일 3회 진행한다. 시간에 맞추어 방문하도록 하자.

SIGHTSEEING

대부바다향기 테마파크

한줄평 깡통 열차 타고 해변 생태공원 구경하기
경기도 안산시 단원구 대부황금로 1480-7
₩ 전동 바이크 20,000원, 4인승 카트 40,000원, 다인승 깡통 열차 40,000원
추천 나이 영유아~어린이 **추천 계절** 봄~가을
주변 명소 방아머리해수욕장, 종이미술관, 유리섬박물관, 바다향기수목원

서해 옆 생태공원

대부도에 있는 해변공원이다. 대부도에 가려면 오이도에서 시화방조제를 건너야 한다. 길이가 무려 12km이다. 서해와 시화호를 눈에 넣으며 신나게 드라이브를 즐길 수 있다. 방조제를 건너면 방아다리해수욕장이고, 해수욕장 옆이 대부바다향기테마파크이다. 30만 평. 여의도공원 네 배가 넘을 만큼 규모가 엄청나다. 인위적인 건물이나 편의시설 짓는 걸 최대한 자제해서 자연에 가까운 풍경을 즐길 수 있다. 대신 가까이에서 자연의 생태를 제대로 느끼고 경험할 수 있게 하였다. 자연형 수로를 만들고 곳곳에 생태 연못을 만들었다. 관찰 데크를 따라 안으로 들어가면 생태 습지를 가까이에서 볼 수 있다. 메타세쿼이아 숲길과 느티나무 숲길은 산책하기 좋고, 갈대밭은 서정적인 분위기를 한층 북돋아 준다. 풍경이 아름다워 저절로 휴대전화의 카메라를 켜게 된다. 공원이 워낙 넓어 다 돌아보기 쉽지 않다. 아이와 함께라면 다인승 깡통 열차를 타고 편하게 둘러보는 걸 추천한다. 4인승과 5인승 카트도 있지만 유아 동반 탑승은 안전상 추천하지 않는다. 생수는 미리 준비하자.

SIGHTSEEING

시화나래휴게소

해변 산책과 서해 조망을 한 번에

대부도로 가는 시화방조제 중간 쯤의 인공 섬에 있는 휴게소이다. 사실 휴게소보다 더 유명한 것은 해상공원이다. 공식적인 이름은 시화나래조력공원이다. 조수간만의 차를 이용해 전기를 생산하는 시화조력발전소가 바로 옆에 있다. 시화나래휴게소에 주차하고 차에서 내리면 하늘 높이 솟은 둥근 전망대가 시선을 끈다. 시화나래달전망대이다. 휴게소의 대표 랜드마크이다. 전망대 쪽에 오르면 서해와 시화호, 대부도와 방조제까지 한눈에 조망할 수 있다. 전망대는 이용료가 무료이다. 아름다운 풍경을 배경으로 멋진 사진을 남겨보자.

한줄평 시화방조제 중간에 있는 전망 좋은 해상 휴게소 경기도 안산시 단원구 대부황금로 1927
10:00~20:00(입장 마감 19:30) ₩시화나래 달전망대 무료 **추천 나이** 영유아~어린이 **추천 계절** 사계절 **주변 명소** 방아머리해수욕장, 종이미술관, 유리섬박물관, 바다향기수목원, 대부바다향기테마파크 https://www.kwater.or.kr

SIGHTSEEING

바다향기수목원

전망 좋은 해안 수목원

2019년 대부도에 개원한 수목원이다. 30만 평이 넘을 만큼 규모가 엄청나다. 억새원, 허브원, 장미원, 암석원, 대나무원 등 주제별 정원이 여럿이다. 해안에 있는 수목원답게 염생식물원과 중부 섬에서 자라는 식물이 중심을 이루는 도서식물원도 있다. 백합, 창포, 매화, 단풍나무, 살구나무 등을 주제로 하는 작은 정원도 있다. 등산로를 따라 언덕을 오르면 상상전망대에 이른다. 이곳에 오르면 대부도와 아름다운 서해 경관이 시야 가득 잡힌다. 입장료는 무료이다. 시화호를 건너면 바로 보이는 대부바다향기테마파크와 헷갈리지 말자.

한줄평 주제별 정원으로 가득한 사진 찍기 좋은 대부도 수목원 경기도 안산시 단원구 대부황금로 399
031-8008-6795 09:00~18:00(월 휴무) ₩무료 **추천 나이** 영유아~어린이 **추천 계절** 봄~가을
주변 명소 방아머리해수욕장, 종이미술관, 유리섬박물관, 바다향기수목원, 대부바다향기테마파크, 안산어촌민속박물관

SIGHTSEEING

안산어촌민속박물관

바닷가 사람들은 어떻게 살았을까?

대부도 남쪽 끝 탄도항에 있다. 안산어촌민속박물관에선 조금씩 잊어가는 가는 안산 어민들의 삶과 문화를 엿볼 수 있다. 상설전시실과 기획전시실, 테마전시실에서 바다 생물과 안산의 어업 문화, 옛 기록과 섬마을 사람들 이야기까지 만날 수 있다. 글과 사진, 생물 표본, 실제 사용하는 어업 기구에서 어촌의 삶을 직관적으로 이해할 수 있다. 5월부터 8월까지는 갯벌 체험, 9월부터 10월까지는 망둥이 낚시 체험을 할 수 있다. 입구에 준비해 놓은 안내 책자 '얘들아, 갯벌에 가자'를 꼭 챙겨 관람하자. 색칠 놀이를 하기 좋고, 갯벌 관련 스티커도 있다.

한줄평 어민들의 삶과 문화를 보존한 민속박물관 경기도 안산시 단원구 대부황금로 7 09:00~18:00(월 휴무)
₩ 1,000원~2,000원(마취학 아동과 안산 시민은 무료) **추천 나이** 영유아~어린이 **추천 계절** 사계절
주변 명소 방아머리해수욕장, 종이미술관, 유리섬박물관, 바다향기수목원, 대부바다향기테마파크
https://www.ansanuc.net/museum/index.do

SIGHTSEEING

종현농어촌체험 휴양마을

대부도 갯벌에서 조개 캐기

대부도에서 갯벌 체험, 구체적으로는 조개 캐기와 갯벌 썰매 타기를 할 수 있는 마을이다. 마을 앞으로 갯벌이 시원하게 펼쳐진다. 종현농어촌체험휴양마을은 제3회 우수어촌체험마을 선정대회에서 최우수상을 받았다. 조개 캐기가 늘 가능한 건 아니다. 방문 하루 전엔 전화로 체험 가능 여부와 체험 시간을 문의해야 한다. 갯벌 체험 비용엔 호미와 바구니 대여비가 포함되어 있다. 장화는 유료로 대여가 가능하므로 따로 준비하지 않아도 된다. 장화는 발에 맞는 걸 골라야 한다. 아이의 신발 크기를 확인해 두자. 샤워장은 없으므로 여벌 옷을 준비하자.

한줄평 트랙터 타고 나가 갯벌에서 조개 캐기 체험을 할 수 있다. 경기도 안산시 단원구 구봉길 240
032-886-6044 ₩ 체험 비용 6,000원~10,000원(장화 대여 2,000원, 갯벌 썰매 3,000원) **추천 나이** 영유아~어린이
추천 계절 사계절 **주변 명소** 낙조전망대, 종이미술관, 유리섬박물관, 바다향기수목원, 대부바다향기테마파크

SIGHTSEEING

네이처스케이프 플러스

한줄평 자연을 탐험하고 모험을 즐기는 체험형 자연주의 실내 테마파크 경기도 화성시 동탄대로 5길 21 라크몽 A동 4층 031-1533-1245 10:00~19:00 ₩ 24,500원~29,500원(36개월 미만 무료) **추천 나이** 영유아~어린이 **추천 계절** 사계절 **주변 명소** 주렁주렁, 동탄호수공원 https://www.instagram.com/naturescapeplus

별, 화산, 사막, 계곡으로 떠나는 모험

동탄호수공원 인근 라크몽 4층에 있는 체험형 자연주의 실내 테마파크이다. 아이들이 별, 화산, 사막, 계곡 등을 가상과 현실을 혼합하여 재현한 공간에서 자연을 체험하고 더 나아가 모험과 탐험까지 즐길 수 있다. 특히 미국 서부 애리조나주의 필수 관광지인 앤털로프 캐니언을 입구 쪽에 그대로 재현해 놓았는데, 묘사가 너무 세밀해 진짜처럼 느껴진다. 다른 공간도 멋지고 신비롭지만, 이곳이 제일 눈길을 끈다. 이곳에선 어느 공간보다 더 특별한 사진을 남길 수 있다. 아이들은 공간을 옮겨가며 탐험을 즐긴다. 모험에 성공할 때마다 포인트를 획득할 수 있어서 아이들이 게임처럼 집중한다. 각 체험 공간에 있는 기계에 입장 시 손목에 착용하는 D밴드를 스캔하면 포인트가 올라간다. 포인트 누적 시스템은 아이들에게 자연스럽게 성취감과 자신감을 느끼게 해준다. 라크몽 건물에는 실내 동물원으로 유명한 주렁주렁이 입주해 있어서 함께 둘러보기 좋다. 라크몽 1층은 동탄호수공원과 이어진다. 호수공원까지 일정에 넣으면 산책과 피크닉도 즐길 수 있다.

SIGHTSEEING

동탄호수공원

한줄평 소풍도 OK, 산책도 OK

경기도 화성시 동탄순환대로 69 05:00~23:00 **추천 나이** 영유아~어린이 **추천 계절** 봄~가을

주변 명소 네이처스케이프 플러스, 주렁주렁 https://hspark.hscity.go.kr

소풍, 산책, 루나 분수 쇼

동탄호수공원은 화성을 대표하는 공간이다. 넓은 호수를 중심에 두고, 주변으로 다양한 정원과 잔디밭, 광장이 자리하고 있다. 호수공원 가운데에 있는 루나 분수와 커다란 흰색 원형 조형물이 특히 인상적이다. 루나 분수에서 펼쳐지는 분수 쇼는 동탄호수공원의 대표 볼거리이다. 매년 5월부터 9월까지 주간에는 음악분수 공연, 밤에는 조명이 화려한 뉴미디어 쇼가 펼쳐진다. 특히 밤에 펼쳐지는 루나 뉴미디어 쇼가 볼만하다. 루나 쇼 운영 정보는 홈페이지에서 확인할 수 있다. 호수 중앙의 원형 조형물은 호수에 뜬 보름달을 형상화하였다. 동탄호수공원엔 주제별 정원이 여럿 자리하고 있다. 창포원, 미루나무원, 제방가로원, 현자의 정원, 다랭이원, 측백나무 숲 등이 대표적이다. 제방가로원은 데크 길이라서 산책하기 좋고, 현자의 정원은 삼면이 숲이라서 사색하기 그만이다. 다랭이원은 남해의 다랑논을 재현한 꽃정원이다. 이밖에 물놀이장, 바닥분수, 숲속마당, 수변카페, 수변문화광장, 넓은 잔디밭이 있어서 아이와 피크닉을 즐기기에 더없이 좋다.

SIGHTSEEING

주렁주렁동물원 동탄점

먹이 주기 체험이 가능한 실내 동물원

동물들과 거리감 없이 놀 수 있는 주렁주렁은 실내 동물원이다. 실내라서 사계절 언제든지 갈 수 있는 게 큰 장점이다. 이곳에선 동물 먹이 주기 체험도 가능하다. 일부 동물은 벽이나 장애물 없이 눈앞에서 먹이를 줄 수 있다. 먹이 주기와 더불어 추천하고 싶은 체험은 카약 타기다. 아이와 직접 노를 저으며 이색적인 추억을 쌓을 수 있다. 주렁주렁은 아쿠아 카페와 대형 놀이터를 갖추고 있을 뿐만 아니라 식사와 음료, 커피까지 모두 한곳에서 해결할 수 있다. 하남과 영등포 타임스퀘어에도 지점이 있다.

한줄평 아쿠아 카페와 대형 놀이터를 갖춘 실내 동물 테마파크 경기도 화성시 동탄대로 5길 21 라크몽 A동 3~4층 1644-2153 평일 11:00~19:00, 토~일 11:00~20:00(첫째·셋째 월요일 휴무) ₩ 29,000원(평일은 종일/주말과 공휴일은 3시간, 18개월~36개월은 30% 할인, 18개월 미만 무료) **추천 나이** 영유아~어린이 **추천 계절** 사계절 **주변 명소** 네이처스케이프 플러스, 동탄호수공원 http://www.zoolungzoolung.com/

SIGHTSEEING

드림아트스페이스

스위스에 온 듯 이국적인 목장 카페

화성시 매송면 어천리에 자리 잡은 말 목장 카페이다. 말 방목장과 서양식 건물이 어우러져 목가적인 분위기를 물씬 풍긴다. 프랑스나 스위스의 목장 마을에 온 듯 이국적이다. 카페도 카페지만 야외가 더 매력적이다. 정원처럼 잘 꾸며놓아 아이와 산책하고 뛰어놀며 즐거운 한때를 보낼 수 있다. 목장 앞에도 테이블이 있어서 이곳에서 커피와 디저트를 즐기며 여유 있는 시간을 만끽할 수 있다. 커피나 음료를 주문하면 말과 토끼에게 줄 조각 당근을 무료로 준다. 심지어 1회 리필도 해주어 먹이 주기 체험을 넉넉하게 즐길 수 있다.

한줄평 말과 토끼에게 당근 주기 체험이 가능한 목장 카페 경기도 화성시 매송면 어사로 279 031-293-5679 11:00~18:00(오픈 시간 변동 가능성 있음, 사전 문의 요망) ₩ 입장료 아메리카노 9,000원 **추천 나이** 영유아~어린이 **추천 계절** 봄~가을

SIGHTSEEING

롤링힐스호텔

한줄평 아이와 즐길 거리가 많은 호캉스 명소 경기도 화성시 남양읍 시청로 290 031-268-1000
체크인/체크아웃 15:00/12:00 **무료 대여 물품** 유모차, 아기침대, 젖병소독기, 유아 변기 커버, 아기 욕조, 아기 발 받침대 **추천 시설** 스쿼시장, 수영장, 게임센터, 야외놀이터, 야외축구장 **추천 나이** 영유아~어린이
추천 계절 사계절 http://www.rollinghills.co.kr

아이와 함께 호캉스를

화성시에 있는 4성급 호텔이다. 현대자동차그룹의 계열사인 해비치에 속한 호텔로 경기도에서 아이와 가기 좋은 호캉스 명소로 유명하다. 남양읍의 작은 산기슭에 자리 잡아 비교적 한산하고 여유로운 분위기에서 호캉스를 즐길 수 있다. 롤링힐스호텔이 아이와 떠나는 호캉스 호텔로 유명힌 이유는 부대시설의 영향이 크다. 수영장, 게임센터, 실내 키즈존 놀이터를 갖추고 있으며, 아이와 탁구와 스쿼시를 즐길 수 있는 시설도 있다. 야외에는 넓은 산책로와 놀이터, 축구장과 테니스장까지 갖추고 있어서 아이와 부모 모두 야외 활동을 즐기기 좋다. 아이와 함께 투숙할 객실은 패밀리 트윈 프리미어를 추천한다. 킹사이즈 베드 1개와 싱글 베드 1개로 구성돼 있다. 다른 키즈 프렌들리 호텔과 다르게 침대 가드를 객실에 준비해 두어서 별도로 요청하지 않아도 된다. 유모차와 아기 욕조, 젖병소독기 등 다양한 육아용품을 대여할 수 있다. 필요한 물품은 객실 예약 후 곧바로 신청하도록 하자.

SIGHTSEEING

엉클브룩스쥬 평택

놀거리 가득한 실내 애니멀 파크

평택시 비전동의 센트럴돔 3층에 있는 실내 동물원이다. 수달, 염소, 원숭이, 알파카, 조랑말, 사막여우, 다양한 조류 등 63종의 동물을 만날 수 있다. 실내 동물원이라 계절의 영향을 받지 않고 동물을 구경하고 소통할 수 있다. 수달과 악수하기, 동물 먹이 주기 체험도 가능하다. 체험 사료는 무인 자판기에서 구매할 수 있다. 외부에서 가져온 사료와 채소는 활용할 수 없다. 엉클브룩스쥬 평택에서는 유령의 집을 방문하고 뱀을 목에 걸며 공포 체험도 할 수 있다. 실내 카약 체험도 가능하며, 정글짐과 트램펄린까지 갖추고 있어서 놀거리가 다양하다.

한줄평 카누 체험, 동물 먹이 주기, 수달과 악수하기 경기도 평택시 비전 5로 10 센트럴돔 3층 0507-1389-2612
평일 10:30~19:00, 주말 10:30~20:00 ₩ 1인 23,000원(19~36개월 8,900원, 18개월 이하 무료, 사료 2,000원)
추천 나이 영유아~어린이 **추천 계절** 사계절

SIGHTSEEING

웃다리문화촌

폐교, 예술과 문화로 다시 피어나다

웃다리문화촌은 평택시 서탄면 금각리 너른 평야 지대에 자리 잡고 있다. 옛 금각초등학교를 리모델링한 문화와 예술, 자연이 공존하는 복합문화공간이다. 옛 운동장은 잔디밭과 주차장으로 바뀌었고, 교실은 전시와 체험 공간으로 변신했다. 대한민국 시민이면 누구나 무료로 이용할 수 있다. 전시는 주로 환경에 초점을 맞추고 있다. 최근엔 작가 세 명이 헌책과 폐플라스틱으로 만든 거대한 꽃 작품들이 큰 관심을 받았다. 여러 나라 쓰레기 3천 점으로 만든 설치 작품도 퍽 감동적이다. 아이들도 작품을 감상하고, 평택 지도 퍼즐 맞추기 등을 하며 즐겁게 놀 수 있다.

한줄평 폐교를 활용한 복합문화공간 경기도 평택시 서탄면 용소금각로 438-14 0507-1389-2612 09:00~18:00
₩ 무료 **추천 나이** 영유아~어린이 **추천 계절** 사계절 **주변 명소** 소풍정원 http://www.wootdali.or.kr/

SIGHTSEEING

소풍정원

캠핑장과 물놀이장을 갖춘 테마 수변공원

진위천과 평택호가 만나는 곳에 있는 아름다운 공원이다. 주변에 물이 풍부해서 나무가 무성하고, 꽃과 풀도 형형 색색 유난히 아름답다. 정원 대부분이 평지라 유모차를 이용하기 편리하다. 산책하다 보면 빛의 정원, 무지개 정원, 이화의 섬 등 4개의 아름다운 테마 섬과 마주하게 된다. 여름에는 물놀이장이 열려 사계절 중 아이들 방문 빈도가 가장 높다. 소풍정원 산책과 함께 즐기기 좋은 곳으로 소풍정원 캠핑장평택 시민은 15일 오전 10시, 그 외는 매달 20일 14시 예약과 바로 옆의 바람새마을고덕면 새악길 43-62이 있다. 바람새마을은 핑크뮬리와 팜파스그라스 명소이다.

한줄평 유모차 끌고 아이와 소풍 가기 좋다. 경기도 평택시 고덕면 궁리 476-20
₩ 캠핑장 30,000원(평택 시민 20,000원) 바람새마을 3,000원 **추천 나이** 영유아~어린이 **추천 계절** 사계절
주변 명소 바람새마을, 평택시농업생태원 https://mobileticket.interpark.com/goods/20011252

SIGHTSEEING

평택시농업생태원

평택의 야외 나들이 명소

평택에서 아이와 함께 야외 활동하기 가장 좋은 명소이다. 봄이면 꽃이 가득하여 봄나들이 최적 장소이다. 어울마당은 아이들이 뛰어놀기 좋은 곳이다. 넓은 잔디광장이 있어서 공놀이, 배드민턴 등 자유롭게 체육활동을 즐길 수 있다. 놀이터엔 대형 미끄럼틀을 비롯하여 놀이기구가 여럿이고, 아이들이 좋아하는 모래 놀이터도 갖추고 있다. 선착순으로 이용할 수 있는 오두막에서 햇빛과 더위를 피할 수 있어서 좋다. 주말엔 항상 꽉 찬다. 농업생태원에선 토끼와 다람쥐 등 동물 먹이 주기 체험도 가능하다. 로컬푸드 매장에서 당근을 구매할 수 있다. 겨울엔 썰매장이 들어선다.

한줄평 잔디마당, 대형 놀이터, 원두막, 동물 먹이 주기, 겨울엔 눈썰매장! 경기도 평택시 오성면 청오로 33-34
031-8024-4566 3월~10월 09:30~18:00, 11월~2월 09:30~17:00 ₩ 무료 **추천 나이** 영유아~어린이
추천 계절 사계절 **주변 명소** 소풍정원, 바람새마을 https://www.pyeongtaek.go.kr/agro-ecopark

경기도 서부권 맛집과 카페

Restaurant & Cafe

RESTAURANT

김포태백산

한줄평 고기의 질도 우수하고 기본 반찬도 맛있는 한우 맛집
경기도 김포시 양촌읍 양곡3로1번길 26-5
0507-1422-9233 매일 11:00~22:00
전용 주차장 **주변 명소** 라베니체

아이와 가기 좋은 맛있는 고깃집

25년 경력의 육류 명인 명장 이동식 셰프가 운영하는 한우 맛집이다. 이동식 셰프는 여러 방송 프로그램에 출연하여 알만한 사람은 다 아는 제법 유명 인사이다. 태백산은 김포의 구래동 고깃집 중에서도 매장 규모가 가장 큰 편이다. 최소 8인부터 24인까지 수용할 수 있는 대형 룸도 갖추고 있다. 한우 맛집답게 고기의 질은 물론이고 매장에서 직접 만드는 기본 반찬들도 고객의 만족도가 높다. 아이와 방문하기도 좋은데, 휴게공간과 카페가 있기 때문이다. 휴게공간이 생각보다 훨씬 넓다. 커피뿐만 아니라 아이들이 좋아하는 책, 농구 게임, 인형 뽑기 등 놀거리도 잘 갖추고 있다. 고기 품질에 대한 평가가 좋고, 기본 반찬이 충실한 데다 아이들이 놀 수 있는 공간까지 있으니, 자연스럽게 가족 단위 방문객이 많이 찾는다. 여러모로 만족도가 높은 가심비 맛집이다.

한줄평 베트남 정통 음식을 추구하는 맛집
서울특별시 강서구 하늘길 38 MF층
02-6116-5840 매일 10:30~22:00
롯데몰 김포공항점 지하 주차장
주변 명소 국립항공박물관

베트남 현지 느낌의 쌀국수

서울시 강남구 신사동에 본점을 둔 음식점으로 베트남 정통 음식을 추구한다. '콴안다오'란 복숭아 식당이라는 뜻인데, 베트남에서 복숭아는 복과 행운을 가져다주는 과일로 알려져 있다. 현지식 메뉴가 많진 않지만, 인기 있는 메뉴는 대부분 모아두었다. 소고기 쌀국수인 퍼보를 기본으로 후에 전통 국수 분보후에, 고이꾸온, 바게트 반미, 분팃느엉 등 베트남 여행이 그리워질 만한 음식들로 메뉴를 구성하였다. 여러 가지 음식을 가성비 좋게 맛보고 싶다면 인원별로 판매하는 세트 메뉴를 주문해 보자. 셀프바엔 쌈무와 호이신소스, 칠리소스, 식기까지 모두 준비해놓고 있다. 필요한 만큼 가져다 사용하자. 아이와 함께 간다면 자극적이지 않은 담백한 맛의 볶음밥 껌징능주와 기본 쌀국수 퍼보를 추천한다.

RESTAURANT

백소바본점

한줄평 메밀 함량 100%를 자랑하는 소바 맛집
경기도 부천시 원미구 길주로 234 032-329-2692
11:00~22:00
지하주차장(2시간 무료)
주변 명소 부천중앙공원

20년 연구로 탄생한 메밀면

부천시청역 부근에 있다. 유아 식기와 아기 의자가 준비되어 있어 좋다. 음식이 나오기 전에 속을 따뜻하게 데워줄 미니 죽이 먼저 나온다. 베스트 메뉴는 두 가지 음식을 한 번에 맛볼 수 있는 소바정식(자루소바+돈가스)과 우동정식(우동+돈가스)이다. 메밀가루가 들어간 돈가스의 튀김옷이 얇다. 속은 두툼한 일본식 돈가스 형태를 띠고 있다. 육즙이 살아있는 돈가스 본연의 맛을 느낄 수 있어 좋다. 백소바는 메밀 함량 100%에 가까운 소바로 유명하여 주인장의 자부심이 대단하다. 20년 동안 메밀만 연구한 결과 탄생한 면이라 더욱 특별하다.

RESTAURANT

삼동소바
광명직영점

한줄평 자가 제면 소바 맛집
경기도 광명시 밤일로 14, 1층
0507-1447-3443 11:00~21:00(라스트오더 20:20)
가게 앞(10대 정도 가능) **주변 명소** 광명동굴

소바, 우동, 돈가스

광명시 하안동에 있는 프랜차이즈 소바 맛집이다. 소바와 우동, 돈가스를 좋아하는 아이를 위해 추천하고 싶다. 광명직영점은 광명시의 맛집들이 모여있는 밤일마을에 자리하고 있다. 타타리메밀과 안동산마를 넣은 자가 제면 소바 전문점이라 면의 식감이 남다르다. 우동과 돈가스 또한 양이 푸짐한 편으로 가성비가 좋다. 냉소바 뿐만 아니라 따뜻한 온소바도 있어서 사계절 언제든지 방문해도 맛있게 먹을 수 있다. 떡볶이도 있지만, 어린아이들이 먹기엔 좀 매운 편이니 참고하자.

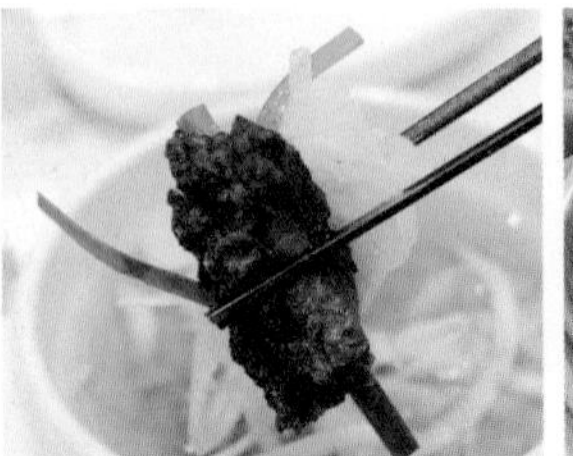

RESTAURANT

고반가든
물왕본점

한줄평 물왕호수 근처의 프리미엄 생갈비 맛집
경기도 시흥시 동서로811번길 52, 2, 3층
031-486-5861
11:00~22:00(브레이크타임 월~금 15:00~17:00)
전용 주차장 **주변 명소** 물왕호수

프리미엄 갈비 맛보기

시흥의 물왕호수 인근에 있는, 프리미엄 갈비 맛집이다. 3층 단독건물 구조에 고풍스러운 분위기의 인테리어가 인상적이다. 서비스가 친절해 고객들의 만족도가 높다. 고반가든의 모든 김치는 100% 국내산 김치를 사용하고 있다. 주요 반찬으로는 계절에 따라 바뀌는 제철 나물, 잡채, 탕수육, 도토리묵 등이 나온다. 모자란 반찬은 셀프바에서 마음껏 가져다 먹을 수 있다. 직접 고기를 구워주는 그릴링 서비스를 제공하기 때문에 편하게 식사를 즐기기 좋다. 고반가든의 대표 고기는 고반 프리미엄 생갈비이다. 고반 프리미엄 생갈비는 신선도와 육질에서 최상의 등급을 자랑하는 갈빗살로 최고의 맛을 느낄 수 있다. 4인부터 8인까지 이용할 수 있는 단체 룸도 있고, 가족 단위 손님이 편하게 식사하기 좋은 테이블도 있어, 다양한 손님들이 많이 찾는다.

RESTAURANT
심향

한줄평 가성비 좋고 맛은 뛰어난 시흥의 중식당
경기도 시흥시 공단1대로 204 지하 133호 031-430-2121
월~토 09:30~20:30, 일 10:00~19:30
상가 건물 주차장(무료) **주변 명소** 오이도박물관

가성비 좋은 숨은 맛집

시화유통상가 지하에 있다. 평범한 동네 중식당 분위기지만 가성비가 좋은 숨은 맛집이다. 짜장과 짬뽕은 물론 삼선짬뽕과 삼선간짜장까지 모두 요즘 시세보다 가격이 낮으면서도 재료는 신선하고 양은 푸짐하다. 삼선짬뽕은 신선한 해산물이 듬뿍 들어가 있고, 삼선간짜장은 맛이 매우 뛰어나다. 탕수육과 면류의 조합으로 구성된 세트 메뉴 또한 푸짐한 구성을 자랑한다. 동네 맛집답게 단골손님이 많으며, 모든 직원이 친절하여 편안한 분위기에서 식사를 즐길 수 있다. 오이도박물관에서 차로 9분 거리로, 오이도 여행에서 가성비 좋은 맛있는 식사를 원한다면 추천한다.

RESTAURANT
3대째할머니네집

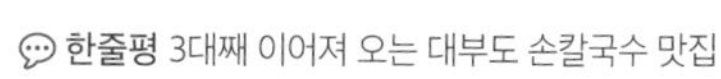
한줄평 3대째 이어져 오는 대부도 손칼국수 맛집
경기도 안산시 단원구 대부황금로 1492
032-886-4356
월·수·목·금 09:00~16:00, 토·일 08:00~19:30(화요일 휴무)
주차장 있음 **주변 명소** 방아머리해수욕장

대부도 칼국수 맛집

1986년부터 3대째 이어져 오는 칼국수 맛집이다. 기존 가게 바로 우측으로 이사하여 새로운 건물에서 3대째할머니네집을 운영하고 있다. 가게 입구에서 1대 할머니와 2대 할머니 사진이 보여, 음식을 먹어보기도 전에 믿음이 생긴다. 이 집은 고급 제면용 1등급 밀가루와 생수 외에는 어떤 첨가제도 넣지 않은 손칼국수를 선보인다. 여기에 새우, 주꾸미, 낙지 등 해산물을 추가해서 취향대로 더욱 맛있는 칼국수를 맛볼 수 있다. 1인당 막걸리 2잔을 무료로 맛볼 수 있고, 현금으로 결제하면 할인이 되니 참고하자.

CAFE & BAKERY

수산공원

한줄평 고래 포토 존으로 유명한 김포의 핫플레이스
경기도 김포시 대곶면 대명항1로 52 나동 1층
031-985-6672 10:00~21:00(라스트오더 20:30)
전용 주차장 **주변 명소** 김포 함상공원

고래 영상을 배경으로 사진 찍기 좋은

김포의 대형 카페 수산공원은 인기 드라마 <이상한 변호사 우영우> 촬영지로 유명한 곳이다. 1층에서는 베이커리 및 음료를 판매하고, 2층에서는 피자와 파스타를 비롯한 브런치를 판매한다. 3층은 포토 존이 있는 '천국의 계단'이다. 천국의 계단은 카페 벽면을 가득 채운 고래 영상을 배경으로 사진찍기 좋은 곳으로 유명하다. 대형 카페 특성상 음료와 디저트 평균 금액대가 높은 편이다. 수산공원 카페 옆으로 오키드키즈카페와 몬스터리움 실내동물원을 함께 운영하고 있다.

CAFE & BAKERY

소올투베이커리

한줄평 광명동굴 부근에 있는, 아이랑 가기 좋은, 베이커리 카페
경기도 광명시 가학로85번길 6-6
0507-1334-1931 매일 10:00~19:30
주차장 있음 **주변 명소** 광명동굴

광명 소금빵 맛집

광명시 밤일마을의 소금빵이 맛있는 대형 카페이다. 마당을 아늑하게 꾸몄다. 야외 테라스에도 좌석이 있다. 메뉴는 기본 소금빵부터 양송이 소금빵, 고다치즈 소금빵 등 그 종류가 다채롭다. 그렇다고 소금빵만 판매하는 건 아니다. 몽블랑, 크루아상, 피자빵, 소시지빵, 피낭시에 등 요즘 인기 있는 빵들은 대부분 다 맛볼 수 있다. 2층에 오르면 아이들의 놀이 공간이 준비되어 있다. 장난감 기차놀이, 칠판 놀이, 책 읽기 등을 할 수 있어, 가족 단위로 방문하기 좋다. 광명동굴에서 가깝다. 광명동굴에 가기 전 소올투베이커리에 들르면 카페에서 제공하는 QR코드를 통해 광명동굴 입장권 할인 혜택을 받을 수 있다.

CAFE & BAKERY

명장시대

한줄평 박준서 제과 명장의 베이커리 본점

경기도 광명시 범안로 930

0507-1330-1883

매일 08:30~22:00

전용 주차장 **주변 명소** 광명동굴

치즈 퐁당, 롱 소시지, 갈릭 바게트

광명시 하안동 구름산 아래에 있는 베이커리 카페이다. 상호에서 알 수 있듯이 명장시대는 제과 명장 11호로 선정된 박준서 명장이 운영하는 베이커리 본점이다. 명장이란 대한민국의 노동부에서 서류 심사 및 면접을 통해 매년 각 기술 분야를 대상으로 선정하는 최고의 기능인을 말한다. 명장시대로 들어서면 베이커리보다 넓은 정원이 먼저 반겨준다. 정원을 지나면 2층으로 된 베이커리가 나온다. 명장이 운영하는 베이커리답게 빵 종류가 굉장히 다양하다. 추천하는 빵은 치즈 퐁당과 롱 소시지, 갈릭 바게트이다. 베이커리 2층으로 올라가 자리 잡으면 창밖 정원 전경이 두 눈 가득 들어온다. 베이커리 건물 옆에는 넓은 야외 쉼터가 있어서 아이들이 뛰어놀기 좋다. 쉼터에는 파라솔 테이블도 있고, 오밀조밀 쉴 수 있게 꾸며 놓은 작은 별관도 있다.

CAFE & BAKERY

오라델떼

한줄평 한국만화박물관 옆 카페
경기도 부천시 원미구 길주로 1
032-327-7759 매일 09:30~22:00
주변 공영주차장
주변 명소 한국만화박물관

편안하게 쉬기 좋은 널찍한 카페

부천시 원미구 상동, 지하철 7호선 삼산체육관역 근처에 있는 가페이다. 붉은 벽돌 건물이라서 외관을 보고도 카페임을 짐작할 수 있다. 마당에서 자라는 두 그루 소나무와 비치파라솔, 야외테이블이 낭만적인 분위기를 풍긴다. 실내 공간이 매우 넓다. 테이블 종류가 다양해서 취향에 맞게 선택하여 앉기 좋다. 단체 손님을 수용할 수 있는 테이블도 있어서 모임 장소로 오는 손님들도 꽤 있다. 오라델떼는 티도 유명하다. 뉴욕 프리미엄 디자이너 티인 타바론 티를 사용하고 있다. 한쪽에는 책을 읽을 수 있는 작은 서재가 있어, 아이와 함께 책 읽으며 휴식을 취하기 좋다. 부천에서 아이와 가볼 만한 곳으로 손꼽히는 한국만화박물관이 도보로 갈 수 있을 정도로 가까이 있다. 박물관에 갔다가 쉬러 들르는 가족 단위 방문객도 많은 편이다.

CAFE & BAKERY

좋은아침페스츄리 AK플라자금정점

한줄평 빵과 샐러드를 마음껏 먹을 수 있는 브레드 바 조식 뷔페
경기도 군포시 엘에스로 143 힐스테이트 금정동 2층 2008호
031-427-1586 매일 09:00~20:50(주말 조식 09:00~12:00, 브레드 바는 11:00까지, 먹기는 12:00까지) Ⓟ AK플라자 주차장 이용(조식 브레드 바 이용 시 2시간 무료) **주변 명소** 초막골생태공원

주말 아침엔 조식 브레드 바를

좋은아침페스츄리는 안산시의 작은 동네 빵집에서 시작해서, 이제는 전국에서 만나볼 수 있는, 빵이 맛있기로 유명한 프랜차이즈 매장이 되었다. 이곳은 그야말로 빵 천국이다. 커피 종류도 다양하고, 음료도 선택의 폭이 넓다. 게다가 군포의 금정점은 주말에만 오전 9시부터 12시까지 뷔페식으로 제공되는 조식 브레드 바를 운영한다. 아메리카노, 카페라테, 우유 등 선택이 가능한 음료 1잔이 포함되어 있으며, 다채로운 샐러드와 빵이 뷔페식으로 제공된다. 아이가 좋아하는 달걀 프라이와 베이컨, 치즈, 토마토 등 먹거리가 푸짐하다.

CAFE & BAKERY

산골수목원

한줄평 물왕호수 부근의 수목원 카페
경기도 시흥시 금화로202번길 136-2
031-401-7836 매일 10:00~21:00
Ⓟ 전용 주차장(주차 요원 있음) **주변 명소** 물왕호수

숲속의 힐링 카페

물왕호수 부근에 있다. 수목원과 베이커리 카페를 함께 운영하는 숲속의 힐링 명소이다. 테이블 좌석은 카페 2층과 넓은 야외, 그리고 온실에 나뉘어 있다. 카페 1층은 주문하는 카운터만 있고, 테이블 좌석이 있는 2층은 야외와 연결되어 있어 개방감이 뛰어나다. 날씨가 좋은 날엔 야외 테이블에 자리 잡아, 아이들은 마음껏 뛰어놀도록 해주며 시간 보내기 좋다. 이 카페의 자랑거리는 수목원이다. 수목원에는 작은 폭포가 있고, 곳곳에 아름다운 꽃들도 피어 있어 산책 즐기기 좋다. 산골수목원의 가장 높은 곳엔 사진이 예쁘게 나오는 온실이 있다. 대표 포토존으로 인증사진을 남기는 곳으로 유명한데, 그래서 빈 테이블 좌석 찾기가 힘들다.

CAFE & BAKERY

카캉스

한줄평 휴양지 분위기 가득한, 대부도의 케어 키즈존 카페
경기도 안산시 단원구 대부황금로 1501-1 카캉스
032-880-8667 월~금 10:00~21:00, 토·일 10:00~22:00
가게 앞 주차장 혹은 주변 공영주차장(무료) 이용
주변 명소 방아머리해수욕장, 서해랑길

동남아 휴양지 분위기가 물씬

시화방조제를 건너면 대부도 초입에서 방아머리해수욕장이 먼저 반겨준다. 카캉스는 이 해수욕장을 한눈에 담을 수 있는 카페이다. 2023 한국소비자산업평가 '카페 디저트' 부문 상을 받은 카페이다. 해수욕장 백사장 바로 앞 3층 단독건물이다. 1층엔 해수욕장으로 곧장 나갈 수 있는 전용 계단이 있다. 카캉스 카페는 1층부터 동남아 휴양지 느낌이 물씬 풍긴다. 편하게 쉴 수 있는 좌석, 정면으로 보이는 멋진 바다가 카캉스를 특별하게 만든다. 더욱 좋은 것은 노키즈 존이 아닌 케어 키즈존 카페라는 점이다. 더욱이 이 점을 홍보하고 있기에 아이와 방문하기 좋은 카페로 근방에서 널리 알려져 있다. 디저트는 100% 국내산 쌀과 100% 국내산 동물성 생크림으로 만든다. 원재료가 훌륭하여 안심하고 아이들에게 먹일 수 있다. 방아머리해수욕장 주변에 대수해솔길(서해랑길), 경기해양안선체험관, 풍력발전소 등이 있어 함께 둘러보기 좋다.

CAFE & BAKERY

발리다

한줄평 인도네시아 발리 분위기가 나는 이국적인 카페
경기도 안산시 단원구 구봉타운길 57
0507-1435-5909 월~금 11:00~19:30, 토·일 10:00~20:00
전용 주차장(안산시 단원구 대부북동 1870-212, 도보 3분 거리)
주변 명소 종현농어촌체험휴양마을

라탄 소품과 우드 인테리어가 가득

발리다 카페는 안산 대부도에 있다. 라탄소품과 우드인테리어로 가득 채워져 있어 인도네시아 휴양지 발리가 생각난다. 카페는 2층 구조의 단독건물이다. 야외엔 휴양지에 어울리는 소품과 우드 테이블, 파라솔이 비치되어 있다. 건물 지붕은 지푸라기로 만들었다. 게다가 카페 바로 앞에 해변과 바다가 있어서 한층 더 이국적인 분위기가 난다. 발리다에서 만큼은 커피보다는 휴양지 느낌을 더해줄 블루하와이나 핑크시트론, 모히토와 같은 스페셜 음료를 마셔보자. 남국에 온 기분이 절로 들 것이다.

CAFE & BAKERY

페이브베이커리 화성남양점

한줄평 아인슈페너가 맛있는 베이커리 카페
경기도 화성시 남양읍 남양성지로 245-1
070-8800-3608
매일 10:00~21:00
전용 주차장 **주변 명소** 남양체육공원

합리적인 가격에 맛있는 베이커리와 음료 즐기기

2024년 8월 말에 오픈했다. 모던함과 내추럴함을 동시에 갖춘 인테리어가 인상적인 화성시 남양읍의 대형 카페다. 맛있는 베이커리는 물론 커피와 에이드, 주스 등 다양한 음료도 판매한다. 시그니처 커피는 아인슈페너이다. 아인슈페너는 모두 4종류로 흑백 아인슈페너, 플랫 화이트 아인슈페너, 캐러멜 비스킷 아인슈페너, 오렌지 아인슈페너 등이며 취향에 따라 즐길 수 있다. 모든 커피는 원두 선택이 가능하다. 가족 방문객이라면 아이에게는 색소 및 합성첨가물이 없는 100% 착즙 클렌즈 주스를 추천한다. 다른 대형 카페보다 가격이 합리적인 편이다.

PART 6
경기도 동부권

양평, 광주, 여주, 이천, 남양주……. 경기도 동부권은 대부분 한강을 옆에 두고 있다. 두물머리, 신륵사, 다산 유적지는 한강 전망 관광지이다. 강원도와 경상도보다 높지 않지만, 경기도 동부의 산도 용문사, 화담숲, 남한산성 같은 명소를 품고 있다. 경기도 동부권 명소 중에서 아이와 가기 좋은 곳을 골라 뽑았다. 키즈 프렌들리 맛집과 카페도 함께 모았다.

경기도관광공사
https://ggtour.or.kr/gto/

경기도 동부권 여행 지도
아유스페이스
가평양떼목장
스타벅스 더북한강R점
서울양양고속도로
노다지장어
하우스
베이커리
미호박물관
남양주시
프라움
악기박물관
북한강
양평군
미사경정공원
한강
유니온파크
오팔당
막국수칼국수
세미원
용문사
전통다원미르
청춘뮤지엄
스타필드하남
두물머리
두물머리
연핫도그
남한강
양평양떼목장
다산생태공원
정약용유적지
하남시
양평군립미술관
남한산성
도립공원
블룸비스타호텔앤
컨퍼런스
경성빵공장
율봄식물원
스코그
중부고속도로
광주시
중부내륙고속도로
영은미술관
루덴시아
테마파크
중대물빛공원

화담숲(번지없는주막)
호암미술관
삼성화재모빌리티뮤지엄
에버랜드
라마다호텔용인
예스파크
메종드쁘띠푸르
에덴파라다이스호텔
(티하우스에덴)
이천시
예크생물원
여주
황포돛배
신륵사
여주시립
폰박물관
여주시
홀츠
가르텐
로스트앤베이크
강민주들밥
덕평공룡수목원
영동고속도로
도드람
테마파크
수라온쌀밥
나드카페
용인시
시몬스테라스
용인농촌테마파크
중부고속도로
중부내륙고속도로
피아뜰

경기도 동부권 명소

SIGHTSEEING

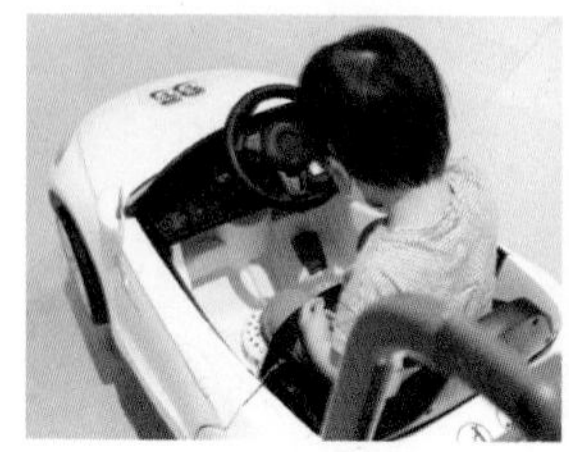

SIGHTSEEING

스타필드하남

한줄평 신세계백화점과 연결된 쇼핑 테마파크 경기도 하남시 미사대로 750 1833-9001 10:00~22:00
추천 나이 1세부터 **추천 계절** 사계절 **추천 시설** 아쿠아필드, 별마당도서관, 챔피언더블랙벨트, 토이킹덤, 베이비서클, 카페 드 아쿠아 **주변 명소** 미사경정공원, 유니온파크, 주렁주렁 www.starfield.co.kr/hanam

쇼핑, 문화생활, 레저, 미식을 한 곳에서

스타필드 하남점은 서울 강남구의 스타필드 코엑스몰 다음으로 오픈한 단독 대형 쇼핑몰이다. 스타필드 하남은 쇼핑, 레저, 문화생활, 미식 체험까지 한 곳에서 할 수 있어서 좋다. 원형 건물이 인상적인 스타필드 하남은 규모부터 압도적이다. 건물 전체 면적이 무려 14만 평에 이른다. 이는 축구장의 70배 크기로, 단일 건물 국내 최대 쇼핑몰이다. 유리 천장을 통해 하루 종일 자연광이 실내로 들어오는, 자연 친화적인 디자인이 눈길을 끈다. 접근성도 좋아 가족 나들이 코스로 손색이 없다. 메가박스, 영풍문고 등이 입주해 있어서 문화생활을 즐기기 좋다. 고메스트리트 미식의 즐거움을 경험하게 해준다. 신세계백화점 하남점과 연결되어 있어서 쇼핑 환경도 좋다. 아이들을 위한 공간과 시설도 많다. 토이킹덤, 별마당도서관, 수족관 카페인 카페 드 아쿠아, 찜질 스파와 물놀이를 결합한 아쿠아필드, 챔피언더블랙벨트 키즈카페 등이 대표적이다. 미사경정공원, 실내 동물원 주렁주렁, 105m 전망대를 갖춘 유니온파크가 근처에 있다.

SIGHTSEEING

미사경정공원

한줄평 가족 나들이하기 좋은 호수 옆 공원 경기도 하남시 미사대로 505 031-790-8881
도보와 자전거 05:00~20:00, 자동차 06:00~20:00 ₩ 이륜 자전거 60분 4,000원, 2인승 자전거 60분 8,000원, 사륜 자전거 3인승 60분 15,000원 **추천 나이** 1세부터 **추천 계절** 봄~가을
주변 명소 미사경정공원, 유니온파크, 주렁주렁 www.ksponco.or.kr/boatracepark/

아이와 자전거 타기 좋다

86아시안게임과 88서울올림픽 당시 카누와 조정 경기를 성공적으로 치른 곳이다. 공원 규모는 약 40만 평이다. 미사경정공원의 중심은 조정 호수이다. 아주 긴 직사각형 호수로 길이는 2,212m이고, 폭은 140m, 호수 깊이는 3m이다. 조정 호수에서는 조정과 카누대회를 비롯해 여러 수상경기가 열린다. 미사경정공원엔 여러 체육 시설이 들어서 있다. 대표적인 곳이 족구장이다. 족구장은 모두 12개이다. 아마추어 족구 경기가 주로 열리지만, 주변이 잔디밭과 숲이라서 소규모 친목 행사와 어린이 체육행사도 열린다. 잔디 축구장도 2개이다. 아이와 가기 좋은 시설은 자전거 코스이다. 이곳에서는 이륜 자전거와 2인승 자전거, 아이들이 좋아하는 특수 사륜 자전거를 탈 수 있다. 자전거는 공원에서 빌릴 수 있으며, 자전거 코스는 일 년 내내 운영한다. 특히 가을에는 핑크뮬리와 단풍이 아름다워 가족 방문객이 많다. 대여료는 무인 발권기에서 비대면으로 결제할 수 있다. 대여료는 60분 기준 4,000원~15,000원이다. 안전모는 무료이다.

SIGHTSEEING

유니온파크

한줄평 물놀이장과 105m 전망대를 갖춘 시민공원 경기도 하남시 미사대로 710 031-790-5551 09:00~21:00 (월요일 휴무/물놀이장은 10:00~18:00 6월 말~8월 말까지 초등학생 이하 이용 가능) **추천 나이** 1세부터 **추천 계절** 봄~가을 **주변 명소** 미사경정공원, 스타필드 하남, 주렁주렁 www.hanam.go.kr/www/contents.do?key=3387

물놀이장, 생태연못, 전망대

스타필드 하남 바로 옆에 있는 공원이다. 이곳은 원래 폐기물과 하수처리장이었다. 2015년 소각 처리 시설, 재활용 선별 시설, 음식물 자원화 시설 등을 지하화하고 그 위에 공원을 만들었다. 유니온파크의 대표 시설은 유니온타워이다. 높이가 무려 105m에 이르는데, 타워 4층에 전망대가 있다. 전망대에 오르면 한강부터 시작해서 검단산, 미사리 조정경기장, 스타필드 하남 등을 한눈에 내려다볼 수 있다. 여름에 개장하는 어린이 물놀이장도 인기가 높은 시설이다. 이용료가 없는 데다가 깨끗한 샤워장까지 갖추고 있어서 여름이면 물놀이를 즐기러 오는 이들로 북적인다. 물놀이장 말고도 족구장, 농구장, 테니스 코트, 탁구장, 배드민턴장, 게이트볼장 등 여러 체육시설을 갖추고 있다. 체육시설을 이용하려면 사전에 예약해야 한다. 주말엔 예약할 수 없다. 생태연못과 아이들이 뛰어놀기 좋은 잔디마당도 있다. 유니온파크를 이용하는 사람은 4시간 동안 무료로 주차할 수 있다. 스타필드 하남, 미사경정공원과 가까워 하루 코스로 둘러보기 좋다.

SIGHTSEEING

사노리숲캠핑장

한줄평 서울 근교 당일치기 숲 캠핑장 경기도 구리시 동구릉로459번길 181 010-9944-7580
11:00~14:00, 15:00~18:00, 19:00~22:00 ₩ 2~4인 기준 55,000원(추가 1인 10,000원, 24개월 이하 무료)
추천 나이 1세부터 **추천 계절** 봄~가을 **주변 명소** 동구릉

몸만 가면 되는 동구릉 옆 캠핑장

구리시 사노동 동구릉 북쪽 숲에 있는 캠핑장이다. 서울 근교에서 아이와 당일치기 캠핑을 한다면 사노리숲은 꽤 좋은 선택이 될 것이다. 주말에는 세 시간, 평일에는 네 시간 동안 맛있는 고기를 구워 먹으며 캠핑을 즐길 수 있다. 사노리숲캠핑장의 장점은 장비를 모두 갖추고 있다는 점이다. 텐트, 바비큐 그릴, 가위, 집게, 전자레인지, 에어컨 등이 다 준비되어 있다, 따로 캠핑 장비와 기구를 준비할 필요가 없으므로, 마음 편하게 떠날 수 있다. 외부 음식을 반입할 수 있으며, 식재료도 모두 가져갈 수 있다. 다만 식재료는 미리 손질하고 세척해서 가야 한다. 숯과 석쇠, 장작은 반입할 수 없다. 캠핑장에는 매점, 색칠 놀이와 보드게임을 할 수 있는 카페, 풀장, 사계절 튜브 썰매 등을 갖추고 있다. 캠핑장 이용 방법은 간단하다. 식재료를 준비해 가면 그걸 조리해서 먹으면 된다. 준비하지 않았다면 캠핑장에 비치된 안내문에서 고기 및 음식 물품을 확인 후 전화로 주문하면 된다. 몸만 가면 되므로 캠핑 초보자에게 적합한 곳이다.

SIGHTSEEING

미호박물관

한줄평 아름다운 정원을 갖춘 경치 좋은 박물관
경기도 남양주시 고산로126번길 15-2 031-566-7377 10:00~18:30(수요일 휴무)
₩ 7,000원(24개월 미만 증빙 서류 지참 시 무료) **추천 나이** 1세부터 **추천 계절** 봄~가을
주변 명소 프라움악기박물관, 정약용유적지

한강이 보이는 풍경

서울에서 당일치기로 다녀오기 좋은 한강 전망 박물관이다. 야외는 넓은 잔디밭과 공룡 정원으로 구성돼 있다. 산책로를 따라 사계절의 다양한 풍경을 구경할 수 있어서 좋고, 다양한 공룡이 있어서 아이들과 사진찍기 좋다. 실내는 화석관, 광물관, 곤충관 등 세 개 전시관이 중심을 이룬다. 또 포토 스폿과 라운지, 한강 뷰 카페도 있다. 화석관은 아이들이 좋아하는 공룡의 형태를 그대로 보여주는 화석이 주를 이루고 있다. 광물관은 평소에 구경하기 힘든 수많은 광물과 운석, 탄생석을 실제로 만나볼 수 있다. 곤충관엔 벽면에 박제된 곤충을 진시하고 있다. 박물관도 박물관이지만, 미호박물관이 인기를 끄는 또 다른 이유는 멋진 한강 전망이다. 뮤지엄 카페에서 내려다보는 한강이 퍽 아름답다. 화려한 조명이 빛나는 포토 스폿도 인기가 많다. 형형색색 화려한 조명을 배경으로 멋진 사진을 남길 수 있다. 예전에는 입장료에 음료가 포함돼 있었으나, 지금은 음료 미포함으로 입장료 가격을 낮추었다.

SIGHTSEEING

프라움악기박물관

한줄평 서양 악기도 구경하고 화가의 전시도 보고 경기도 남양주시 와부읍 경강로 756
031-521-0441 10:00~18:00(월요일 휴무) ₩ 4,000원~6,000원(24개월 미만 증빙 서류 지참 시 무료) **추천 나이** 1세부터 **추천 계절** 사계절 **주변 명소** 미호박물관, 정약용유적지, 하남스타필드, 미사경정공원, 유니온타워 www.praum.or.kr

국내 최초의 서양악기 박물관

음악과 악기에 흥미가 있는 아이들에게 즐겁고 유익한 곳이다. 박물관은 2층 구조로 되어있다. 1층은 한국의 슈베르트로 평가받는 이흥렬 전시관, 건반악기 존, 현악기 존으로 구성돼 있다. 이흥렬 전시는 영구 전시이다. 건반악기 존, 현악기 존에선 평소에 보기 힘든 서양 악기를 두루 만나볼 수 있다. 그랜드 하프시코드, 그랜드 피아노, 리드 오르간, 아코디언, 만돌린, 비파, 바이올린, 비올라, 콘트라베이스, 마두금이 대표적이다. 2층으로 가면 1층에서 다 보지 못한 현악기와 리코더·오보에·색소폰·트럼펫·바순·호른·하모니카 같은 관악기를 구경할 수 있다. 프라움악기박물관에선 아이들이 흥미를 느낄 만한 음악과 악기에 관한 교육프로그램을 진행하고 있다. 또 클래식 정기연주회와 오페라 갈라 콘서트 같은 공연을 주기적으로 열고 있다. 지역의 화가를 초대하여 공연과 함께하는 특별 전시도 정기적으로 열고 있다. 교육프로그램과 공연, 특별전 일정은 홈페이지에서 확인할 수 있다.

SIGHTSEEING

정약용유적지

다산의 삶과 업적 되새기기

조선의 레오나르도 다빈치로 불리는 다산 정약용의 생가와 그의 묘, 사당이 모여있는 곳이다. 생가 여유당은 유적지 입구에서 가장 가까이 있다. 사랑채와 안채, 부엌과 외양간, 장독대와 우물까지 둘러볼 수 있다. 정약용 묘로 가다 보면 다산이 생전에 직접 본인의 삶을 기록한 묘비명 나온다. 정약용 사당 문도사엔 영정과 위패가 모셔져 있다. 유적지는 평지여서 유모차로 이동하기 편해서 좋다. QR코드를 이용해 다산과 유적지를 설명하는 오디오 가이드를 무료로 들을 수 있다. 매년 10월에 다산정약용문화제가 열린다. 길 건너에 실학박물관이, 남쪽으로 4분 거리에 다산생태공원이 있다.

한줄평 남양주 8경 중 1경 경기도 남양주시 조안면 다산로747번길 11 031-590-4242 09:00~18:00(월요일 휴무) ₩ 무료 **추천 나이** 1세부터 **추천 계절** 사계절 **주변 명소** 프라움악기박물관, 다산생태공원

SIGHTSEEING

다산생태공원

산책하기 좋은 한강 뷰 공원

정약용유적지에서 남쪽으로 걸어서 4분 거리에 있다. 한강과 맞닿은 곳에 있어서 산책하기 그만이다. 다산생태공원에서 꼭 둘러보면 좋을 곳은 소내마루 전망대다. 나무 데크로 이어진 길로 경사가 완만해서 누구나 쉽게 걸을 수 있다. 전망대에 오르면 한강과 저 멀리 양자산과 팔소내섬, 용마산, 검단산까지 시야에 들어오는 멋진 전망을 눈에 담을 수 있다. 여름엔 연꽃과 목백일홍, 가을엔 단풍이 아름답다. 공원 한쪽에 유아 숲도 있고, 그늘막과 나무 의자, 세족장, 포토 존도 마련해 놓았다. 정약용유적지와 마찬가지로 QR코드를 통해 무료로 오디오 가이드를 들으며 공원을 산책할 수 있다.

한줄평 정약용 유적지 옆 수변공원 경기도 남양주시 조안면 다산로 767 ₩ 무료
추천 나이 1세부터 **추천 계절** 봄~가을 **주변 명소** 실학박물관, 정약용유적지

SIGHTSEEING

두물머리

한줄평 북한강과 남한강이 만나는 옛 나루터 경기도 양평군 두물머리길 119
연중무휴 ₩ 무료 **추천 나이** 1세부터 **추천 계절** 봄~가을 **주변 명소** 세미원

남한강과 북한강이 만나는 양평 핫플 일번지

먼 길을 달려온 두 물줄기, 남한강과 북한강이 감격스럽게 만나는 곳으로, 멋진 경관을 자랑하는 양평의 대표 관광지이다. 두물머리는 남한강과 북한강이 합수한다는 의미에서 붙여진 이름이다. 이곳엔 거대한 느티나무 한 그루 자라고 있다. 무려 400여 년 동안 자리를 지켜온 높이 30m에 이르는 노거수이다. 느티나무는 두 강물이 만나고, 이윽고 힘을 합해 너른 팔당호를 이루는 광경을 오랫동안 지켜보고 있었다. 두물머리는 자연경관이 아름다워 드라마 촬영지로 자주 등장한다. 한편에 서 있는 '나루비'가 이곳이 예전엔 나루터였음을 알려준다. 이를 증언하려는 듯 황포돛배가 마스코트처럼 자리를 잡고 있다. 두물머리에서 산책로를 따라 10분쯤 내려가면 '두물경'이 나온다. 바닥에 옛 지도를 새겨놓은 곳이다. 이곳 풍경은 두물머리 못지않으며, 무엇보다 조용히 한강을 감상하기 그만이다. 8~9월 초엔 연잎이 가득하여 특히 매력이 넘친다. 인근에 있는 연꽃박물관 '세미원'과 함께 둘러보기 좋다. 간식으로 유명한 '두물머리연핫도그'도 필수코스 중 하나이다.

SIGHTSEEING

세미원

한줄평 남한강, 배다리, 돌 징검다리, 연꽃 정원 경기도 양평군 양서면 양수로 93
031-775-1835 09:00~18:00(월요일 휴무, 4월~10월은 연중무휴) ₩ 3,000원~5,000원(5세 이하 무료)
추천 나이 1세부터 추천 계절 봄~가을 주변 명소 두물머리 http://semiwon.or.kr

물과 연꽃의 정원

세미원은 두물머리와 함께 둘러보기 좋은 곳이다. 드넓은 연꽃 군락과 수생식물이 어우러진 자연정화 공원이다. 어느 곳이 최고라고 추천할 수 없을 만큼 모든 공간이 아름답다. 그래도 추천하고 싶은 스폿을 꼽으라고 하면, 입구 쪽에 있는 돌 징검다리와 연꽃군락지를 맨 앞에 놓고 싶다. 물길 위의 돌 징검다리는 곡선을 그리며 부드럽게 이어지는데, 물가의 수초, 소나무, 메타세쿼이아와 어우러져 퍽 아름답고 서정적이다. 졸 졸 졸, 물소리를 들으며 징검다리를 건너다보면 마치 정지용의 시 <향수>에 나오는 "옛이야기 지줄대는 실개천"이 이런 곳 아니었을까, 상상하게 된다. 연꽃군락지 중에서는 홍련지가 가장 아름답다. 연꽃문화제가 열리는 6월 28일부터 8월 15일 사이에 가면 곱고 고고한 연꽃을 마음껏 감상할 수 있다. 장독대분수와 활쏘기·윷놀이·투호 놀이를 즐길 수 있는 전통놀이한마당은 아이와 가기 좋은 곳이고, 바닥이 빨래판처럼 생긴 세심로는 연꽃을 감상하고 바람 소리 들으며 산책하기 그만이다. 두물머리에서 7분쯤 걸은 뒤 배다리를 건너면 세미원이다.

SIGHTSEEING

황순원문학촌 소나기마을

한줄평 첫사랑의 순수, 소설 <소나기> 체험하기

경기도 양평군 서종면 소나기마을길 24 031-773-2299 09:30~18:00(월요일 휴무, 11월~2월은 17:00까지)

₩1,000원~2,000원(6세 이하 무료) **추천 나이** 4세부터 **추천 계절** 봄~가을 **주변 명소** 두물머리, 세미원

소설 <소나기>를 주제로 꾸민 테마파크

"어른들의 말이, 내일 소녀네가 양평읍으로 이사 간다는 것이었다. 거기 가서는 조그마한 가겟방을 보게 되리라는 것이었다." 소나기마을은 소설 <소나기>에 나오는 두 문장에서 시작됐다. 양평군청은 양평이 소설의 장소적 배경이라는 사실에 착안하여 황순원 작가가 오랫동안 재직한 경희대와 협력하여 2009년 소나기마을을 만들었다. 소나기마을은 작가를 기념하고, 소설 속 이야기를 체험할 수 있게 꾸민 테마파크다. 야외의 소나기광장과 실내의 황순원문학관이 중심을 이룬다. 문학관은 작품과 작가의 연대기를 전시한 공간, '소나기' 영상체험관 등으로 꾸몄다. 소나기광장은 소나기마을의 핵심 공간이다. 광장과 그 주변에 소설 속 징검다리와 개울가, 원두막과 수숫단 등을 재현해 놓았다. 광장에서는 AR 체험도 할 수 있다. 휴대전화에 앱을 설치하면 소설의 주요 이야기 여덟 가지를 3D애니메이션으로 감상할 수 있다. 인공 소나기는 아이들에게 인기가 높은 체험 프로그램이다. 4월부터 10월까지, 매시 정각에 인공 소나기가 내리는데, 해를 등지면 아름다운 무지개를 볼 수 있다.

SIGHTSEEING

양평군립미술관

한줄평 주민과 함께하는 문화예술 체험 공간 경기도 양평군 양평읍 문화복지길 2
031-775-8515 10:00~18:00(월요일 휴무) ₩ 성인 1,000원, 청소년 700원, 어린이 500원 **추천 나이** 4세부터
추천 계절 사계절 Ⓟ 전용 주차장(무료) **주변 명소** 두물머리, 세미원, 용문사 http://www.ymuseum.org

아이와 문화예술로 힐링하기

양평군립미술관은 가족이 함께 문화로 힐링할 수 있는 공간이다. 2011년 12월 기초지방자치단체로는 드물게 군립미술관을 개관하였다. 매년 수준 높은 현대미술 기획전을 열고 있으며, 창의적인 교육 프로그램도 이끌어오고 있다. 2024년엔 올해의 박물관·미술관상을 수상하기도 했다. 매년 양평의 미술 문화 발전에 기여한 '양평을 빛낸 작가'를 선정하여 전시를 진행하고 있는데, 이는 양평군립미술관을 대표하는 전시로 자리를 잡았다. 2024년에는 민정기 작가를 양평을 빛낸 작가로 선정하여 아카이브 전을 열기도 했다. 1980년대 작품부터 최근작까지 아울러 볼 수 있는 흔치 않은 전시였다. 양평군 주민뿐만 아니라 서울과 수도권에서도 일부러 찾아와 감상할 만큼 큰 관심을 모았다. 주말 어린이 예술학교, 미술관 탐험대, 특별 맞춤형 창의 체험 교육 같은 교육 프로그램도 활발하게 운영하고 있다. 야외 전시장은 가볍게 산책하기 좋다. 두물머리, 용문사 등 주변에 가볼 만한 곳이 많아 함께 둘러보면 더 좋다.

SIGHTSEEING

용문사

한줄평 우리나라에서 가장 오래된 은행나무를 품은 사찰 경기도 양평군 용문면 용문산로 782
031-773-3797 10:00~16:00 ₩ 무료 **추천 나이** 4세부터 **추천 계절** 봄~가을
용문산관광단지 주차장(3,000원) **주변 명소** 추억의 청춘뮤지엄, 양평양떼목장 http://www.yongmunsa.biz/

천년 은행나무를 품었다

절보다 절 앞에 있는 은행나무가 더 유명한 절이다. 용문산관광단지에서 천천히 30분쯤 숲길을 걸으면 이윽고 절에 닿는다. 숲이 울울창창하고 옆으로 계곡과 작은 인공 물길이 흘러 절로 가는 내내 기분이 상쾌하다. 신라 말기인 913년에 창건했다고 하나 아쉽게도 객관적인 기록은 아직 없다. 다만 수령 1,100년이 넘는 은행나무를 품고 있는 것으로 보아 오래된 절임을 짐작할 수 있다. 용문사는 대한제국 때 양평 일대 의병 활동의 근거지였다. 이때 일본군이 불을 질러 전각 대부분이 불탔다. 이후 곧 재건했으나 한국전쟁 때 다시 불탔다. 지금 볼 수 있는 전각은 대부분 1982년 이후에 지은 것이다. 사찰 입구 다리를 건너고 사천왕문을 지나면 그 유명한 은행나무를 만날 수 있다. 나이가 무려 1,100살 이상으로 추정된다. 높이가 42m로 우리나라에서 가장 큰 은행나무다. 용문사를 지키고 있다고 하여 천왕목이라고 부른다. 더욱 신기한 것은, 노거수임에도 매년 350kg 정도의 열매를 맺는다. 홈페이지에서 예약하면 템플스테이에 참여할 수 있다.

SIGHTSEEING

추억의청춘뮤지엄

그때 그 시절, '7080' 속으로!

1970~80년대의 복고 감성을 고스란히 담아낸 박물관이다. 용문산관광단지 안에 있다. 7080 세대라면 추억의 향수를 느낄 수 있으며, 이 시절을 경험하지 못한 아이들은 옛 세대의 분위기를 색다르게 체험할 수 있다. 추억의 장소로는 청춘극장, 음악다방, 고고장 등이 있다. 딱지놀이, 제기차기, 팽이치기 같은 추억의 놀이를 즐길 수 있다. 영화 '오징어게임'으로 다시 떠오른 추억의 달고나 만들기 체험도 즐길 수 있다. 추억의 청춘뮤지엄을 방문하면 매표소에서 교복을 대여해 입고 입장하도록 하자. 7080 분위기에 완벽히 빠져들어 멋진 사진을 남길 수 있을 것이다.

한줄평 7080으로 떠나는 추억 여행 경기도 양평군 용문면 용문산로 620 031-775-8907 09:00~18:00(13:00~14:00 휴식 시간) ₩ 6,000원~8,000원(36개월 미만 무료, 교복 대여 2,000원) **추천 나이** 3세부터 **추천 계절** 사계절 Ⓟ 용문산관광단지 주차장(3,000원) **주변 명소** 용문사, 양평양떼목장 www.facebook.com/retro7080

SIGHTSEEING

양평양떼목장

먹이 주기 체험하며 동물 친구들과 놀기

양평군 용문에서 홍천으로 가는 경강로 옆에 있다. 가평에도 양떼목장이 있는데, 이곳보다 조금 더 자연에 가까운 편이다. 울타리 안으로 들어가 어린 양에게 건초를 주며 교감할 수 있다. 양뿐만 아니라 돼지, 토끼, 타조, 거위 같은 다른 동물 친구들을 만날 수 있어서 좋다. 아이들이 놀기좋은 자연 속 놀이터도 따로 갖추고 있다. 입장료에 건초 비용이 포함되어 있다. 그런데도 입장료가 저렴하고, 관리가 잘 되어있다는 평이 많다. 이런 까닭에 재방문하는 가족단체 여행객이 많기로 유명하다. 용문산관광단지와 가까워 함께 둘러보기 좋다.

한줄평 동물과 교감하고, 목장 산책도 하고 경기도 양평군 용문면 은고갯길 112 031-774-4512
09:30~18:00(화요일 휴무) ₩ 6,000원(양평군민 5,000원) **추천 나이** 1세부터 **추천 계절** 봄~늦가을
주변 명소 용문사, 추억의 청춘뮤지엄 www.instagram.com/yp_sheepranch/

SIGHTSEEING

블룸비스타 호텔앤컨퍼런스

한줄평 아이 친화적인 남한강 뷰 호텔 경기도 양평군 강하면 강남로 316 031-770-8888 **일반 객실 체크인** 15:00 **키즈 룸 체크인** 16:00 **체크아웃** 11:00(키즈 라운지 운영시간: 주중 13:00~18:00, 토요일 10:00~20:00, 일요일 10:00~18:00) **추천 나이** 1세부터 **추천 계절** 봄~가을 **주변 명소** 양평군립미술관, 용문사, 두물머리, 세미원 www.bloomvista.co.kr

캐릭터 객실과 키즈라운지를 갖췄다

수채화 같은 남한강의 풍광을 즐길 수 있는 4성급 호텔이다. 호텔 이름에서 알 수 있듯이 첨단 시스템이 더해진 콘퍼런스가 유명하다. 캐릭터 룸과 키즈 라운지를 갖추고 있어서 아이를 위한 호캉스 호텔로도 많이 알려져 있다. 캐릭터 룸은 인기 캐릭터인 또봇, 시크릿 쥬쥬, 콩순이까지 아이의 취향에 맞게 객실을 예약할 수 있다. 객실 크기는 디럭스부터 스위트까지 선택의 폭이 넓다. 추천하고 싶은 부대시설로는 실내 키즈카페 형태인 키즈 라운지를 꼽을 수 있다. 체험 프로그램으로는 드로잉 존을 추천한다. 지도 선생님과 함께 벽면에 자유롭게 그림을 그리는 프로그램이다. 토요일과 공휴일 11시, 15시 30분에 진행한다. 야외에도 아이와 즐겁게 시간을 보낼 공간이 있는데, 그중에서도 수변공원의 인기가 많다. 수변공원엔 아기자기한 분수와 스크린 폭포가 조성되어 있어서 아이와 산책하기 좋다. 야외체육시설로는 농구장을 갖추고 있다. 부모를 위한 원데이 클래스도 운영하는데, 힐링 요가 프로그램의 인기가 높다.

SIGHTSEEING

화담숲

한줄평 어린이 생태 체험 프로그램을 운영하는 단풍 명소 경기도 광주시 도척면 도척윗로 278-1 031-8026-6666
09:00~17:00(월요일·11월27일~3월31일 휴무) ₩ 7,000~11,000원(24개월 미만 무료, 모노레일 4,000원~9,000원)
추천 나이 1세부터 **추천 계절** 봄~가을 **주변 명소** 곤지암반디숲 www.hwadamsup.com

가을에 더 빛나는 단풍 핫플

온라인 예약 경쟁이 치열한 수도권의 단풍 명소이다. 이끼원, 수국원, 자작나무숲, 분재원 등 16개의 정원으로 구성돼 있다. 매표소와 전시관이 있는 화담채를 지나면 화담숲 여행이 시작된다. 도보로 또는 모노레일로 숲을 구경할 수 있다. 모노레일은 이끼원 입구-화담숲 정상-분재원-이끼원 입구 사이를 운행한다. 길이는 1,213m, 전체 운행 시간은 20분이다. 1구간과 2구간, 순환 코스로 나누어 운행한다. 1구간은 1승강장에서 전망대가 있는 2승강장까지, 2구간은 1승강장에서 3승강장까지이다. 순환 코스는 중간에 내리지 않고 출발 지점으로 되돌아온다. 1구간 또는 2구간 코스를 이용하면 승강장에서 내려 숲을 둘러본 뒤 걸어서 입구로 되돌아오게 된다. 영유아와 함께 간다면 순환 코스를 추천한다. 화담숲 산책 후에는 아름다운 맛집 '번지 없는 주막'을 방문해 보자. 한옥과 야외 테라스에서 원앙 연못 뷰를 감상하며 식사와 간식을 즐길 수 있다.

SIGHTSEEING

곤지암반디숲

한줄평 놀거리와 체험 거리가 가득한 자연 쉼터 경기도 광주시 곤지암읍 신대길 139-22
031-761-3206 09:00~18:00(2시간 이용, 화요일 휴무) ₩ 6,000원(케빈, 파티 룸 별도)
추천 나이 1세부터 **추천 계절** 봄~가을 **주변 명소** 화담숲 https://blog.naver.com/bandywoods

숲 체험, 물놀이, 핼러윈 파티까지

경기도 광주 비양산 동편에 자리 잡은 다목적 체험 공간이다. 넓은 잔디 쉼터, 숲 체험 산책로, 파티 분위기 물씬 나는 카페 등을 갖추고 있다. 입장료 6천 원만 내면 음료와 숲 탐방, 놀이방, 여름엔 물놀이 시설까지 2시간 동안 모두 이용할 수 있어서 가성비가 무척 뛰어나다. 입장료와 별로도 유료 체험 시설도 있는데 이 중에서 오두막집이 인기가 높다. 핼러윈 시즌에는 으스스한 분위기를 자아내는 소품으로 장식한 고스트 케빈으로 변신하고, 겨울엔 크리스마스 분위기가 물씬 나는 윈터 케빈으로 탈바꿈한다. 오두막집은 곤지암반디숲에서 가장 인기가 많은 공간이다. 오두막집 이용 요금은 3시간에 30,000원이다. 오두막 하나에서 4인 이하만 이용할 수 있다. 오두막집 말고 파티 룸도 있는데, 이용료는 2시간에 40,000원이다. 주중엔 단체 이용객이 많다. 유치원, 어린이집, 교회에서 주로 찾아온다. 주중에 찾아오는 단체는 곤지암반디숲의 시설물 일체를 무료로 이용할 수 있다.

SIGHTSEEING

남한산성

한줄평 아이와 역사 산책하기 좋은 세계문화유산
경기도 광주시 남한산성면 산성리 521 031-743-6610
24시간 연중무휴 ₩ 무료(주차비 1,500원~5,000원) **추천 나이** 6세부터 **추천 계절** 봄~가을
주변 명소 율봄식물원, 중대물빛공원 www.gg.go.kr/namhansansung-2/main.do

세계문화유산 산책하기

경기도 광주의 대표적인 관광지이자 문화유산이다. 2014년 우리나라에서 11번째로 유네스코 세계유산에 등재되었다. 남한산성은 조선시대의 산성으로 통일신라 문무왕 때 쌓은 주장성 터를 활용하여 조선 인조 때인 1626년 대대적으로 쌓았다. 산성의 전체 길이는 12.4km이다. 하지만 10년 뒤 청나라의 침략을 막지 못해 병자호란의 화를 크게 입었고, 마지막엔 삼전도의 굴욕을 당하기도 하였다. 남한산성엔 탐방로 5개 코스가 있다. 아이와 걷기 좋은 코스는 제1코스 '장수의 길' 길이다. 산성로터리와 북문(전승문)을 시작으로 서문(우익문)과 수어장대, 영춘정과 남문(지화문)을 지나 다시 원형의 산성로터리로 돌아오는 코스이다. 거리는 약 3.8km이다. 1코스는 동문(좌익문)을 제외하곤 남한산성에 있는 3개의 문을 거치게 된다. 길이 험하지 않고 성벽을 따라 걷기엔 좋으나 1시간 20분 정도 걸어야 하므로, 유치원생에겐 조금 힘들 수 있다. 봄, 가을 벚꽃과 단풍철엔 인파가 많이 몰린다.

SIGHTSEEING

율봄식물원

농작물 체험 프로그램이 다채롭다

광주시 퇴촌면에 있는 식물원이다. 농업예술원이 같이 있어서 농산물 체험을 할 수 있다. 평소에 아이들이 접하기 힘든 모종 심기, 딸기 수확, 토마토 수확, 벼 타작, 동물 먹이 주기, 쌀강정 만들기, 찹쌀 경단 만들기, 토마토 고추장 만들기 등 사계절 다채로운 체험을 할 수 있다. 농산물체험장 옆에는 거대한 하우스 안에 레일 썰매장이 있어서 언제나 스릴 넘치는 썰매를 탈 수 있다. 율봄식물원은 철쭉과 참나무, 밤나무, 잣나무 등 여러 나무와 식물을 관찰하며 아이와 거닐기 좋다. 연예인 화보 촬영지로 이용될 만큼 사진이 예쁘게 나와 여러모로 만족도가 높다.

한줄평 농촌 경관과 농작물 체험이 가능한 식물원 경기도 광주시 퇴촌면 태허정로 267-54 031-798-3119
4월~10월 10:00~18:00, 11월~3월 10:00~17:00 ₩ 5,000원(24개월 미만 무료, 체험비 별도) **추천 나이** 1세부터
추천 계절 봄~가을 **주변 명소** 남한산성, 중대물빛공원 https://yulbom1107.modoo.at/

SIGHTSEEING

중대물빛공원

호수와 물놀이장이 있는 수변공원

광주 8경에 속한 수변공원이다. 걷기 좋은 평지 데크 길을 조성해 놓아 아이와 산책하기 좋다. 걷다 보면 아이들이 좋아할 만한 포토 존과 전시 조형물을 만날 수 있다. 특히 제법 큰 호수는 중대물빛공원의 핵심 스폿이다. 계절에 따라 바뀌는 경관이 아름다워 산책길이 지루할 틈이 없다. 호수를 배경으로 예쁜 사진을 남길 수 있어서 더 좋다. 이른 봄이면 벚꽃이, 늦봄엔 장미 터널의 붉은 장미가, 여름에는 연꽃이, 가을이면 형형색색 다채로운 단풍이 중대물빛공원을 가득 채운다. 여름엔 아이들이 좋아하는 물놀이장이 문을 열고 분수 광장에선 시원한 물이 솟아난다.

한줄평 여름엔 물놀이, 봄과 가을엔 호수 산책 경기도 광주시 중대동 91
₩ 무료 **추천 나이** 1세부터 **추천 계절** 봄~가을 **주변 명소** 남한산성, 율봄식물원

SIGHTSEEING

영은미술관

한줄평 아이들이 놀기 좋은 잔디밭과 조각공원

경기도 광주시 청석로 300 031-761-0137 3~10월 10:30~18:30, 11월~2월 10:30~18:00(월~화 휴무)

₩5,000원~10,000원(드로잉 피크닉 체험비 2시간 30,000원) **추천 나이** 4세부터 **추천 계절** 사계절

주변 명소 남한산성, 중대물빛공원 www.youngeunmuseum.org

조각공원에서 드로잉 피크닉을

광주시 쌍령동, 국수봉 기슭에서 경안천을 내려다보고 있는 미술관이자 창작 스튜디오이다. 뒤에서 잣나무 군락이 미술관을 부드럽게 감싸준다. 미술관 앞은 넓은 잔디밭과 조각공원이다. 잔디밭 곳곳에 다양한 조각 작품이 자리를 잡고 있다. 야외 전시 작품들이 많아 둘러보는 재미가 쏠쏠하다. 날씨가 좋은 날엔 아이들이 잔디광장에서 뛰어놀 수 있다. 실내 전시실은 세 곳이다. 국내외 작가의 현대미술 작품과 창작 스튜디오 출신 작가들의 작품을 전시하고 있다. 종종 입주 작가들의 전시회와 창작 스튜디오 투어도 열린다. 3세 이상 아이와 가게 되면 드로잉 피크닉 체험을 해보길 추천한다. 드로잉 피크닉 체험은 피크닉 매트(엠보싱 매트+방수 매트)와 조화 한 다발을 미술관에서 대여해 참여자가 야외조각공원에 직접 세팅한 후 2시간 동안 사진도 찍고 예술 놀이도 즐기는 프로그램이다. 네이버에서 예약 후 체험할 수 있다.

SIGHTSEEING

이천도자예술마을 예스파크

한줄평 200여 개 공방이 있는 공예 체험 마을
경기도 이천시 신둔면 도자예술로 62번길 123 0507-1461-1996
10:00~18:00(공방마다 상이) ₩ 무료(체험비 별도) **추천 나이** 4세부터 **추천 계절** 사계절
주변 명소 사기막골도예촌 https://2000yespark.or.kr

즐겁고 신나는 도자기 만들기 체험

이천 여행에서 꼭 해야 할 체험이 있다면 도자기 체험을 맨 앞자리에 놓아야 한다. 이천도자예술마을 예스파크는 도자 체험하기 안성맞춤인 곳이다. 공방, 갤러리, 카페 등 200여 개의 상점이 자리 잡고 있는 도자 전문 마을이다. 크게 가마마을, 사부작마을, 회랑마을, 별마을, 카페마을로 나뉘어져 있다. 도자 체험 공방도 다양해서 전통적인 물레 체험부터 머그잔 만들기, 도자기에 그림그리기 등 나이에 맞는 체험을 선택할 수 있다. 아이들은 머그잔 만들기나 초벌 도자기에 그림그리기 체험이 적당하다. 도자 체험 말고도 색다른 공예 체험도 가능하다. 오카리나 색칠하기, 오르골 만들기, 나무 장난감 만들기, 전통 향 만들기, 액세서리 만들기, 키즈 플라워 체험, 우쿨렐레 만들기 등이 대표적이다. 보통 체험한 자기는 한 달 전후로 택배 배송받을 수 있다. 머그잔 그리기 같은 체험은 당일에 가져갈 수 있다. 매년 예스파크와 쌀밥 거리 옆에 있는 사가막골도예촌에서 이천도자기축제가 열린다.

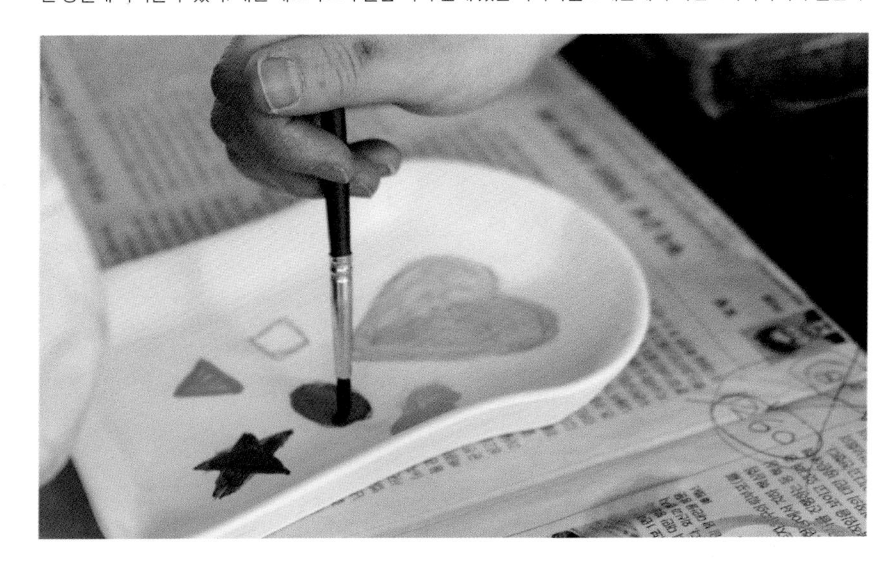

SIGHTSEEING

덕평공룡수목원

한줄평 아이는 공룡과 놀고, 부모는 수목원 산책
경기도 이천시 마장면 작촌로 282 031-633-5029 09:00~18:00
₩ 7,500원~11,000원((36개월 미만 무료. 증빙 서류 필요) **추천 나이** 1세부터 **추천 계절** 봄~가을
주변 명소 에덴파라다이스호텔 http://www.dinovill.com/

공룡, 미니 열차, 동물 먹이 주기

이천시 마장면에 있는 공룡 테마파크이다. 공룡을 좋아하는 아이들에게는 더 없이 신나는 곳이다. 공룡 테마파크이지만 테마가 단순히 공룡에 머무르지 않는다. 한 마디로 놀거리와 볼거리, 체험 거리가 다양한 복합 테마파크라는 말이 더 잘 어울린다. 아름다운 꽃과 나무가 가득한 수목원인 동시에 미니 열차와 모노레일 같은 놀이기구가 있는가 하면, 도자기 체험장, 어린이 수영장, 소규모 동물원, 유리온실도 갖추고 있다. 공룡은 수목원 곳곳에 자리 잡고 있다. 거대한 공룡 모형에 이름과 간단한 특징을 표기해 놓아 공룡을 잘 모르는 아이나 부모도 쉽게 이해할 수 있다. 미니동물원에서는 먹이 주기 체험을 할 수 있다. 먹이 주기 체험은 아이들이 공룡 테마파크만큼이나 좋아하는 곳이다. 수목원 안에 카페와 음식점, 바비큐장, 숙박시설인 케빈도 갖추고 있다. 유아와 방문한다면 유모차를 준비하자. 오르막길과 내리막길이 많아 아이가 걸어서 이동하기엔 조금 힘들다. 유모차는 대여도 할 수 있다.

SIGHTSEEING

에덴파라다이스호텔

정원과 조식이 유명하다

이천시 호텔 중에서 만족도가 높은 곳은 단연 에덴파라다이스다. 아이가 놀기 좋은 키즈 룸이나 아이를 위한 특별한 부대시설을 갖춘 건 아니다. 하지만 걷기만 해도 기분 좋아지는 아름다운 야외 정원과 따뜻한 차를 마실 수 있는 예쁜 카페는 언제나 인기가 높다. 여의도 브런치로 유명한 '세상의 모든 아침'에서 조식을 맛볼 수 있는 것도 큰 즐거움이다. 아이와 투숙한다면 디럭스 패밀리 트윈 객실을 추천한다. 3인 가족 투숙에 적합하며, 침실 외에 넓은 테라스를 갖추고 있다. 테라스에서 야외 가든을 한눈에 바라볼 수 있다. 한 마디로 전망 좋은 객실이다.

한줄평 산책하고 사색하기 좋은 힐링 호텔 경기도 이천시 마장면 서이천로 449-79 031-645-9100
체크인/체크아웃 13:00/11:00 **추천 시설** 야외 정원, 레스토랑 세상의 모든 아침, 티하우스에덴, 에덴라이브러리
주변 명소 덕평공룡수목원 http://www.edenparadisehotel.com

SIGHTSEEING

시몬스테라스

침대 전시장이자 크리스마스트리 명소

모가면의 워터파크 이천테르메덴 옆에 있는 시몬스 침대의 플래그십 스토어이다. 시몬스테라스는 하나의 침대 매장이지만, 매장을 넘어서는 공간으로 자리 잡았다. 매년 연말이면 대형 트리와 크리스마스 장식이 아름답게 꾸며지는 핫플레이스이다. 침대 체험 존도 있고, 농구를 테마로 한 카페도 있다. 침대의 역사를 살펴볼 수 있는 전시관과 퍼블릭 마켓도 있다. 퍼블릭 마켓에서는 식료품과 기념품 등을 구매할 수 있다. 식사도 가능한데, 주변의 농장에서 자라는 제철 채소와 과일로 만든 건강한 음식을 먹을 수 있다. 곳곳이 포토 존이어서 멋진 사진도 얻을 수 있다.

한줄평 카페와 음식점, 식료품점과 포토 존을 갖춘 침대 매장 경기도 이천시 모가면 사실로 988
0507-1342-4071 일~목 11:00~20:00, 금~토 11:00~21:00 **추천 나이** 1세부터 **추천 계절** 사계절
주변 명소 이천테르메덴 워터파크 https://www.simmons.co.kr/factorium/terrace

SIGHTSEEING

어린이체험동물농장 피아뜰

한줄평 돼지, 강아지, 양, 거위, 토끼, 염소 등 동물 친구들과 교감할 수 있는 동물농장
경기도 이천시 율면 임오산로372번길 133 0507-1472-9017 금~일 10:30분~17:00(월~목 휴무, 돼지 공연 11:00, 13:00, 15:00) ₩ 9,000원~22,000원(24개월 미만 무료, 돼지 공연 5,000원 별도)
추천 나이 1세부터 **추천 계절** 사계절 http://www.ecoswing.net

돼지가 공연을 한다

이천시 남쪽 끝 율면의 조용한 동산에 있는 돼지박물관 겸 돼지 체험 농장이다. 돼지 말고도 강아지, 고양이, 양, 거위, 토끼, 보어염소, 기니피그, 미니 말 등 귀여운 동물 친구들과 교감할 수 있는 자연 놀이공간이다. 이천에는 동물 먹이 주기 체험이 가능한 곳이 몇 곳 있는데 돼지를 메인으로 한 곳은 피아뜰이 유일하다. 이천뿐만 아니라 수도권에서도 찾기 힘들다. 주요 볼거리는 돼지 공연장과 실내 놀이 뜰, 실내외 동물 생태 체험장, 돼지박물관이 있다. 이 중에서 돼지공연장은 피아뜰의 핵심 스폿이다. 유료 관람이지만 절대 놓치지 말자. 돼지가 다양한 재주를 부린다. 볼링을 치고, 짐을 정리하고, 사람에게 뽀뽀도 한다. 아기돼지를 직접 안아보는 체험도 할 수 있다. 돼지 빵과 돼지 관련 기념품도 구매할 수 있다. 동물 생태체험장엔 토끼와 기니피그 그리고 '파이'와 '뜨리'라는 귀여운 아기돼지가 있다. 동물교감을 하지 않더라도 실내 볼풀장과 모래 놀이터, 박물관 등 볼거리와 즐길 거리가 많다.

SIGHTSEEING

루덴시아테마파크

한줄평 유럽풍 건축물이 아름다운 갤러리형 테마파크
경기도 여주시 산북면 금품1로 177 0507-1359-1025
10:00~18:00(11월 1일~12월31일 매주 토요일+크리스마스는 20:00까지)
₩ 17,000원~27,000원(36개월 미만 무료) **추천 나이** 1세부터 **추천 계절** 사계절 https://www.ludensia.com

작은 유럽 마을에 온 기분이 든다

여주시 산북면의 대림봉 기슭에 있는 테마파크이다. 어느 한 유럽의 작은 마을을 거니는 듯한 기분이 들 만큼 테마파크가 아름답다. 유럽에서 직수입한 벽돌을 포함하여 고벽돌 약 160만 장으로 건물을 지어 자연스럽게 유럽 느낌이 들게 하였다. 테마파크 안에 다양한 갤러리와 스튜디오가 있어서 구경하는 재미가 남다르다. 특히 아트 & 토이 갤러리와 장난감 자동차 갤러리, 기차 갤러리의 인기가 높다. 야외공간에서 마을 전체를 한눈에 바라볼 수 있는 루덴시아 아이(전망대), 종을 직접 울리는 체험이 가능한 소원의 종은 필수코스에 속한다. 11월 1일부터 12월31일까지 매주 토요일과 크리스마스 때엔 야간에도 개장한다. 연말엔 크리스마스 분위기가 더해져 유럽의 겨울 분위기를 만끽할 수 있다. 어디서 사진을 찍어도 예쁘게 나올 만큼 테마파크 전체가 포토 존이다. 아이와 떠나는 여행지로 인기가 높지만, 연인들의 데이트코스로도 유명하다.

SIGHTSEEING

예크생물원

한줄평 아빠가 뒷마당에 만든 것 같은 자연 놀이터 경기도 여주시 흥천면 신근안터길 48 031-885-3048
10:30~18:30(주말 2시간, 주중 3시간 이용, 월요일 휴무) ₩ 7,000원~17,000원(36개월 미만 무료) **추천 나이** 24개월 이상~10세 이하(키 140cm 이상, 몸무게 35kg 이상 입장 제한) **추천 계절** 봄~가을 http://yekeco.modoo.at

아이가 더 즐거워하는 자연 놀이터

여주시 흥천면의 조용한 마을에 있는 자연 놀이터이다. 아빠가 뒷마당에 만든 생태 놀이터 콘셉트로 꾸몄다. 모든 시설이 자연 친화적이다. 예크생물원이 특별한 이유는 아이들이 스스로 놀거리를 찾고 만들어서 창의적으로 놀 수 있는 공간이기 때문이다. 부모와 소통하며 놀이를 즐길 수 있는 것도 큰 장점이다. 깡통 열차, 비행기 그네, 다양한 미끄럼틀, 모래 놀이터, 소꿉장난 코너, 미니 골프, 집라인 등 예크생물원엔 40가지 이상의 액티비티 놀이로 가득하다. 부모의 도움이 필요한 무동력 놀이기구도 있어서 아이와 보호자가 즐겁게 소통하며 깊은 추억을 쌓을 수 있다. 두세 시간이 짧게 느껴질 만큼 아이들이 정말 신나게 논다. 가장 인기 있는 체험은 깡통 열차다. 최초 입장권에 1회 무료 이용권이 포함되어 있다. 추가 체험하고 싶을 땐 이용료를 내야 한다. 양과 당나귀 먹이 주기 체험 또한 가능하다. 놀다가 쉬고 싶을 땐 카페를 방문하면 된다. 입장 시 받은 3,000원 커피 쿠폰을 여기서 사용할 수 있다. 네이버 사전 예약 필수이다.

SIGHTSEEING

신륵사

한줄평 남한강 경치가 아름다운 사찰

경기도 여주시 신륵사길 73 031-885-2505 ₩ 무료 **추천 나이** 1세부터 **추천 계절** 봄~가을

주변 명소 여주황포돛배, 여주시립폰박물관, 여주프리미엄아울렛 http://www.silleuksa.org/

빼어난 경치, 이국적인 벽돌탑

입지가 아주 좋다. 봉미산이 뒤에서 절을 감싸고 있고, 앞으로는 남한강이 쉬엄쉬엄 흐른다. 여주를 대표하는 명소답게, 여주 팔경 중 제1경이 신륵사이다. 정확하게는 신륵모종(神勒暮鍾)인데, 신륵사에 울려 퍼지는 저녁 종소리라는 뜻이다. 일주문을 지나면 단풍나무와 키 큰 은행나무가 먼저 반겨준다. 경내로 들어서면 정면에 극락보전이 가부좌를 튼 듯 조용히 앉아 있다. 일반적으로 석가모니 불상을 모시는 대웅전이 절의 중심인데, 신륵사는 아미타불을 모신 극락보전이 중심 전각이다. 아미타불은 극락정토를 관장한다. 극락보전을 둘러보고 강가로 가면 강월헌이라는 정자가 먼저 보인다. 강월헌은 고려 말에 이곳에서 입적한 나옹선사의 호이다. 강월헌은 남한강의 멋진 경치를 가장 잘 보여준다. 강월헌 옆 언덕엔 다층 탑이 우뚝 서 있다. 그런데 어딘가 낯설고 이국적이다. 우리가 흔히 보는 석탑이 아니라 벽돌로 쌓은 전탑이다. 우리나라에 몇 개 없는 전탑 중에서도 조형미가 뛰어나다. 신륵사는 평지가 대부분이라 유모차를 사용하기 편리하다.

SIGHTSEEING

여주황포돛배

돛배 타고 남한강 유람

황포돛배란 황토물을 들인 돛을 단 목선을 말한다. 고려시대부터 중요한 수상 운송수단이었다. 남한강, 북한강, 금강, 영산강을 주로 운행했다. 남한강 위에서 옛날처럼 황포돛배를 탈 수 있다. 신륵사 서쪽과 강 건너 금은모래 강변에 선착장이 있다. 신륵사와 여주대교를 거쳐 다시 선착장으로 돌아오는 코스이며, 운행 시간은 약 30분이다. 가이드의 설명을 들으며 주변 경치를 더 깊게 감상할 수 있다. 무엇보다 신륵사 입지가 절경임을 실감할 수 있다. 안에서 보는 절도 아름답지만, 강 위에서 보는 신륵사가 훨씬 매력적이다. 선착장에서 모터보트도 탈 수 있다.

한줄평 배 위에서 바라보는 신륵사가 무척 아름답다. 경기도 여주시 천송동 575-10

031-885-2505 10:00~18:00 ₩ 8,000원~10,000원 **추천 나이** 1세부터 **추천 계절** 봄~가을

주변 명소 신륵사, 여주시립폰박물관, 여주프리미엄아웃렛 http://www.silleuksa.org/

SIGHTSEEING

여주시립폰박물관

세계에서 하나뿐인 폰박물관

신륵사 건너편 금은모래강변공원에 있다. 모스 전신부터 최신 스마트폰까지 수많은 통신 유물이 전시된 세계 유일의 폰박물관이다. 규모가 크진 않지만, 박물관엔 통신 관련 유물이 가득하다. 부모라면 학창 시절 사용하던 추억의 무선호출기 삐삐와 가정용 집 전화기, 시티폰, 폴더폰, 슬라이드폰 등을 구경하는 재미가 쏠쏠하다. 아이들은 옛 전화기와 무전기 같은 핸드폰, 그리고 최신 스마트폰을 보면서 전화기의 변천사를 한눈에 이해할 수 있다. 일제강점기부터 우리나라 시대별 전화의 역사도 살펴볼 수 있다. 폰박물관은 금은모래강변공원과 이어진다. 자전거대여소가 있어서 아이와 야외 활동을 즐기기 좋다. **한줄평** 전화기의 변천사를 한눈에 이해할 수 있다.

경기도 여주시 강변유원지길 105 031-887-3548 09:00~18:00(월요일 휴무) ₩ 2,000원~3,000원

추천 나이 3세부터 **추천 계절** 사계절 **주변 명소** 신륵사, 여주프리미엄아웃렛 https://phone.yeoju.go.kr

경기도 동부권 맛집과 카페

Restaurant & Cafe

RESTAURANT

오팔당막국수 칼국수

한줄평 건강하고 맛있는 막국수
경기도 남양주시 와부읍 다산로 47 0507-1474-8858
월~금 10:00~20:30(15:30~16:30 브레이크타임), 토~일 09:30~20:30
전용 주차장 **주변 명소** 팔당유원지, 정약용유적지, 다산생태공원

음식 명장이 만든 메밀막국수

팔당대교 인근에 자리 잡은 메밀 막국수 맛집이다. 메밀국수 부문 한국음식명장인 이상현 셰프가 운영하고 있기에 검증된 맛을 자랑한다. 식당 내부는 막국수 맛집이라고 믿기 힘들 정도로 깔끔하고 분위기가 아늑하다. 마치 카페처럼 느껴질 정도다. 오팔당은 손님을 세심하게 배려한다. 테이블마다 무선충전기가 있을 뿐만 아니라 음식 먹는 방법을 친절하게 안내해 준다. 음식을 먹기 전부터 신뢰가 간다. 메인 메뉴는 들기름메밀막국수와 비빔메밀막국수이다. 사이드 메뉴로는 과자처럼 식감이 바삭한 스위스 감자전을 추천한다. 메밀국수는 기존에 먹던 막국수 비주얼과 사뭇 다르다. 오이, 들깨, 달걀에 자몽과 아보카도까지 들어가 있다. 재료를 보면 영양까지 고려한 듯하여 믿음이 간다. 맛은 담백한 듯 고소하고 먹을수록 깊은 맛이 난다. 들깨를 매일 아침 방앗간에서 빻은 까닭에 풍미가 남다르다. 메밀은 깨끗한 물에 개어 전통 방식대로 손으로 반죽한다. 생메밀이라 아이와 함께 건강하고 맛있는 한 끼를 즐길 수 있다.

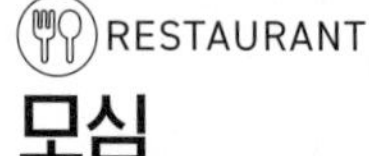

RESTAURANT

모심

한줄평 국내산 콩으로 만든 두부 요리 즐기기
경기도 남양주시 진접읍 광릉수목원로 179-25 모심
031-529-2580 09:00~19:00(월요일 휴무)
가게 앞 주차장 **주변 명소** 국립수목원

엄마가 차려준 밥상

국립수목원 부근 능안마을음식테마거리에 있는 맛집이다. 국립수목원 직원들이 추천하는 맛집으로도 유명하다. 두부전문점으로 국내산 콩만 사용하며, 청국장, 순두부, 콩탕, 손두부김치, 손두부버섯전골 등이 대표 메뉴이다. 콩나물, 양배추쌈, 호박나물 등으로 엄마가 차려준 밥상을 내오는데 반찬이 하나같이 깔끔하고 맛있다. 청국장, 순두부, 콩탕을 주문하면 고등어구이와 두부조림이 반찬에 추가되어 더욱 푸짐해진다. 청국장과 순두부 모두 주인장이 직접 콩을 가마솥에 삶아 만든 것들이라 한 숟가락 떠서 입에 넣으면 입안에 감칠맛이 착 감긴다.

RESTAURANT

두물머리연핫도그

한줄평 두물머리 여행자의 필수 간식
경기도 양평군 양서면 두물머리길 103-8
0507-1374-6370 월~금 10:00~19:40, 토·일 09:00~19:40
느티나무 주차장(양평군 양서면 두물머리길 107, 도보 1분 거리)
주변 명소 두물머리, 세미원

수제 소시지를 사용한 원조 핫도그

연핫도그는 두물머리에 갔다면 반드시 먹어야 할 필수 간식이다. 현재 이곳에 2개의 연핫도그 가게가 있는데, 두물머리연핫도그가 원조이다. 국내산 돈육으로 만든 100% 수제 소시지를 사용해 핫도그를 만든다. 게다가 매일 새 기름으로 튀겨내 차별화를 주고 있다. 메뉴는 순한 맛 핫도그와 매운맛 핫도그가 있다. 매운맛은 소시지가 매콤하다. 아이들에게는 순한 맛 핫도그를 추천한다. 연핫도그는 설탕과 케첩, 머스터드를 모두 뿌려 먹는 게 가장 맛있다. 포장하면 소스류를 따로 담아준다.

RESTAURANT

노다지장어

한줄평 담백하고 맛있는 장어요리 즐기기
경기도 양평군 서종면 무내미길 49-4
0507-1352-9939 11:00~21:00(화·수 휴무)
가게 앞 전용 주차장
주변 명소 두물머리, 세미원, 황순원문학촌소나기마을, 용문사, 양평양떼목장

담백하고 푸짐한 장어덮밥

양평군 서종면에 있는 장어집이다. 식당 안으로 들어가면 라운지에 좌석이 있고, 개별 룸도 준비되어 있어서 원하는 곳에서 식사하기 좋다. 장어는 담백하게 구이로도 즐길 수 있고 덮밥으로도 즐길 수 있다. 구이로 주문하면 장어 굽는 것을 직원이 도와줘 편리하다. 히츠마부시라 불리는 덮밥을 주문하면 부드럽고 고소한 달걀찜, 장어내장조림, 강낭콩조림 같은 반찬과 깔끔하게 나무그릇(히츠)에 담겨 나오는 장어덮밥을 맛볼 수 있다. 히츠마부시를 맛있게 먹으려면 히츠에 담긴 덮밥을 4등분하여 1/4은 그냥 먹고, 1/4은 잘게 썰어 내온 김, 깻잎, 파, 와사비 등을 넣고 비벼 먹는다. 그리고 1/4은 김, 깻잎, 파, 와사비를 넣고 호리병에 담긴 다시마물을 부어 말아 먹는다. 마지막으로 남은 1/4은 앞의 세 가지 방법 중에 가장 맛있었던 방법을 선택하여 다시 한번 먹으면 된다. 맛도 좋고 먹는 재미도 있어 즐겁다.

RESTAURANT

번지없는주막

한줄평 화담숲과 원앙연못 뷰의 파전 맛집
경기도 광주시 도척면 도척윗로 278
031-8026-6696 10:30~18:00
화담숲 주차장(주차 요원 있음) **주변 명소** 화담숲

해물파전, 두부김치, 병천순대

화담숲 안에 있는 맛집이다. 화담숲 입구에서 안쪽으로 조금만 올라가면 원앙연못과 함께 시선을 사로잡는 멋진 한옥이 눈에 들어온다. 언뜻 보면 뷰가 멋진 카페처럼 보이는데, 해물파전과 두부김치, 병천순대, 명태회쟁반 막국수, 부산어묵, 막걸리 등을 파는 일반음식점이다. 화담숲을 방문하는 이라면 누구나 가보고 싶을 정도로 한옥이 멋지고 뷰가 근사해서 음식점 실내는 항상 사람으로 붐빈다. 그림 같은 풍경의 화담숲과 원앙연못을 바라보며 파전에 얼큰한 부산어묵, 막걸리 한잔 먹고 있으면 누구나 행복해질 수밖에 없다.

RESTAURANT

강민주의들밥
직영점

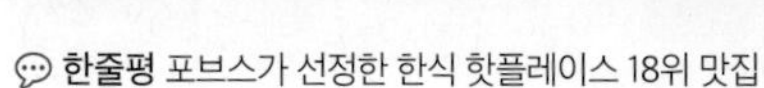
한줄평 포브스가 선정한 한식 핫플레이스 18위 맛집
경기도 이천시 마장면 서이천로 648 0507-1392-6041
10:45~20:00(브레이크타임 15:50~17:00, 월요일 휴무)
전용 주차장(주차 요원 있음) **주변 명소** 이천도자예술마을(예스파크)

아이와 한 끼, 건강한 식사를 원한다면

2021년 포브스가 선정한 한식 핫플레이스 18위에 등극하였으며, 허영만의 <백반기행> 추천 맛집이기도 하다. 이천에 본점과 직영점이 있는데 아이와 방문하기엔 이천상회에 있는 직영점을 추천하고 싶다. 가게 바로 맞은편에 베이커리 카페와 넓은 야외 산책로가 있어서 식사와 디저트, 산책까지 아이와 시간을 보내기 좋다. 주메뉴는 보리굴비정식과 간장게장정식, 들밥정식이 있다. 열두 가지 반찬이 푸짐하게 나와 한 끼 건강한 식사를 만끽할 수 있다. 정식에 나오는 청국장은 옛 시골에서 먹던 구수하고 진한 맛으로 청국장 하나만으로도 밥 한 공기는 거뜬히 비울 수 있다.

RESTAURANT

하나로마트 도드람테마파크

한줄평 키즈카페가 있는, 돼지를 테마로 한 바비큐 하우스
경기도 이천시 부발읍 경충대로 1917 1544-9243
하나로마트 09:00~21:00 **바비큐 하우스** 11:00~21:00(브레이크타임 15:00~16:30) **키즈랜드** 평일 10:00~19:30, 주말 10:00~20:30
₩ **키즈랜드 입장료** 대인 6,000원, 소인 12,000원(초등학교 4학년부터 입장 제한 있음) Ⓟ 전용 주차장 **주변 명소** 이천도자예술마을(예스파크)

장보기부터 키즈카페, 식사까지

국내 최초 '돼지'를 테마로 하는, 하나로마트와 도드람한돈의 정육식당인, 바비큐 하우스이다. 아이들이 놀기좋은 키즈카페키즈랜드까지 갖춘 돼지 문화 공간이다. 장보기부터 키즈카페에서 신나게 놀기와 맛있는 음식 즐기기까지 한 건물에서 모두 할 수 있다. 수유실, 아기 의자 등도 갖추고 있다. 아이와 키즈카페에서 신나게 놀고 난 뒤, 바베큐하우스에서 고기를 골라 맛있는 식사를 하며, 반나절 정도 시간을 보내기 좋다. 식사, 사이드 메뉴, 음료 등은 테이블에서 키오스크로 주문할 수 있다. 키즈카페인 키즈랜드의 경우 예약 번호를 받아야 하므로 전화 070-4905-4057해야 한다.

RESTAURANT

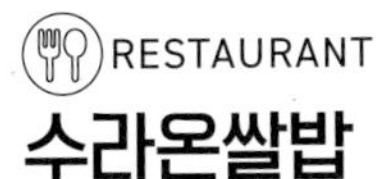

수라온쌀밥

한줄평 가족 여행객이 많은 쌀밥 집
경기도 여주시 가남읍 경충대로 1524
010-4565-5541 09:00~21:00
Ⓟ 전용 주차장 **주변 명소** 예크생물원

깔끔한 한식 맛집

여주시 가남읍 신해리에 있는 한식 맛집이다. 아이와 가기 좋은 예크생물원과 멀지 않다. 메뉴는 푸짐하게 먹을 수 있는 세트 메뉴부터 1인 식사까지 다양하다. 세트 메뉴는 서너 명이 먹기 좋은 한상(고등어+제육+황태+갈치+솥밥)과 정식이 있다. 밑반찬이 무려 10종이나 된다. 밥 한 공기는 거뜬히 먹을 정도이다. 쌀밥 집이 그렇듯 솥밥이라 맛있는 누룽지를 함께 맛볼 수 있어서 좋다. 수라온쌀밥은 골프장 맛집으로 알려졌지만, 아이와 깔끔한 한식 한 끼 먹기에도 정말 좋다. 가족 단위 손님이 많아 여주 가족여행 식당으로 추천할 만하다.

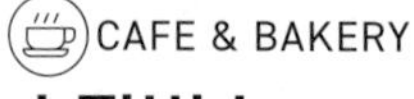
CAFE & BAKERY

스타벅스 더북한강R점

한줄평 북한강을 감상하기 좋은 스타벅스 리저브 매장
경기도 남양주시 화도읍 금남리 806-1
1522-3232
월~금 09:00~19:00, 토~일 08:00~20:00
전용 주차장
주변 명소 물의정원, 수종사, 정약용유적지, 다산생태공원

펫존을 갖춘 북한강 전망 카페

넓은 통유리로 북한강이 한눈에 들어오는 스타벅스 리저브 매장이다. 스타벅스 리저브는 스타벅스의 고급형 특수 매장이라는 뜻이다. 해당 점포에서만 판매하는 고급 음료와 커피를 마실 수 있다. 3층 구조에 루프톱까지 갖추고 있다. 1층엔 펫존이 있어서 반려견을 동반한 손님들로 가득하다. 다만 2층~3층, 루프톱, 화장실은 반려견과 동반할 수 없다. 주문과 음료 수령 시, 식기류를 반납할 때도 동반할 수 없다. 2층과 3층은 북한강이 잘 보이는 방향으로 배치된 테이블 자리가 인기가 많다. 더북한강R점에서만 맛볼 수 있는 스페셜 음료로는 리버피치피지오가 있다. 향이 우아한 복숭아 맛 탄산음료로 여름에 마시기 좋다. 2층~3층과 마찬가지로 루프톱에도 북한강이 한눈에 보이도록 테이블을 배치했다. 그늘막이 없으므로 봄, 가을에 이용하기 좋다. 루프톱에서 커피를 마시지 않더라도 방문해야 하는 이유는 멋진 포토 존이 있기 때문이다. 액자 형태의 조형물로 멋진 사진을 남길 수 있다.

CAFE & BAKERY

아유스페이스
AYU SPACE

한줄평 북한강과 아름다운 정원을 만끽하기 좋은 카페
경기도 남양주시 화도읍 북한강로1462번길 71
031-516-6200
월~금 10:00~21:00, 토·일 09:00~22:00
전용 주차장
주변 명소 물의 정원, 운길사, 정약용유적지, 다산생태공원

재벌 회장의 별장이 리버 뷰 카페로

북한강 강바람이 솔솔 불어오는 곳에 자리한 갤러리 카페이다. 전 롯데 신격호 회장의 별장이었는데, 개인 사업가가 인수해 커피와 베이커리를 즐길 수 있는 근사한 카페로 리모델링했다. 카페 실내 분위기가 쾌적해서 앉아 쉬기 좋지만, 이곳에 가면 꼭 해야 할 것은 강바람 맞으며 즐기는 정원 산책이다. 물론 날이 너무 덥거나 너무 춥지 않을 때 가면 산책하기 더 좋다. 카페 부지는 약 3,500평에 이른다. 강 옆으로 난 오솔길 따라 걸으면 짙푸른 녹음이 우리의 마음을 어루만지고 강바람은 자연의 향기를 몰고 와 여행객에게 행복을 선사한다. 걷는 내내 아름다운 풍경 곳곳에 야외 테이블이 놓여 있어 걷다가 잠시 쉬어 가기도 좋다. 주차는 제1주차장과 제2주차장에 할 수 있다. 카페 건물 바로 옆에 있는 게 제1주차장인데, 붐비는 시간에는 주차하기 쉽지 않다. 좀 떨어진 곳에 있는 제2주차장을 이용하면 카페까지 5분 안에 셔틀로 데려다준다. 주차비는 2시간 무료이다.

CAFE & BAKERY

하우스베이커리

한줄평 제과기능장이 운영하는 한옥 베이커리 카페
경기도 양평군 서종면 북한강로 684 하우스베이커리
0507-1447-8337 월~금 10:30~20:00, 토·일 10:00~20:00
전용 주차장 **주변 명소** 황순원문학촌소나기마을, 두물머리, 세미원

친절한 서비스, 맛있는 빵

본관과 넓은 별관을 갖춘 한옥 카페이다. 본관에는 빵과 음료를 주문하는 카운터가 있으며, 이 집은 제과기능장이 운영하여 빵이 맛있기로 유명하다. 소문난 양평의 카페로, 항상 사람들로 붐비지만 본관과 별관, 야외 테이블까지 자리가 넉넉해서 여유롭고 한가로워 보여서 좋다. 커피의 가격대가 높은 편인데, 직원들의 친절한 서비스와 빵의 환상적인 맛이 그 단점을 보완해 준다. 시그니처 메뉴는 망고를 사용하여 만든 망고크루아상, 리얼망고스무디이다. 망고크루아상은 맛이 순하면서도 맛있고, 망고스무디는 스무디 위에 생망고를 올려 내온다.

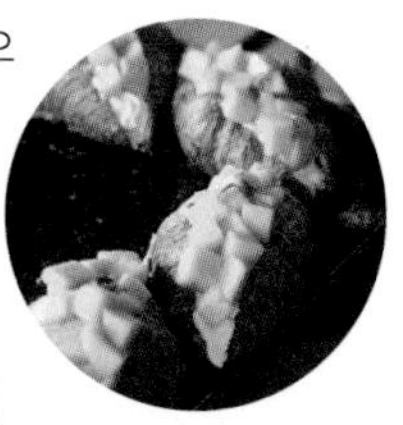

CAFE & BAKERY

전통다원미르

한줄평 한옥 카페에서 전통차로 마음을 다독이다.
경기도 양평군 용문면 용문산로 766 031-774-8497
09:00~19:00 용문산 관광단지 주차장
주변 명소 용문사, 양평양떼목장

용문사에서 만난 한옥 카페

용문사의 천년 은행나무 바로 앞에 있는 전통 다원이다. 한옥 카페로, 용문사를 돌아본 뒤 피로를 풀며 잠시 쉬어 가기 좋다. 야외 테이블도 있어서 날이 좋은 봄과 가을엔 자연을 만끽하며 차 한 잔 마시는 호사를 누릴 수 있다. 시그니처 메뉴는 딸기와 망고, 떡, 견과류를 듬뿍 올린 옛날 팥빙수, 대추차, 쌍화차 등이다. 커피도 있지만, 이곳에 들어서면 어쩐 일인지 전통차를 찾게 된다. 잣과 잘게 자른 대추가 동동 떠 있는 따끈한 쌍화차 한 잔 마시면 산길을 오르느라 쌓인 피로가 확 풀리는 것 같다.

CAFE & BAKERY

경성빵공장
남한산성점

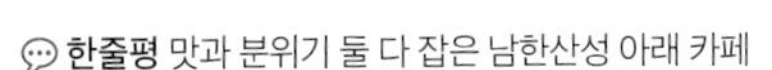

한줄평 맛과 분위기 둘 다 잡은 남한산성 아래 카페
경기도 광주시 남한산성면 남한산성로 714
031-735-7826
월~금 10:00~21:30, 토~일 09:00~21:30
Ⓟ 전용 주차장 **주변 명소** 남한산성

산사처럼 아늑하다

고양에 본점을 둔 베이커리 카페이다. 남한산성으로 가는 길가에 있다. 경성빵공장에서 700m쯤 더 가면 남한산성 여행의 시작점이라고 할 수 있는 산성로터리가 나온다. 남한산성점은 한옥 형식을 차용했다. 콘크리트 건물이지만 지붕에 서까래와 기와를 얹고, 입구부터 대나무를 심어 어 한옥 분위기를 살렸다. 분위기가 아늑하고 고즈넉해서 산사에 와 있는 느낌이 든다. 카페는 1층과 2층, 야외 테라스로 이루어져 있다. 야외의 계곡에서 흐르는 물소리를 들을 수 있는 자리는 항상 인기가 많다. 본점이 그러하듯 남한산성점 또한 맛있는 베이커리가 가득하다. 몇 가지 메뉴를 추천하자면 경성앙버터, 치즈브리오슈, 생크림팡도르, 호두타르트 등을 꼽을 수 있다. 산성로터리 인근의 카페와 식당은 주차하기 쉽지 않은데 다행히 경성빵공장은 전용 주차장을 갖추고 있어서 방문하기 편리하다. 전용 주차장이 만차일 때는 공영주차장 할인권을 준다.

CAFE & BAKERY

스코그

한줄평 구석구석 아름다운 남한산성 아래 카페
경기도 광주시 남한산성면 남한산성로 507-18
0507-1314-1176
일~목 10:00~22:00, 토~일 10:00~24:00
전용 주차장 **주변 명소** 남한산성

건축에 공을 들인 대형 카페

남한산성 드라이브 길에 자리 잡은 대형 카페이다. 붉은 벽돌 외관이 인상적이며 2층 구조에 루프톱을 갖추고 있다. 주차장이 넓고, 카페 뒤편은 잔디밭이다. 통유리 너머로 자연을 감상할 수 있어서 좋다. 카페 내부를 여러 구획으로 나누어 놓았는데, 이 공간들을 둘러보는 재미가 있다. 가장 인상적인 곳은 1층에 있는 청음관이다. 이름에서 알 수 있듯이 음악 감상에 특화된 공간이다. 큰 창을 내어 자연을 안으로 끌어들이고, 좌석도 밖을 보도록 배치하였다. 벽 양쪽엔 대형 스피커를 수직으로 설치하였다. 전체적인 이미지가 자연을 배경으로 한 공연장을 연상시킨다. 2층도 1층만큼이나 이색적이다. 고개를 들면 삼각형 모양의 지붕으로 파란 하늘이 보이고, 1층으로 시선을 돌리면 역시 삼각형 프레임으로 징검다리가 눈에 들어온다. 건축에 공을 퍽 많이 들였음을 카페 안팎에서 두루 확인할 수 있다. 스코그의 독특한 경험 중 하나는 느린 우편 서비스다. 음료를 주문하면 엽서를 주는데, 편지를 써서 1층의 느린 우체통에 넣으면 분기별로 배송해 준다.

CAFE & BAKERY

메종드쁘띠푸르

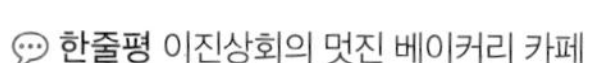

한줄평 이진상회의 멋진 베이커리 카페
경기도 이천시 마장면 서이천로 648
0507-1497-8882(이진상회)
09:30~21:00(라스트 오더 20:50)
전용 주차장(주차 요원 있음) **주변 명소** 예스파크

온실 분위기 나는 베이커리 카페

이천의 핫플레이스 이진상회 안에 있는 베이커리 카페이다. 이진상회는 원래 1960년 창업한 인쇄소와 철물점 이름이었다. 창업자의 아들이 이어받아 복합 상업 공간으로 리모델링하였다. 약 5,000평 규모로 카페, 베이커리, 레스토랑, 인테리어 소품 가게, 도자기 상품점이 함께 들어서 있다. 메종드쁘띠푸르는 이진상회에 속한 베이커리 카페다. 전국에 여러 매장이 있는데, 한때 제주도 매장에 이효리가 자주 간다고 알려지면서 더 유명해졌다. 온실 분위기를 풍기는 카페 인테리어가 멋지다. 좌석마다 인테리어가 달라서 고르는 재미가 있다. 진열대엔 먹음직스러운 빵이 가득하다. 3일간 발효시킨 천연 효모 종인 황금의 빵 '팡도르'는 이 집의 대표 빵이다. 달걀 프라이를 닮은 빵도 있고, 쌀의 고장답게 이천 쌀로 만든 빵도 있는데, 공깃밥 모양의 빵이 인기가 많다. 메종드쁘띠푸르 맞은편엔 맛집으로 유명한 강민주의 들밥 본점이 있으며, 카페 밖은 정원이어서 산책하는 즐거움도 누릴 수 있다.

티하우스에덴

한줄평 정원이 아름다운 식물원 같은 티하우스
경기도 이천시 마장면 서이천로 449-79
031-645-9190
매일 09:00~19:00(라스트 오더 18:30)
전용 주차장 **주변 명소** 에덴파라다이스호텔

따뜻한 차 한 잔

이천 에덴파라다이스 호텔의 정원에 있는 티하우스이다. 이름에서 알 수 있듯이 커피보다는 차를 즐기는 사람에게 더 어울리는 카페이다. 하지만 아메리카노, 바닐라라테, 더치커피 등 커피 메뉴도 다양한 데다 허브차도 종류가 많아서 누구나 원하는 음료를 즐길 수 있다. 정원을 지나 붉은 벽돌 문을 지나면 이윽고 티하우스에덴이다. 카페 정원도 아름답고, 무엇보다 카페 건물이 매력적이다. 유럽의 어느 소읍의 카페에 온 것 같다. 내부도 마음에 든다. 수많은 식물로 장식해 초록빛으로 가득하다. 여기에 우드 인테리어가 더해져 카페가 아니라 작은 식물원처럼 느껴진다. 분위기가 고즈넉해서 좋다. 실내 전체에 따뜻한 차를 마실 수 있는 조용한 기운이 감돈다. 홍차도 좋지만, 달콤한 밀크티도 맛이 좋다. 겉은 바삭하고 속은 촉촉한 스콘도 추천한다. 카페 정원은 에덴파라다이스 호텔 산책길과 이어지며, 연못과 어우러진 풍경이 그대로 포토 존이다. 이 정원에서 인기 드라마 <더 글로리>를 촬영했다.

CAFE & BAKERY

홀츠가르텐카페

한줄평 이국적인 독일 콘셉트 카페
경기도 여주시 강천면 이문안길 28
0507-1434-9401 10:00~21:00
전용 주차장 **주변 명소** 목아박물관

마치 작은 공원에 온 듯

여주시 강천면 목아박물관 건너편에 있는 카페이다. 독일 콘셉트 카페로 홀츠가르텐은 독일어로 '나무정원'이란 뜻이다. 카페와 테라스, 아름다운 정원, 아이들이 놀기 좋은 시설이 잘 구성되어 있어 마치 작은 공원에 온 듯한 느낌이 든다. 정원엔 꽃과 나무가 많고, 가을엔 핑크뮬리도 만나볼 수 있다. 카페 내부는 다양한 엔틱 소품과 조명들이 가득하여 이국적인 분위기를 자아낸다. 독일 대표 베이커리인 브레첼을 비롯하여 굴라쉬, 커리부어스트, 브런치까지 즐길 수 있다. 빵은 독일산 유기농 밀과 천연 고메버터, 비정제 천연당을 사용하여 만든다.

CAFE & BAKERY

나드카페

한줄평 아름다운 정원과 넓은 잔디밭을 갖춘 여주 핫플 카페
경기도 여주시 하거3길 61-70
0507-1434-9401 10:00~21:00 전용 주차장
주변 명소 바이브랜드수목원, 여주프리미엄아웃렛

자연에 깃든 힐링 카페

여주시 하거동 남여주골프클럽과 바이블랜드수목원 사이에 있다. 자연에 포근하게 안긴 카페로 넓은 잔디밭과 아름다운 정원이 매력적이다. 나드에서는 커피와 차, 에이드뿐만 아니라 디저트도 즐길 수 있다. 대표 디저트로는 이탈리아식 푸딩 판나코타, 크루아상과 스콘, 소금빵 등을 꼽을 수 있다. 아이들이 먹기 좋은 간식과 음료도 판매한다. 8kg 미만 애견이라면 동반할 수 있다. 다만 실내 출입은 안 되고 야외에서만 동반할 수 있다. 목줄은 필수이다.

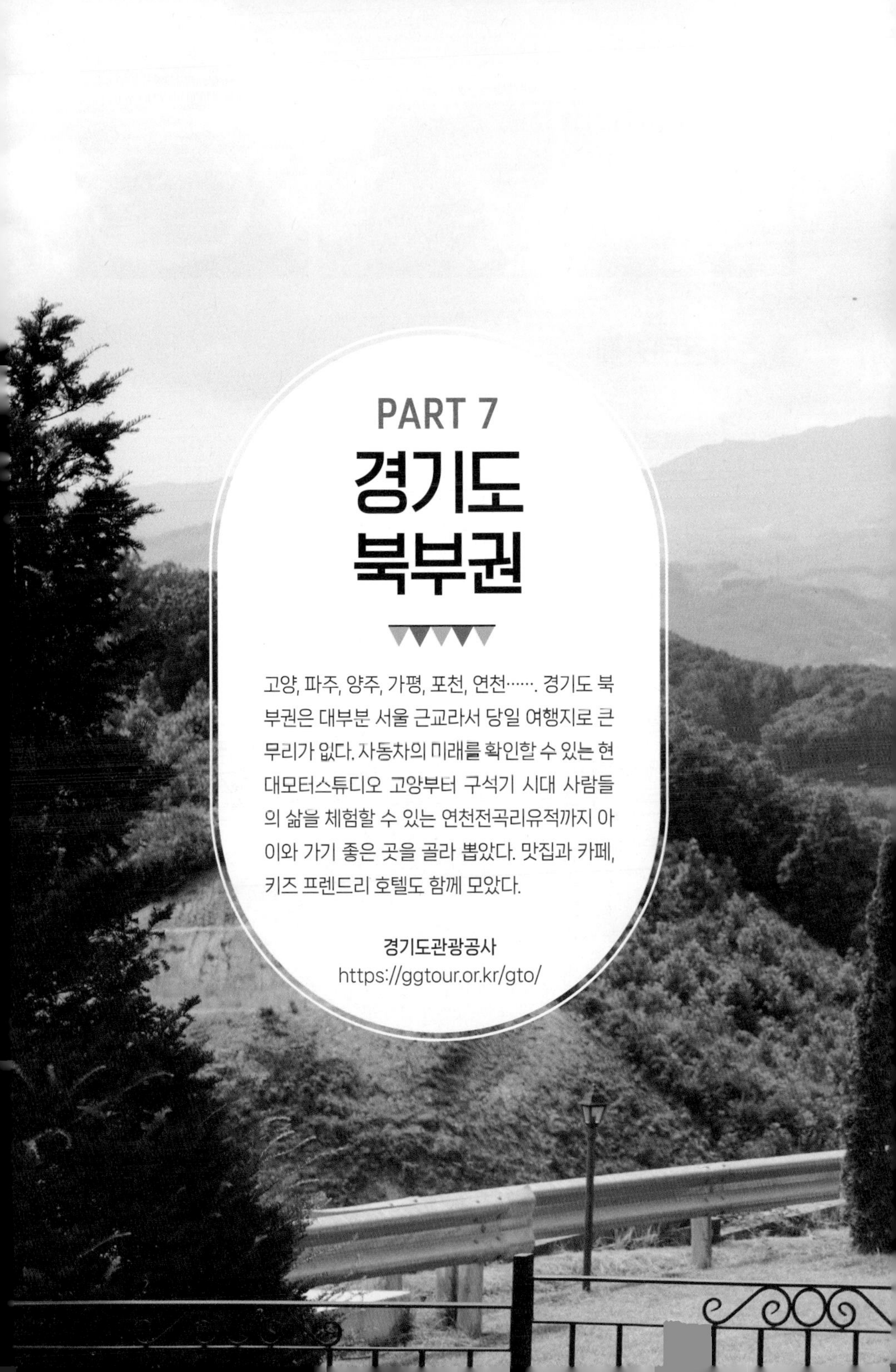

PART 7

경기도 북부권

고양, 파주, 양주, 가평, 포천, 연천……. 경기도 북부권은 대부분 서울 근교라서 당일 여행지로 큰 무리가 없다. 자동차의 미래를 확인할 수 있는 현대모터스튜디오 고양부터 구석기 시대 사람들의 삶을 체험할 수 있는 연천전곡리유적까지 아이와 가기 좋은 곳을 골라 뽑았다. 맛집과 카페, 키즈 프렌드리 호텔도 함께 모았다.

경기도관광공사
https://ggtour.or.kr/gto/

경기도 북부권 여행 지도
한탄강어린이
교통댄스
연천전곡리유적
평양손만두
연천호로고루
연천군
임진강
코소넌스
카페베이커리
카페오름
경자회관
임진각
관광지
내포IC
조명박물관
모씨
헤이리예술마을
벽초지수목원
서울문산고속도로
양주시
포어레스트
카츄마마
파주아웃렛점
금촌IC
파주시
가나아트파크
스타벅스
가나아트파크점
두리랜드
북고양(설문)IC
파주출판도시
밀크북
수도권제1순환고속도로
쥬쥬랜드
현대모터스튜디오
고양IC
원당종마목장
일산
호수공원
대종칼국수
옐로우마운틴
매직플로우
(스타필드고양)
북한산국립공원
한강
고양시
서울

허브아일랜드
포천시
포천아트밸리
천시
동두천치유의숲
놀자숲
테마파크
어가길
베이커리카페
지기
사랑굿
숯불닭갈비막국수
카페신하리1955
서운동산
수도권제2순환고속도로
아침고요
가족동물원
아침고요수목원
청평호반
닭갈비막국수
골든트리
가평군
부
도서관
모심
쁘띠프랑스/
이탈리아마을
마이다스호텔
한국초콜릿
연구소뮤지엄
스위티안호텔
남양주시
에델바이스
스위스테마파크
진수성찬
아유스페이스
사노리숲
캠핑장
가평양떼목장
북한강
서울양양고속도로
양평군

경기도 북부권 명소

SIGHTSEEING

SIGHTSEEING

일산호수공원

한줄평 도심 속에서 여유 찾기 경기도 고양시 일산동구 호수로 731 031-909-9000
08:00~20:00 '노래하는 분수대' 공연 시간 **5~9월** 금 20:00 주말·공휴일 20:00, 20:30 **7~8월** 수~금 20:00 주말·공휴일 20:00, 20:30 **10월** 주말·공휴일 19:00, 19:30 바닥분수 운영일 **5월** 주말·공휴일 12:00~18:00 **6·7·8·9월** 매일 12:00~18:00(화요일 휴장) **10월(둘째 주까지)** 주말·공휴일 12:00~18:00 **추천 나이** 1세부터
추천 계절 봄~가을 전용 주차장 **주변 명소** 일산아쿠아플라넷 https://www.goyang.go.kr/park

국내 최대의 인공호수

일산신도시 남쪽, 고양시 일산동구 장항동에 있는 생태공원이다. 전체 면적은 1,034,000㎡, 약 31만 평이다. 호수 면적은 300,000㎡, 약 10만 평으로, 국내에서 가장 큰 인공호수이다. 농구장, 게이트볼장 같은 체육 시설, 정원, 메타세콰이어길, 산책로, 자전거도로까지 갖추고 있다. 봄에는 벚꽃과 장미원의 장미가 활짝 피어나고, 국제꽃박람회를 즐길 수 있다. 여름에는 바닥분수 물놀이터의 인기가 좋다. 가을에도 꽃축제가 열리는데 국화가 탐스럽게 공원을 장식한다. 단풍도 가을 내내 아름다운 풍경을 연출한다. 중앙광장인 주제 광장과 한울광장에서는 일 년 내내 수준 높은 문화 이벤트와 예술 공연, 축제가 펼쳐진다. 노래하는 분수대에서는 5월~10월에 음악과 함께 멋진 분수 쇼가 펼쳐진다.

Travel Tip

일산호수공원 8경

1경 월파정에서 본 보름달
2경 애수교에서 바라보는 야경
3경 전통 정원의 설경
4경 한울광장에서 본 붉은 낙조
5경 일산호수공원의 아침 물안개
6경 봄날의 아름다운 꽃들
7경 한여름의 연꽃과 소나기
8경 일산호수공원의 가을 단풍

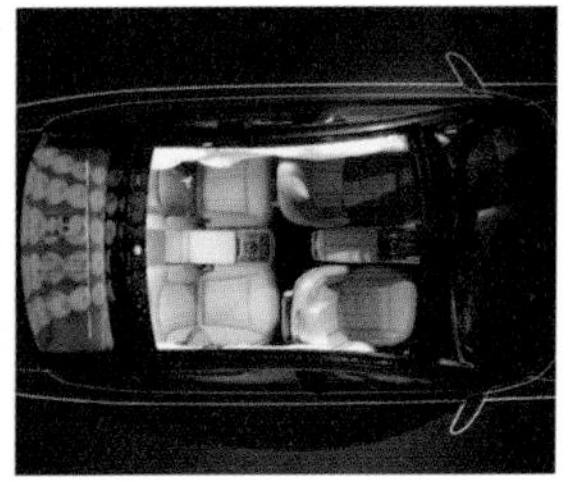

SIGHTSEEING

현대모터스튜디오 고양

한줄평 자동차를 좋아하는 아이들의 최고 놀이터 경기도 고양시 일산서구 킨텍스로 217-6 현대 모터스튜디오 고양 1899-6611 차량 전시 09:00~20:00 체험 전시 10:00~19:00(체험 전시 월요일 휴무) ₩ 차량 전시 무료 체험 전시 5,000~10,000원(홈페이지 사전 예약 필수) **키즈 워크숍 정보** 홈페이지 사전 예약, 비용은 프로그램마다 다름. 비용과 프로그램별 나이 제한은 홈페이지 확인(넥쏘 퍼즐 자동차 워크숍 6~8세/18,000원, 레고와 함께하는 미래 자동차 코딩 워크숍 8~11세/15,000원) **추천 나이** 6세부터 **추천 계절** 사계절 전용 주차장(차량 전시 2시간 무료, 체험 전시 3시간 무료) https://motorstudio.hyundai.com/goyang

체험 거리가 많은 자동차 테마파크

현대자동차의 홍보관이자 자동차 체험관으로, 자동차를 좋아하는 아이들에게는 테마파크 같은 곳이다. 차량 전시, 체험 전시, 키즈 워크숍 등 아이들을 위한 다양한 프로그램이 기다리고 있다. 차량 전시는 1층 차량 전시장에서 경험할 수 있다. 현대자동차의 다양한 자동차를 시승하고 기능을 작동해 볼 수 있다. 운전석에 직접 앉아볼 수 있는데, 안전상의 이유로 7세 이하 어린이는 운전석 탑승이 불가하다. 체험 전시는 유료 체험으로 홈페이지에서 예약해야 한다. 자동차가 완성되는 과정을 직접 관람할 수 있고, 에어백 작동의 원리도 확인할 수 있다. 수소자동차, 4D 체험, 레이싱 게임도 경험해 볼 수 있다. 키즈 워크숍에서는 자동차 관련 직업을 체험하고, 자율주행 자동차의 원리 등을 배울 수 있다. 스튜디오 4층에는 한식부터 햄버거나 스테이크까지 즐길 수 있는 레스토랑 '키친 바이 해비치'가 있다. 또한 카페 바이 해비치(1층), 카페 M바이 해비치(3층)도 있다.

SIGHTSEEING

한국마사회원당목장 원당종마목장

목가적인 풍경 보며 산책하기

원당종마목장은 마필의 개량과 증식을 목적으로 1984년부터 한국마사회에서 설치하여 운영하고 있다. 1988년 서울올림픽 당시 크로스컨트리 종목의 경기 장소로 사용되기도 했다. 목가적 풍경이 무척 아름답다. 1997년부터 목장의 일부가 개방되었다. 조용히 산책하기 좋다. 산책로 거리는 약 1.5km, 소요 시간은 30분 정도로 아이와 가볍게 한 바퀴 둘러보기 좋다. 산책로는 대부분 평지로 유모차 사용이 편리하다. 말이 풀을 뜯는 목가적인 풍경을 바라보면 저절로 힐링이 된다. 인기 드라마 <시크릿가든>과 <커피프린스 1호점>이 이곳에서 촬영되었다.

한줄평 가볍게 산책하기 좋은 도심 속 초원목장 경기도 고양시 덕양구 서삼릉길 233-112 02-509-1685, 02-509-1684 3월~10월 09:00~17:00, 11월~2월 09:00~16:00(월·화 휴무) ₩ 입장료 없음 **추천 나이** 1세부터 **추천 계절** 봄~가을 Ⓟ 입구 앞 주차장(무료, 협소) **주변 명소** 서삼릉

SIGHTSEEING

쥬쥬랜드

동물과 로봇과 사람이 만나는 곳

실내와 야외 동물원, 고양로봇박물관, 로봇드론공연관을 갖춘 복합문화공간이다. 야외 동물원에는 거위, 오리, 알파카, 양, 당나귀, 무플론, 곰 등이 방목되어 있거나 우리에서 생활하고 있다. 실내 동물원에는 파충류, 거북이, 토끼, 미어캣, 라쿤, 악어, 사막여우, 앵무새 등이 생활하고 있다. 먹이 주기 체험을 하며 동물과 교감을 나눌 수 있다. 초식동물 산책, 파충류 설명회, 악어 설명회, 앵무새 설명회 등의 프로그램도 운영한다. 로봇박물관은 로봇 댄스 공연도 보고, 직접 로봇을 조종해 보며 로봇에 대해 즐겁게 배울 수 있는 곳이다. **한줄평** 동물 교감과 로봇 기술 체험을 한 곳에서! 경기도 고양시 덕양구 원당로458번길 7-42 031-962-4500 월~금 10:00~18:00, 토·일 10:00~19:00(월요일 휴무) ₩ 15,000원(로봇박물관 입장료 포함, 24개월 미만 무료, 드론 비행 체험권 10,000원) **추천 나이** 1세부터 **추천 계절** 봄~가을 ⓘ **로봇 댄스 공연 시간** 평일 12:00, 14:00, 16:00 주말 12:00~17:00 매시 정각 **동물 먹이 주기 체험** 사료·당근 1,000원(개인이 가져온 먹이는 줄 수 없음) https://zoo.muv.kr

SIGHTSEEING

매직플로우

한줄평 창의력을 키워주는 미디어아트 체험
경기도 고양시 덕양구 고양대로 1955, 3층 031-5173-3457 매일 10:00~22:00
₩ **원더래빗(스토리 파크)** 15,000원~20,000원(36개월 미만 무료) **스토리파크+카페 패키지** 20,000원~25,000원
추천 나이 1세부터 **추천 계절** 사계절 Ⓟ 스타필드 주차장(무료) **주변 명소** 고양스타필드

시각, 청각, 촉각을 자극하는 미디어아트 체험

고양스타필드 3층에 있는 애니멀 스토리 파크로, 토끼원더래빗를 주제로 하는 미디어아트 전시관이다. 스크린 터치 및 사람의 움직임에 따라 반응하는 미디어아트의 화려한 모션이 아이들의 눈길을 사로잡는다. 게임과 반응형 디스플레이에 아이들이 직접 참여해 빛, 소리, 촉감을 경험하게 된다. 원더래빗의 세상이 시작되면 마치 동화 <이상한 나라의 앨리스> 속에 들어와 걷고 있는 것처럼 신비로운 분위기에 빠져들게 된다. 주요 볼거리로는 대형 스크린에 예쁜 동물과 식물들이 가득한 '숲의 교향곡', 스크린 테이블에서 가상 요리 체험이 가능한 '피터 하우스', 새로운 우주의 세계로 건너가는 터널을 형상화한 볼 파티 룸 '앨리스 터널' 등이 있다. 전시장 밖엔 음료를 마시며 닥터 피시와 상어를 구경할 수 있는 아쿠아 카페가 있는데 이곳도 아이들이 좋아하는 곳이다. 매직 플로우 관람 후에 많이 간다. 입장권을 매직플로우와 아쿠아 카페 패키지로 구매하면 카페만 이용할 때보다 음료가 저렴하다.

SIGHTSEEING

헤이리예술마을

한줄평 문화와 전시와 체험이 가득한 국내 최대 예술마을

경기도 파주시 탄현면 헤이리마을길 70-21 031-946-8551 예술마을은 365일 개방(전시와 상업 공간은 별도 운영시간이 있으며 대체로 월요일은 휴무) ₩ 예술마을 무료(전시·상업 공간은 별도 입장료 있음) **헤이리 매표소 정보** 헤이리마을길 59-78(4번 게이트 앞 유로파 건물 코너, 010-8107-8551), 화~일 10:00~17:00, 월 휴무 **추천 나이** 유아~초등학생 **추천 계절** 사계절 **주변 명소** 오두산통일전망대, 프로방스마을, 파주출판문화단지 https://www.heyri.net/

예술이 흐르는 아름다운 마을

예술인 380여 명이 모여 사는 공동체 마을로, 파주시 탄현면 통일동산 관광특구 안에 있다. 헤이리예술마을에서는 작가, 음악가, 공예가, 화가, 영화인들의 전시와 창작과 공연이 매일 열린다. '헤이리'란 파주 지역에 전해지는 전래동요 <헤이리 소리>에서 따왔다. '하자, 할 수 있다'라는 뜻을 담고 있다. 예술마을의 모든 건축물은 자연환경을 최대한 살려 지었다. 모든 설치물도 자연과의 조화를 고려해 만들었다. 마을이 아름답고 미학성이 돋보여 즐겁게 산책할 수 있다. 마을엔 문화 공간뿐 아니라 카페와 맛집도 많다. 공방 체험, 음식 만들기, 예술교육 프로그램 등 체험 거리도 다양해서 아이들과 종일 시간을 보내기 좋다. 아이와 갈만한 곳으로는 파주공룡박물관, 예술아노올자 상상놀이터, 아지동테마피크, 한국근현대사박물관, 사파리테마파크, 어린이토이박물관 등을 꼽을 수 있다. 마을 입장료는 없지만, 체험과 전시 공간은 입장료를 별도로 내야 한다.

SIGHTSEEING

프로방스마을

한줄평 야경이 아름다운 유럽풍 마을
경기도 파주시 탄현면 새오리로 69 031-946-6353 매일 10:00~22:00
₩ 무료 **추천 나이** 1세부터 **추천 계절** 사계절 Ⓟ 프로방스마을 주차장(주차 타워)
주변 명소 오두산통일전망대, 헤이리예술마을

유럽 분위기의 이국적인 마을 즐기기

헤이리예술마을에서 서쪽으로. 자동차로 3분 거리에 있는 유럽풍 마을이다. 온실, 야외정원, 아기자기한 건물 등으로 프랑스 남부 연안의 조그만 마을을 형상화해 이국적인 분위기가 물씬 풍긴다. 1996년 프로방스 레스토랑이 세워진 이후 정원이 만들어지고 유럽풍 카페와 레스토랑이 하나씩 들어와 이렇게 아름다운 마을이 형성되었다. 이국적인 건물과 아이들이 좋아하는 캐릭터 장식이 많아 사진찍기 좋다. 카페와 레스토랑뿐만 아니라 소품가게, 야외 놀이터, 오락실, 캐리커처 상점 등 볼거리가 다양하다. 커피 한잔하며 푸른 녹음을 즐길 수 있는 유리온실 '글라스 가든'은 프로방스마을의 인기 명소이다. 프로방스마을은 야경도 유명하다. 해가 지고 밤이 찾아오면 수많은 조명이 마을을 환하게 밝혀준다. 야경 덕분에 낮과 밤의 분위기가 다르므로 해가 질 즈음 방문하여 야간 산책을 즐겨보자. 아이와 시간을 알차게 보내고 싶다면 프로방스 주차 타워 2층에 있는 실내 동물원 겸 키즈카페 쥬라리움을 추천한다.

SIGHTSEEING

파주출판도시

한줄평 책과 친해지기 위한 복합문화공간

지혜의 숲·활판인쇄박물관 경기도 파주시 회동길 145 아시아출판문화정보센터
밀크북 경기도 파주시 회동길 121, 1층

지혜의 숲 0507-1335-0144 **활판인쇄박물관** 031-955-7955 **밀크북** 1588-5159, 070-7019-1750

지혜의 숲 매일 10:00~20:00 **활판인쇄박물관** 매일 09:00~18:00(설·추석 당일 휴무)
밀크북 평일 09:00~20:00, 주말 10:00~20:00

활판인쇄박물관 정보 입장료 4,000원 **체험 교육 시간** 10:00, 13:00, 15:00, 17:00(사전 예약제로 운영, 현장 접수할 수 있지만, 예약이 마감되면 현장 접수 불가능)

추천 나이 1세부터 **추천 계절** 사계절

지혜의 숲·활판인쇄박물관 아시아출판문화센터 주차장(1시간 2,000원, 활판인쇄박물관 체험교육 참가자 2시간 무료)
밀크북 밀크북 주차장(무료, 경기 파주시 문발동 519-5, 도보 1분 거리)

주변 명소 파주롯데프리미엄아웃렛, 프로방스마을, 헤이리예술마을

파주출판도시 http://intro.pajubookcity.org **지혜의 숲** http://www.forestofwisdom.or.kr/
활판인쇄박물관 http://www.letterpressmuseum.co.kr/

자연과 도시, 출판과 예술의 조화

파주출판도시는 파주시 문발동 일대에 출판, 디자인, 인쇄, 출판유통 등을 주요 업종으로 하는 기업이 모여있는 국가산업단지이다. 부모들이 아이들의 손을 잡고 출판도시를 많이 찾는 이유는 아이들이 책과 가까이하여 삶의 지혜를 얻기 원하기 때문이다. 아이와 방문하기 좋은 곳이 여럿이다. 대표적인 곳으로 공동의 서재이자 복합문화 공간인 '지혜의 숲', 북카페 '밀크북', 책의 인쇄 과정을 알 수 있는 '활판인쇄박물관' 등을 꼽을 수 있다. 지혜의 숲은 아시아출판문화센터 1층에 있다. 가치 있는 책을 한데 모아 보존하고 함께 보는 공동의 서재이다. 지혜의 숲 1·2·3으로 나뉘어 있다. 지혜의 숲1은 학자, 지식인, 연구소에서 기증한 도서를 소장하고 있다. 지혜의 숲2는 출판사가 기증한 도서를 살펴볼 수 있는 곳으로, 어린이 책 코너가 별도로 마련돼 있어서 아이와 책을 읽기 좋다. 그 밖에 전시장, 서점, 카페 등이 있어 편리하다. 지혜의 숲3에서도 출판사는 물론 유통사와 미술관, 박물관에서 기증한 책들을 살펴볼 수 있다. 아시아출판문화센터에는 지혜의 숲 말고도 출판 관련 체험을 하기 좋은 활판인쇄 박물관이 있다. 책이 어떻게 만들어지는지 궁금하다면 이곳에서 인쇄 체험 교육을 받으면 된다. 교육 프로그램은 책 만들기, 책갈피 인쇄, 한지 만들기, 나만의 한지 노트 만들기 등으로 선택의 폭이 넓다. 지혜의 숲에서 도보 2분 거리에 있는 밀크북은 커피와 베이커리도 즐기고 새 책과 중고 책을 구매할 수 있는 북카페이다. 카페 한편에 어린이 영화관도 갖추고 있다. 이밖에 파주출판도시에서는 매해 봄 '어린이 책 잔치' 행사가 열린다. 북마켓, 체험 전시, 공연, 작가와의 만남, 북 토크 등 아이들이 책과 더 가까워질 수 있는 다양한 행사와 프로그램이 진행된다.

SIGHTSEEING

임진각관광지

한줄평 대한민국의 평화와 통일 염원을 상징하는 여행지

경기도 파주시 문산읍 임진각로 164

031-953-4744

₩ 평화곤돌라 요금 **일반** 대인 11,000원(중학생 이상), 소인 9,000원
크리스털(투명 바닥) 대인 14,000원, 소인 12,000원 **36개월 미만** 무료

추천 나이 1세부터 **추천 계절** 봄~가을

평화누리캠핑장 예약 정보 **카라반 글램핑 추첨 예약 응모 기간** 전월 5일 9시~6일 23시 59분(전월 7일 13:00 발표)
캠핑 사이트 추첨 예약 응모 기간 전월 8일 9시~9일 23시 59분(전월 10일 13시 발표)

Ⓟ 임진각관광지 평화누리 주차장

https://ggtour.or.kr/camping(캠핑 예약)

냉전을 화해와 상생으로, 평화 관광지

군사분계선에서 남쪽으로 7km쯤 내려온 파주시 문산읍 마정리에 있다. 1972년에 임진각이 세워진 후 조성되기 시작하였다. 지금은 평화누리공원, 평화의 종, 경의선 장단역 증기기관차, 자유의 다리, 민간인을 위한 평화 안보 체험시설인 캠프 그리브스 등으로 이루어져 있다. 이들 통일 안보 관광지 전체 지역을 통틀어 임진각관광지라 부른다. 임진각은 남북분단을 상징하는 이색 장소로 임진강 일대의 아름다운 경관을 조망할 수 있는 곳이다. 푸른 잔디가 싱그러운 평화누리공원은 한국전쟁 이후 민족 대립의 비극을 화해와 상생으로 전환하기 위해 조성한 '평화'를 주제로 한 공간이다. 날씨가 좋은 날이면 평화누리로 나들이를 나오는 가족 단위 여행객이 많다. 평화누리에는 다양한 설치 작품과 조형물이 전시되어 있는데, 그중에서 수많은 바람개비가 바람에 흔들리는 모습이 인상적인 바람의 언덕과 4개의 거인상으로 만든 최평곤 작가의 '통일 부르기'Call for Unification 작품의 인기가 많다.

평화 곤돌라는 아이와 함께하기 좋은 체험 거리이다. 민통선 구간을 연결하는 곤돌라로, 임진강을 가로질러 하차하면 장단반도와 북한산, 독개다리, 임진각, 캠프 그리브스를 한눈에 담을 수 있다. 곤돌라에 탑승하려면 민간인 통제구역 출입을 위해 탑승자 전원의 인적 사항을 작성해야 하며, 대표자 1인은 신분증을 필수로 지참해야 한다. 이밖에 평화누리캠핑장도 있다. 아름다운 자연 속에서 아이와 특별한 캠핑을 즐길 수 있다. 캠핑장 사용은 매월 추첨제로 진행하며 홈페이지를 통해 일정을 확인할 수 있다.

SIGHTSEEING

벽초지수목원

한줄평 사계절의 변화를 보여주는 자연 미술관 경기도 파주시 광탄면 부흥로 242 031-957-2004
1·2월 10:00~17:00(매표 마감 16:00) **3월** 09:30~18:00(매표 마감 17:00) **4·7·8·9·10월** 09:00~18:00(매표 마감 17:00) **5·6월** 09:00~18:30(매표 마감 18:00) **11월** 09:30~17:30(매표 마감 16:30) **12월** 16:00~21:00(휴일은 22:00까지)
₩ 7,500원~10,500원(36개월 미만 무료) **추천 나이** 1세부터 **추천 계절** 사계절 http://www.bcj.co.kr

동서양 정원의 아름다움을 모두 품다

파주시 광탄면에 있는 수목원이다. 1997년 벽초지에 고인 물과 나무 몇 그루로 시작하였다. 8년 동안 꽃과 나무를 열심히 가꾸어 2005년 정식 개원하였다. 12만㎡의 면적에 설렘, 신화, 모험, 자유, 사색 그리고 감동까지 6개의 테마가 담긴 27개의 동서양 정원이 한 폭의 그림처럼 어우러져 있다. 동서양의 정원을 고루 갖추고 있어 눈길을 끈다. 1,000여 종의 식물들이 계절의 변화를 그대로 보여줘 수목원이 마치 생생한 자연 미술관 같다. 4월과 5월에 튤립 축제가 열리고 5월과 6월엔 델피니움 축제가 열린다. 여름이 오면 7월부터 9월까지 수국과 장미 축제가 열리고, 가을이 시작되는 9월부터 11월까지는 국화, 달리아, 핑크뮬리 축제가 열린다. 겨울에는 빛의 축제가 이어진다. 벽초지수목원에서 꼭 가봐야 할 곳으로 말리성을 추천한다. 17세기 프랑스 베르사유 궁전 서편에 지은 말리성에서 영감을 받아 꾸민 유럽식 정원이다. 아이들이 놀기 좋은 자작나무 놀이터와 와일드 어드벤처도 있는데, 나무로 만든 놀이기구들이라 아이들이 자연과 호흡하며 뛰어놀기 좋다.

SIGHTSEEING

가나아트파크

한줄평 어린이미술관을 갖춘 복합문화공간 경기도 양주시 장흥면 권율로 117
031-877-0500 **주말 및 공휴일** 10월~3월 10:00~18:00(입장 마감 17:00), 4월~9월 10:00~19:00(입장 마감 18:00)
평일 10:30~18:00(입장 마감 17:00) **휴무** 월요일(공휴일 제외) ₩ 대인·소인 12,000원, 24개월 미만 무료
추천 나이 1세부터 **추천 계절** 사계절 **주변 명소** 두리랜드 www.artpark.co.kr

아이를 위한 볼거리와 체험 거리가 가득

어린이부터 어른까지 모두 아우르는 미술관이자 복합문화공간이다. 가나어린이미술관, 피카소어린이미술관(블루스페이스), 레드스페이스, 옐로우스페이스, 어린이체험관, 야외조각공원, 목마놀이터 등 아이를 위한 볼거리와 체험 거리가 가득하다. 특히 어린이미술관은 눈으로 보는 전시뿐만 아니라 직접 체험 활동이 가능한 전시도 준비되어 있어서 아이들이 미술과 친해질 수 있는 좋은 계기가 된다. 1층에는 'let it rain'이라는 물놀이터 카페가 있어 흥미롭다. 평소에는 음료 및 디저트를 먹을 수 있는 카페지만 여름이 되면 천장에서 물을 뿌려 아이들이 뛰어놀 수 있도록 시즌 이벤트를 진행한다. 어린이미술관 외에 블루, 레드, 옐로우 3가지 색상으로 장식한 세 개의 전시관이 있다. 이중 블루와 레드가 아이들을 위한 공간이다. 블루 스페이스는 피카소어린이미술관으로, 가나아트파크가 소장하고 있는 파블로 피카소의 작품을 상설 전시한다. 옐로우 스페이스에는 아이들이 몸으로 신나게 체험하며 놀 수 있는 작품 '에어포켓Air Pocket'과 그물 놀이터 '비밥B-Bob'이 있다.

SIGHTSEEING

두리랜드

즐길 거리가 다양한 놀이공원

임채무 배우가 운영하는 놀이공원으로 오로지 아이들을 위해 사비로 개장한 곳이다. 크게 2개의 건물로 나뉘는데 A동 글로벌 스페이스는 피규어가 가득한 후니버셜 스튜디오와 세계 인형 박물관, 생활 안전 체험관, 공룡 거울 미로 체험관까지 4층에 걸쳐있다. B동은 두리 플레이파크이다. 5층 건물로 실내외 놀이기구와 대형 키즈 카페 형태의 플레이파크, 체험장, 식당 등이 있다. 종일 놀아도 될 정도로 콘텐츠가 다양하다. 놀이기구 탑승과 일부 체험은 입장료와 별도로 추가 요금을 내야 한다. 바로 맞은편에 가나아트파크가 있어서 함께 다녀오기 좋다.

한줄평 키즈카페와 놀이동산이 결합한 동심의 나라 경기도 양주시 장흥면 권율로 120 031-855-8515
화~금 10:30~18:00, 토·일 10:00~18:00, 월요일 휴무 ₩ **플레이파크** 20,000원~30,000원, 24개월 미만 무료
글로벌 스페이스 15,000원, 24개월 미만 무료 **추천 나이** 2세부터 **추천 계절** 사계절
주변 명소 가나아트파크 www.dooriland.co.kr

SIGHTSEEING

양주조명박물관

빛과 조명을 주제로 한 체험 거리가 가득

국내에 하나밖에 없는 조명박물관이다. 관람뿐만 아니라 공연, 체험 교육 등 다양한 경험을 할 수 있다. 현대의 조명 기술뿐만 아니라 불의 발견부터 시작된 조명의 역사도 확인할 수 있다. 지하 1층은 빛 상상 공간이다. 미로 같은 길을 따라 걸으며 다양한 테마의 빛을 만날 수 있다. 라이팅 빌리지는 조명 유물을 캐릭터화한 실내 놀이터이다. 영유아도 안전하게 이용할 수 있는 미끄럼틀도 있다. 가을 겨울엔 핼러윈과 크리스마스 특별 전시로 인기가 뜨겁다. 아기자기하고 아름답게 꾸민 크리스마스 전시는 특히 관람할 만하다. 아이들이 빛을 자유롭게 체험할 수 있는 공간도 있어서 시간을 알차게 보낼 수 있다. **한줄평** 국내에서 유일한 조명 전문 박물관 경기도 양주시 광적면 235-48 0507-1411-8911 10:00~17:00(설과 추석 연휴 휴무) ₩ **2월~10월** 7,000원~8,000원 **11월~1월** 10,000원~12,000원 **추천 나이** 2세부터 **추천 계절** 사계절 **주변 명소** 가나아트파크 www.lighting-museum.com

SIGHTSEEING

의정부미술도서관

도서관과 미술관을 융합했다

일반적인 공공도서관의 짜인 틀에서 벗어나 도서관과 미술관을 융합한 새로운 개념의 도서관이다. 지식과 문화, 휴식이 공존하는 도서관을 지향하는 비전을 잘 구현하였다. 분위기가 딱딱하지 않고 감성적이며 개방적이다. 공간도 편안하게 독서할 수 있게 조성하였다. 도서관은 모두 3층이다. 미술 자료와 신사실파 자료, 미술 간행물, 전시관 등이 사리를 잡고 있다. 2층은 어린이 자료가 주를 이룬다. 3층은 카페와 전시실, 기증 존 등이 있는 복합 공간이다. 기증 존의 이색적인 볼거리엔 BTS 멤버 RM(본명 김남준)이 기증한 7종 도서가 있다.

한줄평 예술과 휴식이 공존하는 도서관 경기도 의정부시 민락로 248 031-828-8870
10:00~21:00(주말은 10:00~18:00) ₩ 무료 **추천 나이** 6세부터 **추천 계절** 사계절 www.uilib.go.kr/art

SIGHTSEEING

아침고요 가족동물원

즐거운 동물 먹이 주기 체험

가족형 테마파크이다. 호랑이, 사자, 곰, 사슴, 양 등 약 100종의 동물 친구를 가까이서 만날 수 있다. 규모가 큰 동물원은 아니지만 다양한 동물들을 가까이서 접할 수 있는 게 장점이다. 이런 까닭에 만족도가 높다. 게다가 자연경관이 아름다워 아이와 마치 공원에 산책을 나온 것처럼 여유롭게 동물 체험을 할 수 있고, 더불어 예쁜 사진을 남기기에도 좋다. 동물 먹이 주기 체험은 필수 코스이다. 다른 동물원보다 동물에게 더 가까이 다가가 먹이를 줄 수 있다. 먹이 주기용 장갑을 주기 때문에 아이가 직접 먹이를 주더라도 위험하지 않다. 함께 둘러보기 좋은 가평 명소로는 차로 10분 거리에 아침고요수목원이 있다.

한줄평 아담하지만 동물 친구가 많은 가족형 테마파크 경기도 가평군 상면 임초밤안골로 301 031-8078-7115
10:00~18:00 ₩ 11,000원~12,000원(증빙서류 지참 시 24개월 미만 무료, 동물 먹이 바구니 3,000원)
추천 나이 2세부터 **추천 계절** 봄~가을 **주변 명소** 아침고요수목원 www.mczoo.co.kr

SIGHTSEEING

아침고요수목원

한줄평 사계절 아름다움이 피어나는 곳 경기도 가평군 상면 수목원로 432 1544-6703 08:30~19:00(오색별빛정원전 12월 1일~3월 17일, 점등 시간 17:00~21:00) ₩ 7,500원~11,000원(36개월 미만 무료, 유모차 대여비 2,000원)
추천 나이 1세부터 **추천 계절** 사계절 **주변 명소** 아침고요가족동물원 www.morningcalm.co.kr

매혹적인 꽃과 빛의 나라

1993년부터 약 30년 넘게 가꿔온 수목원이다. 아침고요수목원이라는 이름은 인도의 시성 타고르가 조선을 '고요한 아침의 나라'라고 예찬한 데서 영감을 얻어 지었다. 고향집정원, 하경정원 등 10개의 주제 정원으로 시작했으나 무궁화동산, 능수정원, 약속의 정원 등이 새로 생겨나 현재는 20개가 넘는 정원이 조화를 이루고 있다. 아침고요수목원은 사계절이 모두 아름답기로 유명하다. 봄에는 노란 복수초와 풍년화를 시작으로 봄꽃 페스타가 열린다. 여름엔 수국과 아이리스, 무궁화, 백합 등이 수목원을 빛내준다. 에덴 계곡과 폭포가 있는 선녀탕에서 시원한 하루를 보낼 수 있다. 가을엔 단풍놀이와 함께 국화의 향기가 더해지고, 겨울이면 오색별빛정원전이 열린다. 최초로 겨울철 빛 축제를 정원에 도입한 곳이 바로 아침고요수목원이다. 이 시기엔 매혹적인 조명이 수목원을 환상적인 동화의 세계로 바꾸어 놓는다. 야경이 아름다워 예쁜 사진을 많이 얻을 수 있다. 아침고요가족동물원과 가까워 당일로 같이 일정을 소화하기 좋다.

SIGHTSEEING

한국초콜릿연구소 뮤지엄

한줄평 아이와 함께 초콜릿 만들기 체험을! 경기도 가평군 청평면 경춘로 157 031-585-4691
10:30~18:00 ₩ 7,000원~11,000원(초콜릿 만들기 가족 체험(1~4인) 50,000원) **추천 나이** 1세부터
추천 계절 사계절 **주변 명소** 아침고요수목원, 아침고요가족동물원, 마이다스호텔 http://www.koreachocolate.org

직접 초콜릿을 만드는 즐거움

가평에서 아이와 단 하나의 체험만 해야 한다면 가장 먼저 추천하고 싶은 곳이 한국초콜릿연구소 뮤지엄이다. 경춘선 대성리역에서 가깝다. 이곳은 전시물을 관람하면서 카카오와 초콜릿에 관해 배우고, 더불어 초콜릿 만들기 체험도 할 수 있는, 학습과 체험을 통합한 융합 박물관이다. 전시 관람은 약 40분 동안 진행된다. 안내자의 설명을 들을 수 있어서 전시 내용에 대한 이해도를 높이기에 좋다. 관람료에 커피, 퐁뒤 시식, 엽서 기념품이 포함되어 있다. 초콜릿 만들기 체험은 개인, 가족, 단체 모두 할 수 있다. 아이와 부모가 같이 초콜릿과 프랑스의 전통 디저트 망디앙을 직접 만들어볼 수 있다. 특별한 체험이라서 전시관 도슨트보다 만족도가 훨씬 높다. 만든 초콜릿과 망디앙은 깔끔하게 포장해서 가져갈 수 있어서 더 좋다. 참고로 전시 관람과 초콜릿 만들기 체험은 각각 개별로 예약해야 한다. 초콜릿 만들기 체험 비용이 높다고 생각할 수 있지만, 3~4인 가족이면 가성비가 괜찮은 편이다. 체험뿐 아니라 가족이 만든 초콜릿과 망디앙 과자를 가져갈 수 있으니 말이다.

SIGHTSEEING

마이다스호텔 & 리조트

한줄평 북한강 전망이 아름다운 키즈 프렌드리 호텔
경기도 가평군 청평면 북한강로 2245 031-589-5600 체크인/체크아웃 15:00/11:00
추천 시설 키즈잼, 트니트니 어드벤처, 숲속 연못, 보트 체험, 글램핑 텐트 **무료 대여 물품** 욕실 스테퍼, 침대 안전 가드
주변 명소 한국초콜릿연구소뮤지엄, 쁘띠프랑스, 이탈리아마을 https://www.midashotel.co.kr

놀거리가 다채로운 리버 뷰 호텔

북한강 동쪽 강변에 있다. 아이와 호캉스로 투숙하기 좋은 키즈 프렌드리 호텔이다. 북한강이 훤히 보이는 멋진 리버 뷰가 매력적이다. 객실에서뿐만 아니라 산책로에서도 북한강을 눈에 넣을 수 있다. 키즈 프렌드리 호텔답게 아이와 즐길 거리가 다채롭다. 먼저 산책길 옆 광장에는 분수 형태의 숲속 연못이 있다. 연못 깊이는 약 30cm이다. 물이 깊지 않아서 수영은 할 수 없지만, 물놀이용 신발을 신으면 간단히 물놀이를 즐길 수 있다. 넓은 잔디밭은 그대로 아이들의 놀이터가 된다. 야외정원 곳곳에 있는 전시 작품은 하나의 볼거리이자 아이들과 사진을 찍기 좋은 포토 존이다. 아이와 공놀이할 수 있는 축구장과 농장도 갖추고 있다. 호텔 아래 선착장에서 보트 체험도 할 수 있고, 글램핑 텐트에서 야외 바비큐도 즐길 수 있다. 실내 시설로는 키즈 잼과 트니트니 어드벤처를 꼽을 수 있다. 키즈 잼은 영유아부터 놀기 좋은 키즈 카페 형태의 놀이 공간이다. 자유 놀이도 할 수 있고, 클래스 수업 참기도 가능하다. 트니트니 어드벤처는 실내 체육활동 시설이다.

SIGHTSEEING

뻬띠프랑스

한줄평 아름다운 프랑스 소도시를 연상케 하는 테마파크

경기도 가평군 청평면 호반로 1063 031-584-8200 09:00~18:00(오르골 시연 11:00, 13:00, 14:00, 15:00, 16:00, 17:00 버라이어티 퍼포먼스 평일 10:30 주말 13:00, 15:00 유럽 동화 인형극 14:00, 16:00) ₩ 12,000원~16,000원

추천 나이 1세부터 **추천 계절** 봄~가을 **주변 명소** 이탈리아마을 http://www.pfcamp.com

국내에서 떠나는 프랑스 여행

가평군 청평면 고성리 북한강이 내려다보이는 언덕에 있다. 쁘띠프랑스는 '작은 프랑스'라는 뜻으로, 프랑스 문화 마을 콘셉트로 꾸민 테마파크이다. 매표소를 통해 입장하면 제일 먼저 프랑스의 대표 소설로 손꼽히는 <어린 왕자> 조형물이 방문객을 반겨준다. 그 뒤로 펼쳐지는 멋진 자연풍경이 쁘띠프랑스의 이색적인 건물과 어우러져 이국적인 분위기를 뿜어낸다. 117,357㎡, DIR 350,000평 규모이다. 지도를 살펴보면 볼거리와 체험시설이 꽤 많다는 걸 알 수 있다. 프랑스와 유럽에 관한 전시관, 어린 왕자 이야기, 인형극과 오르골 공연 등이 주를 이룬다. 워낙 예쁜 공간들이 많아서 이 마을은 인기 드라마의 단골 촬영지로 손에 꼽힌다. 대표적인 드라마로 <별에서 온 그대>와 <베토벤 바이러스>를 꼽을 수 있다. 워낙 마을이 이뻐서 아이와 부모뿐만 아니라 연인들이 데이트 코스로 많이 찾는다. 여기에 한국 드라마를 좋아하는 외국인들도 심심치 않게 찾아온다. 이곳에서도 한국 드라마의 위상을 미루어 짐작할 수 있다.

SIGHTSEEING

이탈리아마을 피노키오 & 다빈치

한줄평 피노키오와 다빈치, 베네치아를 만날 수 있는 곳 경기도 가평군 청평면 호반로 1063 031-584-8200 09:00~18:00(피노키오의 모험 공연 11:30, 15:30 마리오네트 퍼포먼스 09:30, 11:00, 14:00, 16:00) ₩ 12,000원~16,000원 **추천 나이** 1세부터 **추천 계절** 봄~가을 **주변 명소** 쁘띠프랑스 http://www.pinovinci.com

한국 속의 작은 이탈리아

쁘띠프랑스 바로 옆에 있다. 쁘띠프랑스와 같은 입구를 사용한다. 매표소 기준으로 위쪽이 이탈리아마을이다. 쁘띠프랑스는 어린 왕자가 방문객을 맞이해주는데, 이탈리아마을은 거대한 피노키오가 두 팔을 벌려 환영해 준다. 입구에서 오르막길로 올라가며 건물과 야외 볼거리를 구경하는 구조를 갖추고 있다. 쁘띠프랑스보다 마을 분위기가 차분하다. 건물 외관 또한 밝은 단색보다는 부드러운 색이 많아서 따뜻한 분위기가 느껴진다. 이탈리아마을은 '피노키오와 다빈치'라는 부제를 달고 있다. 그 이유는 이탈리아의 대표 소설 〈피노키오〉와 르네상스 시대의 이탈리아 천재 화가인 레오나르도 다빈치를 주제로 하기 때문이다. 마을 안에는 실제로 다빈치박물관이 자리하고 있다. 피노키오의 모험과 마리오네트 퍼포먼스가 매일 열린다. 가장 높은 곳까지 올라가면 베네치아 마을이 펼쳐진다. 실제 사이즈와 동일한 거대한 곤돌라가 있는데 이탈리아 마을에서 가장 사진이 예쁘게 나오는 포토 존이다. 베네치아의 가면 축제를 모티브로 하여 매년 베니스 가면 축제가 열린다.

SIGHTSEEING

에델바이스 스위스테마파크

한줄평 자연풍경이 아름다운 스위스 마을 경기도 가평군 설악면 다락재로 226-57 031-5175-9885
09:00~18:00(요들송 공연 토~일 12:30, 13:30 ₩ 8,000원(36개월 이하 무료) **추천 나이** 1세부터
추천 계절 봄~가을 **주변 명소** 가평양떼목장, 쁘띠프랑스, 이탈리아마을 http://www.swissthemepark.com

아이들이 좋아하는 체험 거리가 다양하다

가평군 설악면 이천리의 산골에 있다. 스위스 작은 마을의 축제를 주제로 꾸민 이국적인 유럽 마을이다. 마을은 비스듬한 산자락에 자리 잡고 있다. 아기자기한 마을도 예쁘지만, 설악면의 산골 풍경과 어우러져 실제 스위스의 작은 마을에 온 듯한 기분을 느낄 수 있다. 마을 중간쯤 올라가면 카페를 만나게 되는데, 이곳에서 바라보는 전망이 제일 아름답다. 마을에서는 스위스를 주제로 하는 전시, 스위스 전통음식, 음악 공연, 스위스 문화 등을 체험할 수 있다. 마을에 들어서면 스위스테마파크의 마스코트 곰 인형이 반겨준다. 포토 존에서 곰 인형을 쓰고 멋진 사진을 찍을 수 있다. 포토 존 주변으로 하이디 폭포와 양목장이 있다. 양목장에선 먹이 주기 체험을 할 수 있다. 마을 끝까지 올라가면 여러 체험 거리와 요들송 공연장이 나온다. 공연은 주말에만 진행된다. 공연이 아니더라도 치즈퐁뒤 체험, 치즈 만들기, 전통 의상 체험 등 다양한 문화 체험을 할 수 있다. 아이들이 좋아하는 트램펄린과 미니골프장, 간식을 먹기 좋은 트레인 펍, 그리고 가장 인기 있는 플라워 슬라이드도 있다.

SIGHTSEEING

가평양떼목장

서울 근교의 먹이 주기 체험 목장

가평군 설악면 천안리의 푸른 언덕에 있다. 자연 속에서 동물들과 가까이서 교감하고, 먹이 주기 체험도 가능한 목장이다. 가평양떼목장의 가장 큰 장점은 입지가 서울 근교라는 점이다. 먹이 주기 체험을 하고, 동물을 구경하며 한 바퀴 둘러보는 데 반나절이면 충분하다. 가평 양떼목장 입장권은 건초 체험이 포함된 기본 입장권과 카페 음료가 포함된 패키지 입장권이 있다. 동물은 양, 알파카, 토끼, 미어캣이 주를 이룬다. 양과 알파카는 가까이서 건초를 줄 수 있다. 슬라이드 튜브 미끄럼틀은 아이들이 특히 좋아한다. 이용료는 무료이다. 스위스테마파크의 플라워 슬라이드와 흡사하다. **한줄평** 카페 전망이 아름다운, 양과 알파카 먹이 주기 체험 농장 경기도 가평군 설악면 유명로 1209 031-585-1155 **먹이 주기 체험** 10:00~17:40 **목장 카페** 10:00~19:00 ₩8,000원~13,000원(증빙서류 지참 시 24개월 이하 무료) **추천 나이** 1세부터 **추천 계절** 봄~가을 **주변 명소** 스위스테마파크, 쁘띠프랑스, 이탈리아마을 https://www.instagram.com/gapyeong.sheep_official

SIGHTSEEING

스위티안호텔 & 리조트

호수 전망 낭만 숙소

가평군 설악면의 청평호 바로 옆에 있는 호수 전망 호텔이다. 가평양떼목장과 쁘띠프랑스에서 자동차로 10분 거리에 있다. 호텔 외관이 퍽 세련되고 현대적이다. 객실은 물론 레스토랑에서 아름다운 청평호를 마음껏 감상할 수 있다. 인피니티풀에서는 바로 앞이 청평호이다. 스위티안호텔에서는 수상레저도 즐길 수 있다. 일부러 업체를 찾아갈 필요 없이 로비에서 바로 예약이 가능하다. 호텔 옆 호수 위로 건물이 보인다. 이곳은 스위티안 선상 카페이다. 낭만적인 분위기에서 커피와 음료, 피자를 즐길 수 있다. 스위티안 레스토랑에서도 호수를 바라보며 스테이크, 파스타, 피자 등을 즐길 수 있다. **한줄평** 선상 카페와 인피니티풀이 아름다운 호수 뷰 호텔
경기도 가평군 설악면 자잠로 229 0507-1449-5301 체크인/체크아웃 15:00/11:00
추천 시설 선상 카페, 인피니티풀 **주변 명소** 가평양떼목장, 쁘띠프랑스 http://hotelsuiteian.com

SIGHTSEEING

포천아트밸리

한줄평 포천 명소 1번지 경기도 포천시 신북면 아트밸리로 234
1668-1035 09:00~18:00(3~10월 일요일은 19:00까지, 금·토·공휴일은 22:00까지)
₩ 1,500원~5,000원(모노레일 편도 2,600원~4,300원, 왕복 3,300원~5,300원)
추천 나이 1세부터 **추천 계절** 사계절 **주변 명소** 허브아일랜드 https://artvalley.pcfac.or.kr

채석장이 매력적인 예술 공원으로

포천에서 아이와 가볼 만한 곳으로 첫손에 꼽히는 곳이다. 포천아트밸리는 원래 화강암 채석장이었다. 1960년대부터 30여 년 동안 청와대, 국회의사당, 인천국제공항 건물을 이곳의 화강암으로 지었다. 2009년 폐채석장을 친환경적으로 복원하여 복합 예술문화공원으로 만들었다. 주요 볼거리로는 천주호, 하늘정원 전망대, 조각공원, 천문과학관이 있다. 볼거리가 입구에서 멀리 떨어져 있기에 도보로 이동하거나 모노레일을 탑승해야 한다. 오르막 경사가 20도라서 유모차를 이용하기엔 쉽지 않다. 모노레일 탑승을 추천한다. 모노레일은 유료이다. 왕복으로 탑승해도 좋고, 올라갈 때만 이용하고 관람 후엔 도보로 내려오는 것도 괜찮다. 포천아트밸리의 최고 명소는 '천주호'다. 화강암을 채석하기 위해 판 웅덩이에 빗물과 샘물이 흘러들면서 자연스럽게 만들어진 호수이다. 최대 수심이 25미터로 가재와 도롱뇽이 사는 1급수 호수다. 화강암 절벽을 배경으로 멋진 사진을 남길 수 있다. 사계절 풍경이 달라서 언제 가도 이국적이다.

SIGHTSEEING

허브아일랜드

한줄평 축제가 끊이지 않는 허브 테마파크
경기도 포천시 신북면 청신로947번길 51 031-535-6494
10:00~21:00(수요일 휴무) ₩ 8,000원~10,000원 **추천 나이** 1세부터 **추천 계절** 봄~가을
주변 명소 포천아트밸리, 연천전곡리유적 http://www.herbisland.co.kr

향기 가득한 허브의 나라

허브와 허브의 원산지인 지중해를 주제로 만든 테마파크이다. 구역은 크게 힐링존, 산타존, 베네치아존, 향기존으로 나누어져 있다. 각 구역은 아이들이 즐기기 좋은 체험시설과 볼거리가 다채롭다. 여기에 쇼핑 시설도 갖추고 있다. 허브아일랜드에선 봄부터 가을까지 축제가 열린다. 봄철의 향기샤워축제, 여름철의 라벤더축제, 가을의 핑크뮬리축제이다. 사람들이 가장 많이 방문하는 시기는 라벤더와 핑크뮬리축제 기간이다. 라벤더 축제는 4월 말부터 6월 말까지, 핑크뮬리 축제는 9월 말부터 11월30일까지 열린다. 축제가 열리는 스카이 허브핌까지는 오르막길이 있어서 유모차로 이동하기엔 불편하다. 트랙터 마차 이용을 추천한다. 또한 허브아일랜드에선 매일 밤 화려한 조명이 정원을 밝혀주는 불빛동화축제가 열린다. 아름다운 조명이 정원을 장식해 낭만적인 분위기를 연출한다. 허브아일랜드 안에 레스토랑, 카페, 기념품 가게, 향기 체험관 등도 있다. 허브아일랜드는 허브식물박물관도 운영하고 있다.

SIGHTSEEING

서운동산

체험 거리와 놀거리가 많은 소풍 명소

포천시 내촌면 마명리 왕숙천 옆에 있다. 1987년 휴양 테마정원으로 문을 열었다. 산책로와 친환경 펜션, 바비큐장, 블루베리 농장, 동물농장, 물놀이장, 아름다운 정원을 갖추고 있다. 봄부터 가을까지 피크닉을 즐기기 좋고, 여름이면 추가 비용 없이 물놀이장을 이용할 수 있다. 가을에는 형형색색 아름다운 단풍이 물들어 서정적인 정취를 만끽하기 좋나. 조금 더 여유롭게 서운동산을 즐기고 싶다면 하룻밤 친환경 펜션에 머물기를 추천한다. 펜션 예약은 홈페이지에서 할 수 있다. 밤 줍기, 동물 먹이 주기 체험이나 셀프 바비큐 패키지 등은 네이버로 예약하는 게 편리하다. 카페와 레스토랑도 갖추고 있다. **한줄평** 피크닉을 즐기기 좋은 휴양 테마 정원 경기도 포천시 내촌면 마명리 127-3 031-533-9090 09:00~17:00(주말과 공휴일은 18:00까지) ₩5,000원~7,000원 **추천 나이** 1세부터 **추천 계절** 봄~가을 **주변 명소** 포천아트밸리 http://www.seowoon.co.kr

SIGHTSEEING

동두천치유의숲

몸과 마음에 휴식을 주는 숲 체험 프로그램

동두천자연휴양림 안에 있다. 치유의숲의 체험 프로그램은 제법 다양하다. 내 마음의 산책, 슬기로운 가족생활, 인생의 봄날, 마음 챙김 프로젝트까지 모두 4종류이다. 이 중에서 아이와 참여하기 좋은 프로그램은 슬기로운 가족생활이다. 산림치유지도사와 치유의숲을 걸으며 오감 산책과 산림욕을 즐기고, 족욕 및 온열치료 등 힐링 체험 프로그램으로 구성돼 있다. 평소에 경험하지 못하는 자연을 마음껏 느낄 수 있어서 좋고, 무엇보다 아이와 부모가 서로 깊이 교감할 수 있어서 소중한 경험으로 남게 될 것이다. 치유의숲 체험은 홈페이지를 통해 예약해야 한다. 예약이 차지 않을 때는 현장 신청도 할 수 있다. **한줄평** 슬기로운 가족생활을 도와주는 숲 체험 공간 경기도 동두천시 탑동가산로 1 0507-1326-3497 10:00~12:00, 14:00~16:00(월요일 휴무) ₩2,000원~5,000원 **추천 나이** 3세부터 **추천 계절** 사계절 **주변 명소** 놀자숲 www.foresttrip.go.kr/indvz

SIGHTSEEING

놀자숲테마파크

신나는 자연 속 신체 놀이터

동두천자연휴양림 바로 아래에 있다. 놀자숲은 자연을 벗 삼아 신나게 놀 수 있는 국내 최대 규모의 숲 체험 테마파크이다. 실내와 실외 체험시설이 있다. 실내 시설로는 14가지 암벽 등산 체험이 가능한 펀 클라임과 에어리얼 로프코스, 네트 어드벤처, 미끄럼틀 슬라이드 등이 있다. 대부분 3세부터 가능한 체험시설이다. 실외엔 익스트림 슬라이드, 포레스트 어드벤처 등이 있다. 6세 이상, 키가 120m 이상 되어야 제대로 즐길 수 있다. 12월부터 2월까지는 눈썰매장을 개장한다. 숲 체험시설뿐만 아니라 눈썰매장까지 갖추고 있어서 사계절 어느 때나 이용하기 좋다. **한줄평** 국내 최대 숲 체험 테마파크 경기도 동두천시 탑동가산로 1 0507-1364-5572 10:00~18:00(월요일 휴무) ₩10,000원~50,000원(실내권, 실외권, 통합권, 종일권, 오후권, 보호자권에 따라 요금 상이) **추천 나이** 3세부터 **추천 계절** 사계절 **주변 명소** 동두천자연휴양림 https://noljasoop.modoo.at/

SIGHTSEEING

한탄강어린이 교통랜드

장비와 시설이 좋은 교통 체험장

차박 캠핑으로 유명한 연천 한탄강 유원지 일대에 자리 잡은 교통 체험장이다. 교통질서와 안전 교육을 재밌는 체험을 통해 배울 수 있다. 다양한 교통 상황을 이해할 수 있도록 신호등과 횡단보도 시설은 물론 자전거와 자동차, 버스까지 준비해 놓고 있다. 여기에 영상 체험이 가능한 디지털 장비들도 갖추고 있어서 아이들이 흥미를 느끼기에 충분하다. 어린이교통랜드 주변으로 연천전곡리유적과 아이들이 놀기 좋은 야외놀이터와 공룡을 전시해 놓은 어린이캐릭터원이 있어서 함께 둘러보기 좋다. 어린이교통랜드는 무료이다. 단체 예약이 있는 날은 개인 방문이 어려우니 사전에 확인하도록 하자. **한줄평** 체험으로 배우는 교통질서와 교통안전 경기도 연천군 전곡읍 선사로 14-71 031-833-0514 10:00~17:00(점심시간 12:00~13:00, 주말과 공휴일 휴무) ₩ 무료 **추천 나이** 1세부터 **추천 계절** 사계절 **주변 명소** 연천전곡리유적, 어린이캐릭터원 https://yccs.or.kr/pub/trafficland_guide.do

SIGHTSEEING

연천전곡리유적

한줄평 구석기 발견 유적지로 석기시대 체험하러 가자. 경기도 연천군 전곡읍 양연로 1510
031-833-0514 **3월~10월** 09:00~18:00 **11월~2월** 09:00~17:00(체험 프로그램 운영 4월 1일~11월 13일 매주 수요일~일요일/전곡선사박물관 10:00~18:00, 월요일 휴무) ₩ 무료 **추천 나이** 1세부터 **추천 계절** 사계절
주변 명소 어린이캐릭터원, 한탄강어린이교통랜드 https://www.yeoncheon.go.kr/seonsa/index.do

30만 년 전으로 떠나는 시간 여행

경기도 연천군 전곡읍 한탄강 옆에 있다. 30만 년 전 이곳에 살았던 사람들이 사용한 구석기 유물 3천여 점이 이곳에서 나왔다. 대표적인 유물은 주먹도끼이다. 이는 동아시아에서 처음 발견된 주먹도끼로, 세계적으로 큰 주목을 받았다. 이 외에도 가로날도끼, 뾰족끝찍개, 주먹찌르개 등 갖가지 유물이 발견되었다. 방문자센터와 전곡선사박물관에서 구석기 유물을 살펴볼 수 있다. 토층전시관에서는 연천의 지질 명소 정보도 얻을 수 있다. 방문자센터를 나오면 넓은 공원 형태의 야외공간으로 이어진다. 야외 곳곳에 석기시대 생활을 엿볼 수 있는 모형들이 있어서 아이들의 호기심을 자극한다. 곳곳에 사진찍기 좋은 포토 존을 갖추고 있다. 넓은 잔디광장은 소풍을 즐기기 그만이다. 즐길만한 체험 거리로는 선사체험마을과 어린이 파크골프가 있다. 선사체험마을에선 주먹도끼 발굴 체험, 선사시대 사냥 체험 등을 할 수 있다. 파크골프는 골프용품 대여 후 자율적으로 이용할 수 있다. 개인 체험자는 주말 및 공휴일만 이용할 수 있다. 연천군 통합 예약 홈페이지에서 예약해야 한다.

SIGHTSEEING

연천호로고루

한줄평 해바라기 축제가 열리는 연천 명소 경기도 연천군 장남면 원당리 1258
031-832-2570 09:00~18:00 ₩ 무료 **추천 나이** 1세부터 **추천 계절** 9월 초순~중순
주변 명소 연천전곡리유적, 어린이캐릭터원, 한탄강어린이교통랜드 https://www.yeoncheon.go.kr/seonsa/index.do

고구려 성터에서 열리는 해바라기 축제

호로고루는 경기도 연천군 장남면 임진강 옆에 있는 고구려의 성곽이다. 정확하게는 임진강 북안의 현무암 절벽 위에 있다. 삼국시대 임진강은 백제와 대치하는 고구려의 남쪽 국경지대였다. 고구려로서는 이곳이 군사적으로 무척 중요한 요충지였다. 호로고루는 고구려의 남쪽 국경을 지키는 성곽이었던 셈이다. 현재 성곽의 동벽과 남벽, 북벽, 고구려의 건물지, 동벽 전망대, 호로하 전망대 등이 있다. 역사적으로 중요한 지역인만큼 사적으로 지정되었다. 호로고루가 유명한 또 다른 이유는 가을이면 해바라기 축제가 열리기 때문이다. 축제는 매년 9월 초부터 중순까지 열린다. 축제 시즌엔 호로고루 아래 드넓은 터를 노란 꽃이 가득 물들인다. 그 모습이 감탄이 절로 나올 만큼 아름답다. 잔디밭과 해바라기밭에 포토 존이 많아서 아이와 사진을 찍으며 나들이 즐기기에 좋다. 호로고루에 왔다면 동벽 전망대는 꼭 올라가 보자. 작은 언덕이라 누구나 쉽게 오를 수 있다. 전망대 오르면 임진강 뷰가 속이 뻥 뚫릴 정도로 시원하게 펼쳐진다.

경기도 북부권 맛집과 카페

Restaurant & Cafe

RESTAURANT

대종칼국수

한줄평 칼국수부터 수육 보쌈까지 다 맛있는 맛집
경기도 고양시 일산동구 정발산로 38, 130호
0507-1393-1483 매일 11:00~22:30
건물 주차장(1시간 무료) **주변 명소** 일산호수공원

3대가 운영하는 칼국숫집

일산 대종칼국수는 할머니와 아들, 손주까지 3대가 운영하는 칼국숫집으로 유명하다. 메인 메뉴는 한우 사골 칼국수와 차돌 비빔 칼국수, 콩국수, 항아리 부추전, 한판 육전, 항아리 수육보쌈 등이다. 수육 보쌈은 국내산 암퇘지만을 이용하여 기름진 데다 맛이 담백하고, 배추김치는 직접 담가 감칠맛이 난다. 한우 사골 칼국수는 자가 제면에 숙성까지 거쳐 면발이 쫄깃하다. 거기다 특수제작한 가마솥에 24시간 끓여낸 한우 사골 육수는 설렁탕 국물보다 진하다. 건물 주차장에 주차하면 1시간 무료이고, 정발산역 1번 출구에서 도보 5분 거리라 대중교통으로 방문하기도 편리하다.

RESTAURANT

카츄마마
파주아웃렛점

한줄평 다양한 메뉴의 돈가스 맛집
경기도 파주시 탄현면 필승로 200, 3층 푸드코트 오른쪽 섹션
031-8071-7494 월~목 10:30~20:30, 금~일 10:30~21:00
아웃렛 주차장 **주변 명소** 파주신세계프리미엄아웃렛, 파주출판단지

다양한 메뉴의 돈가스 맛집

파주 신세계 프리미엄 아웃렛에 있는 돈가스 전문점이다. 귀여운 상호를 가진 맛집인데, 메뉴 또한 돈카츄, 투카츄, 로파돈 등 귀여운 이름이다. 그러나 그 조합은 평범하지 않다. 대표 메뉴는 로파돈이다. 로파돈은 로제파스타와 돈가스 거기에 음료가 더해진 조합이다. 그리고 철판치즈누룽지돈카츄, 투카츄오리지널돈가스+치즈가스+음료 등도 있다. 로파돈은 살짝 중독성 있는 매콤한 맛이 가미되어 있다. 매콤한 맛에 익숙하지 않은 아이와 함께라면 돈가스와 오므라이스가 더해진 돈무라이스, 오리지널 돈가스에 치즈가스가 더해진 투카츄, 냉메밀과 새우튀김에 음료가 나오는 냉메밀 세트를 추천한다.

캠핑하는오리

한줄평 캠핑 분위기 가득한 파주 오리주물럭 맛집
경기도 파주시 탄현면 요풍길 88
0507-1415-1740 10:30~21:30(라스트오더 20:30)
가게 앞 주차장 **주변 명소** 프로방스마을, 헤이리예술마을

캠핑하는 기분으로 즐기는 DIY 식당

파주 헤이리예술마을 인근에 있는 오리주물럭 맛집이다. 식당 실내는 상호에서 알 수 있듯이 캠핑 분위기가 물씬 흐른다. 게다가 크고 작은 많은 오리 인형들이 가게를 채우고 있어서 마치 카페처럼 아늑한 분위기가 느껴지기도 한다. 캠핑하는 오리는 DIY 식당이다. 고기, 주류, 음료를 제외한 나머지 모든 채소와 식재료 반입이 가능하다는 장점이 있다. 물론 원한다면 식당에서 판매하는 쌈과 버섯, 파채, 부추, 미나리, 치즈, 우동 사리 등 다양한 토핑과 채소들을 더해서 오리고기를 즐길 수 있다. 워낙 토핑이 많으니, 식당에서 추천하는 조합을 참고해 보자. 아이 동반 가족은 맛있고 담백한 오리로스 추천!

청평호반 닭갈비막국수

한줄평 닭갈비와 막국수가 맛있는 블루리본 맛집
경기도 가평군 청평면 강변로 45-7 0507-1323-5921
10:30~20:00(브레이크타임 15:30~16:30, 화요일 휴무)
전용 주차장, 주변 공영주차장 **주변 명소** 아침고요수목원, 아침고요가족동물원, 쁘띠프랑스

블루리본 닭갈비 맛집

가평군 청평면 하나로마트 부근에 있다. 블루리본 맛집으로 유명하다. 대기 줄이 긴 편이어서 테이블링 앱에서 예약하고 가면 편리하다. 대표 메뉴는 상호에서 알 수 있듯이 닭갈비와 막국수이다. 닭갈비를 주문하면 동치미, 쌈 등의 반찬이 단출하게 나오지만, 동치미 맛이 예사롭지 않다. 닭갈비에 고구마, 우동 사리 등을 추가할 수 있으나, 양이 푸짐한 편이니 먹어보면서 결정하자. 닭갈비를 다 먹고 나면 밥을 볶아서 볶음밥을 맛볼 수도 있다. 닭갈비도 맛있지만, 막국수도 아주 맛이 좋다. 직원들은 친절하고 실내 고객 대기실도 갖추고 있다. 아이 동반 가족을 위해 아기 의자도 준비되어 있어 편리하다.

RESTAURANT

진수성찬

한줄평 가평 국도에서 만난 쌈밥 맛집
경기도 가평군 설악면 유명로 1685
031-584-3325 06:00~20:00(라스트오더 19:00, 목요일 휴무)
매장 앞 전용 주차장 **주변 명소** 쁘띠프랑스, 이탈리아 마을

우렁쌈정식, 생선구이, 닭볶음탕

가평 맛집 진수성찬은 우렁쌈정식을 비롯해서 생선구이, 닭볶음탕, 오리백숙, 제육, 찌개 등 다양한 한식 메뉴를 맛볼 수 있는 곳이다. 대표 메뉴는 청국장과 제육, 고등어가 포함된 우렁쌈정식이며, 여기에 포함된 청국장은 오랜 시간 직접 끓여 깊은 맛이 고스란히 혀끝에 전해진다. 메인 메뉴는 물론이고 기본 밑반찬이 다채롭고 맛있어 밥 한 공기 더 먹고 싶어진다. 이른 아침(06:00)부터 맛있는 식사가 가능한 맛집이니 참고하자. 설악IC에서 자동차로 5분 거리이며, 가평 대표 관광지 쁘띠프랑스, 이탈리아 마을과 가깝다.

RESTAURANT

사랑굿 숯불닭갈비막국수

한줄평 40년 전통의 가평 닭갈비 맛집
경기도 가평군 조종면 운악청계로 419
031-584-9627
매일 09:00~21:00
식당 앞 주차장 **주변 명소** 아침고요수목원

막국수와 같이 먹는 닭갈비

가평 운악산 인근에 자리 잡은 40년 전통의 닭갈비 맛집이다. 실내는 약 70명까지 수용할 수 있으며, 11월까진 야외 식사도 가능하다. 숯불 닭갈비는 고추장 양념, 간장 양념, 소금 양념까지 모두 3가지 맛이 있다. 한번 초벌구이 되어 나오기 때문에 조금 더 익혀서 금방 먹을 수 있다. 함께 먹기 좋은 메뉴로는 퐁뒤치즈, 막국수비빔, 물, 온, 된장정식, 메밀만둣국겨울 등이 있다. 닭갈비 양이 살짝 적다는 느낌을 받을 수 있지만, 맛은 매우 좋다. 메밀 막국수 또한 닭갈비 이상의 만족도를 자랑한다. 보통과 곱빼기, 후식 막국수까지 3종류인데 후식도 양이 적지 않다. 막국수를 닭갈비와 같이 먹는 게 가장 맛있게 먹는 방법이다.

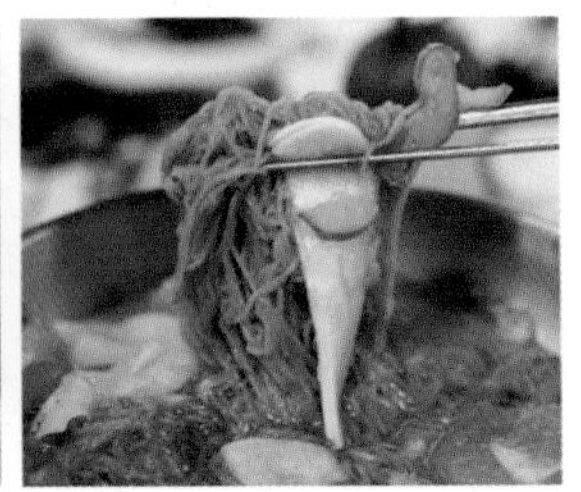

RESTAURANT

경자회관

한줄평 정통 돌판구이 한우 맛집
경기도 동두천시 천보산로 653
0507-1329-2693
10:30~22:00(15:00~17:00 브레이크타임, 월요일 휴무)
식당 앞 주차장 **주변 명소** 동두천 자연휴양림

돌판에서 구워지는 한우

경지회관은 최고급 한우(1++) 전문 식당으로 한우 외에도 다양한 식사 및 사이드 메뉴를 즐길 수 있다. 밑반찬이 하나하나 다 맛있다. 독특한 점은 한우를 돌판에 구워 먹는다는 것이다. 처음엔 돌판이 달구어지는데 시간이 걸리지만, 한번 달궈지면 열이 균등하게 유지되어 고기를 계속 굽기 편리하다. 고기를 다 먹은 후엔 돌판에 소고기 된장찌개를 끓여 먹을 수도 있다. 소고기가 아낌없이 들어간 칼칼한 된장찌개로 중독성이 굉장하다. 경자회관은 프라이빗 룸도 있고 넓은 홀도 있어 가족 모임뿐만 아니라 각종 단체모임 식사 장소로도 적합하다. 단체예약은 6인부터 최대 50인까지 할 수 있으며, 애견 동반 시 방갈로 룸으로 4인 예약도 가능하다.

RESTARTAURANT

평양손만두

한줄평 만둣국이 맛있는 평양 손만두 맛집
경기도 연천군 백학면 청정로46번길 20, 3호
0507-1417-5103
05:10~17:00(라스트오더 16:30, 월요일 휴무)
가게 앞 야외 주차장 **주변 명소** 호로고루

만둣국이 별미

연천 자유로 CC 인근에 있는 작은 손만두 맛집이다. 메뉴 구성은 간단하다. 만둣국은 매운맛과 순한 맛으로 나뉘고, 찐만두와 평양냉면 등이 있다. 냉면과 만두를 모두 맛볼 수 있는 세트 메뉴도 있다. 만둣국은 별미이다. 만둣국의 만두피는 쫀득쫀득하고 만두 속은 다른 집 만두보다 약간 적게 넣어, 만두 모양을 넓고 납작하게 만드는데, 이게 아주 맛있다. 매운맛 만둣국은 맵다기보단 매콤한 맛이며, 만두가 푸짐히 들어있는 얼큰한 만둣국이다. 아이에겐 순한 맛 만둣국과 속이 알찬 찐만두를 추천한다. 이 집 냉면은 평양냉면이라 심심한 맛이긴 한데, 어느 정도 간이 잡혀있는 편이라, 소금이나 식초, 겨자를 더하지 않고 기본 맛 그대로 먹는 게 가장 맛있다. 이른 아침부터 영업을 시작하지만, 마감이 빨라 저녁 식사는 어렵다. 영업시간을 참고하자.

CAFE & BAKERY

옐로우마운틴

한줄평 도심 속의 과수원 품에 안긴 일산의 대형 카페

경기도 고양시 일산동구 대주로 341-1

0507-1383-5266

11:00~19:20(라스트오더 18:50, 월요일 휴무)

주차장 있음 **주변 명소** 일산호수공원

직접 재배한 과일로 만든 베이커리와 음료

일산의 대형 카페 옐로우마운틴은 과수원 안에 있다. 1970년부터 있던 과수원인데 현재는 카페와 함께 운영된다. 과수원에서 직접 재배한 과일들로 만든 다양한 베이커리와 음료를 맛볼 수 있다는 점이 특별하다. 추천할 만한 베이커리는 리코타파이, 배크럼블타르트, 배크럼블파이 등이다. 배크럼블파이는 피넛 버터의 고소한 맛을 가진 크럼블과 과수원에서 재배한 신고 품종의 배를 조려 만든 수제 파이로 인기 베이커리 중 하나이다. 달콤한 캐러멜소스와 고소한 피칸이 가득한 수제 피칸파이도 꾸준한 인기를 얻고 있다. 100% 착즙한 배 주스를 팩으로 구매할 수도 있다. 과수원에서 직접 재배하여 수확한 당도 높은 배를 엄선해 만들어 믿고 먹을만하다. 야외엔 과수원과 더불어 복숭아, 미니 사과 등의 과수나무가 있는 앞마당도 있다. 앞마당에도 앉아 쉴 수 있는 테이블이 있어 날씨가 좋은 날이면 베이커리와 음료를 즐기기 좋다.

CAFE & BAKERY

밀크북

한줄평 아이와 책 읽기 좋은 파주출판단지의 북카페
경기도 파주시 회동길 121, 1층 0507-1365-3966
매일 09:00~20:00(어린이책방 평일 19시 마감)
₩ 영화관 입장료 10,000원~16,000원
Ⓟ 전용 주차장 **주변 명소** 파주출판단지, 지혜의 숲

커피 마시고, 책도 사고, 영화도 보고

파주출판단지 지혜의 숲 인근에 있는 북카페이다. 맛있는 커피와 음료, 베이커리 등을 즐길 수 있고, 새 책과 중고 책을 살 수도 있고, 책을 읽을 수도 있다. 밀크북은 어린이 도서 전집 공식 판매점이기도 하다. 평소에 구매하고 싶었던 전집을 실물로 확인하고 살펴볼 수 있어 더욱 좋다. 밀크북이 유명한 또 다른 이유는 '밀크북 바이 모노플렉스'라는 키즈 전용 영화관이 있기 때문이다. 부모 동반 입장도 가능하고 아이만 입장도 가능하다. 아이만 입장한 경우 부모는 1층에서 CCTV를 통해 아이의 모습을 확인할 수 있다. 영화관은 12개월 미만부터는 무료입장이다.

CAFE & BAKERY

콘소넌스 카페베이커리

한줄평 뷰가 아름다운 자연 속의 베이커리 카페
경기도 파주시 파평면 파평산로363번길 32-9 031-952-2002
09:00~18:00(화요일 휴무)
Ⓟ 주차장 있음
주변 명소 율곡수목원, 임진각

맛있는 드립 커피와 베이커리

파주 파평면에 있는 동화힐링캠프 글램핑 들어가는 입구에 자리한 베이커리 카페이다. 자연 속에서 힐링하는 기분을 만끽할 수 있어 더욱 좋다. 카페 내부는 엔틱함과 모던함이 더해져서 아늑하며, 제과 기능장 전민선 총괄 셰프가 운영하는 카페라 베이커리가 맛있기로 유명하다. 또한 100% 스페셜티 드립 커피를 맛볼 수 있어 커피 애호가들의 관심을 받고 있다. 콘소넌스는 실내도 좋지만, 야외에도 잔디와 테이블, 오두막, 집라인 등을 갖추고 있어 아이들이 놀기 좋아 가족 단위 여행객이 많이 찾는다.

CAFE & BAKERY

카페모씨

💬 **한줄평** 캠핑 감성 가득한 카페에서 베이커리부터 식사까지
📍 경기도 양주시 백석읍 중앙로 138-47
📞 0507-1357-0935
🕓 매일 10:00~22:00
Ⓟ 주차장 있음 📷 **주변 명소** 양주조명박물관

캠핑 감성이 가득

양주의 카페모씨는 4층 건물에 루프톱까지 갖춘 대형 카페다. 카페지만 다양한 식사 메뉴부터 음료와 베이커리까지 취향에 맞게 즐길 수 있다. 모씨의 특별함은 실내에서도 야외에 있는 듯한 착각이 들 정도로 캠핑 분위기가 난다는 데에 있다. 계곡처럼 물이 흐르고 이끼가 낀 바위나 넝쿨 숲속 나무들로 꾸며져 있어 신비로움을 자아낸다. 1층과 2층은 카페 공간이다. 2층 일부 공간은 실내 데크가 있으며, 그 위에 설치된 소형 텐트 체험이 가능하다. 3, 4층은 아웃도어 랜드마크라는 캠핑 & 아웃도어 매장이 들어서 있다. 5층은 루프톱으로 야외 포토 존이다. 대형 텐트 10여 종을 전시해 두어 구매도 할 수 있고, 무료 캠핑 텐트 체험에 식사까지 즐길 수 있다. 이 외에도 카페 모씨는 야외 정원 캠핑 존이 있어 불멍 체험20,000원을 할 수 있다. 바짝 말린 국내산 참나무 장작으로 야외 캠핑장에서 불멍을 즐기는 것이다. 야외 정원에서는 불멍 체험이 아니더라도 누구나 캠핑 텐트 좌석에 앉아 커피를 마시며 쉴 수 있다.

CAFE & BAKERY

스타벅스 가나아트파크점

한줄평 국내 첫 예술 협업 스타벅스 매장
경기도 양주시 장흥면 권율로 117 1522-3232
09:00~20:00
건물 뒤쪽 전용 주차장 **주변 명소** 가나아트파크

전시도 보고 맛있는 음료와 케이크도 먹고

아이와 가 볼 만한 미술관으로 유명한 가나아트파크 바로 옆에 있다. 국내 첫 예술 협업 매장이라는 점에서 특별한 곳이다. 인테리어 또한 평범하지 않다. 통나무집 구조로 모두 2층까지 있으며, 계단을 이용해서 오를 수 있다. 테이블은 1~2층에 고루 놓여 있으며, 편안한 좌석은 대부분 2층에 있다. 국내 첫 예술 협업 매장이라 1층엔 기획전시로 다양한 전시가 연중 열린다. 게다가 이 매장에서만 판매하는 스페셜 메뉴가 있다. 딸기 글레이즈드 크림 프라푸치노와 통나무집 모양의 가나슈 하우스 케이크가 그 주인공이다. 딸기 그레이즈드 크림 프라푸치노는 그레이즈드 소스에 바삭한 딸기 토핑이 더해져 당 충전하기 좋은 스페셜 메뉴다.

CAFE & BAKERY

카페신하리1955

한줄평 주말에만 운영하는 가평 한옥 카페
경기도 가평군 조종면 연인산로100번길 26-149 0507-1325-3703
금~일 11:00~18:00(월~목 휴무)
주차장 있음 **주변 명소** 아침고요수목원

고향 시골집처럼 편안한 카페

한옥 가정집 느낌이 물씬 나는 가평의 카페 신하리1955는 시골 마을 안쪽에 있다. 잔디마당과 흔들 그네가 있어서 아이들이 놀기 좋다. 실내는 신발을 벗고 들어가 바닥에 앉아서 쉴 수 있는 고향 시골집 분위기로 어느 카페보다 편안함을 느낄 수 있다. 카페 공간과 카운터 공간 입구가 다르고 아예 분리되어 있으므로, 카운터에서 주문하기 전에 자리가 있는지 미리 확인하자. 신하리1955는 금요일부터 일요일까지 오전 11시부터 저녁 6시까지만 운영하며 규모도 작은 편이다. 하지만 이런 조건들을 맞추어 방문한다면 편안하게 쉬었다 갈 수 있는 힐링 카페이다.

골든트리

한줄평 북한강 뷰가 아름다운 대형 카페
경기도 가평군 가평읍 북한강변로 326-124
0507-1388-9872
월~금 10:00~19:00, 토·일 10:00~20:00 (라스트오더 18:30/19:30)
전용 주차장 **주변 명소** 쁘띠프랑스

카페 어디서나 멋진 리버 뷰

가평읍 금대리, 북한강이 보이는 한적한 곳에 자리한 대형 카페이다. 실내를 통유리로 꾸며 어디에서나 멋진 리버 뷰를 바라볼 수 있다. 가장 먼저 눈에 띄는 게 카페 외관이다. 얼핏 봐도 건물이 세련되고 현대적이다. 아니나 다를까! 골든트리 건물은 2022년 경기도건축문화상을 받았다. 그뿐 아니라 영화배우 공유가 모델로 나오는 커피 광고를 이곳에서 촬영했다. 카페 내부도 외관만큼 눈길을 끈다. 테이블 수를 억지로 늘려서 내부를 가득 채우지 않고 테이블을 여유롭게 배치했다. 그래서 방문객이 많아도 북적인다는 느낌이 다소 덜해서 여유롭게 쉬었다 가기 좋다. 골든트리의 인상적인 부분은 북한강 변 바로 앞까지 연결된 야외공간이다. 야외공간 때문에 날씨가 좋은 계절이면 아이와 뛰어놀거나 사진 찍으며 시간을 보내는 가족 단위 손님이나 연인들을 많이 찾아볼 수 있다.

CAFE & BAKERY

포어레스트

한줄평 단독주택을 개조한 자연 속의 힐링 카페
경기도 의정부시 녹양로 181 포어레스트
0507-1320-9356
11:00~24:00(연중무휴)
전용 주차장 **주변 명소** 의정부미술도서관

숲속의 카페

포어레스트는 서울 근교를 드라이브하다 의정부나 양주 방면에서 방문하기 좋은 녹양동의 카페이다. 카페 부근에 도착하면 건물이 보이기 전에 숲에 들어온 듯한 착각이 든다. 자연을 먼저 만나고 주차 후 카페를 향해 걷다 보면 야외 테이블과 더불어 쉴 수 있는 쉼터가 많아 자연스레 힐링하는 기분이 든다. 카페 실내 분위기는 차분하며, 창가엔 햇살이 가득하다. 손님이 많아도 아늑한 실내 분위기는 여전히 남아있다. 좌석 공간마다 콘셉트가 달라 취향에 따라 자리를 선택할 수 있는 것도 포어레스트만의 장점이다. 커피는 엄선된 스페셜티 원두로 구성된 4가지 원두를 에프터 블랜딩하여 만들어 정말 맛있다. 특히 라테가 맛있기로 유명하다. 커피 외에 에이드나 티, 초코라테 등도 있어 아이와 방문하기도 좋으며, 유기농 제품으로 만들어 믿고 먹을만하다.

CAFE & BAKERY

에즈

한줄평 의정부의 아늑한 브런치 카페
경기도 의정부시 천보로 14 민락글래드스톤 2층 2058호
0507-1498-2580
10:00~20:00(평일 브레이크타임 15:30~17:00, 주말 브레이크타임 없음, 화요일 휴무) 상가 주차장(민락글래드스톤 주차장) **주변 명소** 의정부미술도서관

오붓한 분위기에서 브런치 즐기기

의정부미술도서관 부근의 민락글래드스톤 상가에 있는 브런치 카페이다. 아담한 규모에 아기자기하고 오붓하게 식사 즐기기 좋은 분위기이다. 상호 에즈는 프랑스 남부 니스와 모나코 사이에 있는 연중 따뜻한 도시 이름에서 따온 것으로, 프랑스어로 편안함이나 안정을 뜻한다. 그래서 가게 분위기와 더 잘 어울린다. 메뉴는 샌드위치, 파스타, 스테이크, 샐러드, 라이스 등 다채로운 브런치 메뉴들이다. 이밖에 레몬, 자몽, 청포도, 오렌지 등 다양한 생과일주스와 커피, 아이가 먹기 좋은 요구르트, 코코아 등 선택의 폭이 넓다. 빵과 리코타 치즈는 직접 만든다.

CAFE & BAKERY

어가길베이커리카페

한줄평 사진 잘 나오는 크리스마스트리 포토 존 카페
경기도 포천시 군내면 어가길 72 A동 1층
0507-1361-7630 매일 10:00~22:00
전용 주차장 **주변 명소** 허브아일랜드

섬유공장에서 크리스마스트리 포토 존으로

섬유공장을 개조한 인더스트리얼 카페이다. 거대한 크리스마스트리 포토 존으로 유명해졌다. 구석구석 멋스러운 분위기가 난다. 모든 빵은 당일 생산, 당일 판매가 원칙이다. 그런데도 디저트 종류가 70여 가지나 되어 맛있는 빵과 디저트를 아이와 마음껏 즐길 수 있다. 시그니처 라테는 오렌지 특유의 맛에 아메리카노가 더해진 오렌지 블러썸이다. 아이가 먹기 좋은 인기 스무디로는 블루베리 요구르트스무디가 있다. 이 외에 청귤에이드와 흑임자라테, 자몽티가 꾸준한 인기를 얻고 있다. 편안하게 쉴 수 있는 좌석이 많으며, 여기저기 사진이 예쁘게 나오는 실내 포토존도 많다.

CAFE & BAKERY

왕방지기

한줄평 싱그러운 자연 속에서 커피 한잔
경기도 동두천시 탑동가산로 3
031-867-5249
11:00~20:00(라스트오더 19:30, 화요일 휴무)
상가 매장 앞 주차, 공영주차장 **주변 명소** 동두천 자연휴양림, 놀자숲

계곡 옆 카페

동두천 대표 관광지 중 하나인 자연휴양림과 놀자숲 입구에 있는 카페이다. 아늑한 카페 내부도 좋지만, 왕방지기 카페의 매력은 실내와 연결된 야외 카페 테라스다. 카페 밖에서 계단으로 내려가면 왕방계곡과 가까운 테이블에 자리를 잡을 수도 있다. 봄, 가을이면 계곡의 아름다운 풍경을 바라보며 쉬기 좋고, 여름이면 시원한 계곡에 발 담그고 즐길 수 있어 인기가 많다.

CAFE & BAKERY

카페오름

한줄평 아름다운 뷰와 야경으로 힐링하기 좋은 동두천 카페
경기도 동두천시 천보산로 675-22 오름
0507-1480-1492
11:00~22:00(15:00~17:00 식사만 브레이크타임, 주말엔 브레이크타임 없음)
전용 주차장 **주변 명소** 동두천 자연휴양림

아름다운 마을 뷰 맛집

동두천 탑동동 언덕 위에 있는 대형 카페이다. 자연과 어우러진 마을 풍경이 확 트여 있어 아름다운 뷰 맛집으로 유명하다. 커피와 음료를 판매하는 카페이자, 파스타와 스테이크 등으로 식사도 할 수 있는 레스토랑이라, 아이 동반한 가족 방문객이 많이 찾는다. 1, 2층은 모두 카페이고 3층은 루프톱이다. 루프톱은 오름의 자랑거리로 빼놓을 수 없다. 넓은 루프톱엔 편하게 눕거나 앉아서 쉴 수 있는 공간들이 많으며, 야경 포인트로 전망이 가장 아름답다. 그 밖에도 시즌에 따라 분위기를 달리하여 예쁘게 꾸며 카페 곳곳에 포토 존이 많다.

IBS TOWER
Central Park Busking

PART 8
인천광역시

인천은 어느 지역보다 독특하고 매력적이다. 차이나타운, 월미도, 소래역사관 등에서 인천만의 풍경을 만날 수 있다. 차이나타운에선 짜장면을 맛보고, 월미도에선 바다열차를 타면서 추억을 만들어 보자. 송도신도시는 미래 도시를 미리 보는 것 같다. 인천어린이과학관, 국립세계문자박물관에선 학습 여행을, 강화와 옹진에선 갯벌 체험을 즐겨보자.

인천관광공사
https://www.ito.or.kr

카페 트라몬토
강화군
옥토끼우주센터(6km)
홀시스수제버거피자치킨
오가네국수(15km)
인천상회(26km)
삼국지도원결의
도레도레 강화점
마호가니 강화점
동막해변
장봉도
모도
시도
신도
영종도
메이드림
인천국제공항
더위크앤리조트
파라다이스시티호텔
파라다이스시티 원더박스
스타파이브 카페
마시안제빵소
네스트호텔
황해해물칼국수
인천대교
실미도
무의도

인천광역시 여행 지도
수도권제2순환고속도로
수도권제1순환고속도로
한강
호카츠
인천국제공항고속도로
인천어린이과학관
등대교
경인고속도로
시올돈
루원시티점
월미바다열차
코스모40
송월동동화마을
마이랜드
인천역
차이나타운
공화춘
루데이지
청실홍실
신포본점
인천대공원
누들플랫폼
복사꽃피는집
인천점
제2경인고속도로
포레스트아웃팅스
송도점
피그존도넛 라마다호텔
송도본점
남동공단
떡볶이
제일면옥
송도점
소래포구역
인천논현역
소래역사관
봄이보리밥
송도점
국립세계문자
박물관
늘솔길공원
양떼목장
영동고속도로
송도
센트럴파크
밥상
편지
테이블에이
동물원
상끄발레르
오이도
선재도·목섬·선재어촌체험마을(25km)
영흥도십리포해수욕장(33km)
뻘다방(25km)

인천광역시 명소

SIGHTSEEING

SIGHTSEEING

인천어린이과학관

한줄평 인천의 가볼 만한 실내 여행지 1순위 인천광역시 계양구 방축로 21 032-456-2500 09:00~18:00(매주 월요일 휴무) ₩ 만 7세~19세 2,000원, 성인 4,000원(인천 시민 50% 할인, 6세 이하 무료) **추천 나이** 영유아~초등생 **추천 계절** 사계절 **추천 전시관** 무지개마을, 비밀마을 전용 주차장(소형 2시간 2,000원, 중형 2시간 5,000원) **주변 명소** 경인아라뱃길, 김포현대프리미엄아웃렛 온라인 예약 https://www.insiseol.or.kr(인천시설공단/통합예약)

국내 최초의 어린이 전문 과학관

인천에서 인기가 많은 실내 여행지로 손꼽히는 곳이다. 2011년 계양구 방축동에 국내 최초 어린이 전문 과학관으로 개관했다. 연령 발달을 고려한 과학 체험전시물로 구성되어 있으며, 각 전시관의 권장 나이를 확인하여 이용하면 효과적으로 관람할 수 있다. 관람은 온라인 예약을 통해서만 가능하다. 상설전시관은 비밀마을, 인체마을, 무지개마을, 도시마을, 지구마을로 꾸며져 있다. 그중 무지개마을은 영유아 전용 진시관이다. 이곳에서는 그림 그리기나 당근, 무 등 각종 채소심기와 과학물놀이를 체험할 수 있다. 인체마을영유아, 초등 저학년은 몸속을 미로처럼 탐험할 수 있는 전시관이다. 비밀마을영유아, 초등은 소방관, 경찰, 요리사 등 다양한 직업 체험을 할 수 있어 인기 좋은 곳이다. 미래 도시의 모습을 관람할 수 있는 도시마을과 지구 환경의 소중함을 체험하는 지구마을은 초등 고학년생에게 적합한 전시관이다. 그밖에 4D영상관, 기획전시실, 야외놀이터, 생태체험관 등도 갖추고 있다.

SIGHTSEEING

차이나타운

한줄평 짜장면을 좋아하는 아이를 위한 먹을거리 명소 인천광역시 중구 차이나타운로26번길 12-17
추천 나이 전 연령 추천 계절 봄~가을 추천 시설 공화춘, 짜장면박물관, 삼국지벽화거리
북성동 차이나타운 공영주차장(최초 30분 1,000원, 15분 초과 500원, 전일 10,000원)
주변 명소 자유공원, 송월동동화마을, 월미도 http://ic-chinatown.co.kr

흥미와 재미에 식도락까지

차이나타운은 1883년 인천항 개항 후 이곳이 청의 치외법권 지역으로 지정되면서 인천 선린동과 북성동 일대에 형성되었다. 과거엔 중국에서 수입된 물품들을 파는 상점이 대부분이었는데, 지금은 수십 개의 중화 음식점과 중국 제과점, 카페가 들어서 있다. 아이 함께하는 가족 여행자들에게 이국적인 분위기 속에서 맛있는 짜장면을 맛볼 수 있는 곳으로 인기가 많다. 거리에서 만나는 길거리 음식 홍두병이나 탕후루, 공갈빵 등도 아이들에겐 또 다른 즐거움이다. 차이나타운을 걸어 다니며 한 입씩 베어 먹는 재미가 있다. 그밖에 짜장면의 역사를 알 수 있는 짜장면박물관, 삼국지를 좋아하는 아이에게 즐거움을 주는 삼국지벽화거리, 맥아더 장군 동상이 있는 자유공원, 아기자기한 포토 존이 즐비한 동화마을까지 있어 아이와 반나절은 즐겁게 지낼 수 있다. 한 가지 염두에 둘 점은 차이나타운은 평지가 아니라는 점이다. 오르막길과 내리막길이 많은 지형이라 날씨의 영향을 많이 받으므로 아이와 갈 거라면 비나 눈이 내리는 날은 피하도록 하자.

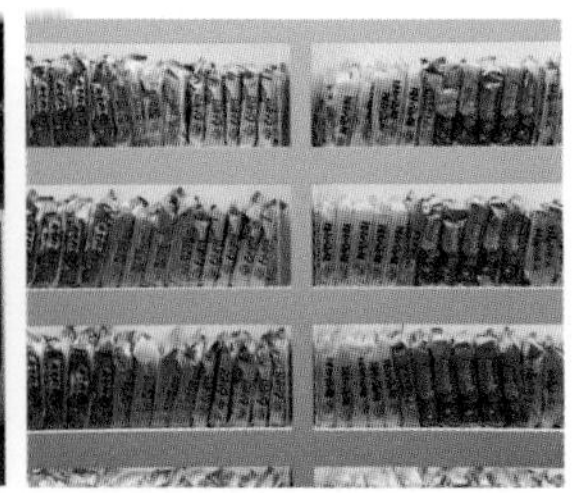

SIGHTSEEING

누들플랫폼

한줄평 국내 최초 면을 주제로 한 복합문화공간

인천광역시 중구 신포로27번길 36 032-766-3770 09:00~18:00(월요일 휴무, 월요일이 공휴일일 때는 다음 날 휴무) ₩ 무료 **추천 나이** 유아부터 성인까지 **추천 계절** 사계절 Ⓟ 누들플랫폼 공영주차장(기본 30분 1,000원, 15분당 500원) **주변 명소** 차이나타운, 월미도 https://ijcf.or.kr

면 요리에 관한 모든 것

인천은 우리나라 밀가루 음식의 시작점이다. 인천항이 개항하면서 외국 문물이 몰려들어와 최초의 밀가루 공장이 들어섰다. 짜장면, 쫄면, 바지락 칼국수, 냉면 등 면 요리가 발달할 토대가 마련된 것이다. 2021년 중구 관동에 '누들플랫폼'이 문을 열었다. 누들플랫폼은 면을 주제로 전시와 체험, 교육이 한데 어우러져 진행되는 복합 문화 공간이다. 1층은 인천 누들의 역사를 살펴볼 수 있는 곳이다. 더불어 누들 테마 거리 속 면 요리, 드라마나 영화, 음악 속 면 요리, 고전 문학 속 면 요리 등을 전시하고 있다. 2층은 다채로운 체험이 펼쳐지는 곳이다. 오색 제면, 젤리 국수, 컵누들 등을 직접 만들어볼 수 있다. 3층은 누구나 자유롭게 이용할 수 있는 요리 공간과 공유 주방이다. 지역 상인들과 예비 창업자들이 모여 누들 레시피를 개발, 테스트한다. 또한 수준별 전문 교육을 통해 창업도 지원한다. 누들플랫폼에서는 키즈 쿠킹 교실도 비정기적으로 운영하고 있다. 인천중구문화재단 홈페이지를 통해 사전 공지를 확인한 후 예약할 수 있다.

SIGHTSEEING

송월동동화마을

동화 속으로 행복한 여행 떠나기

차이나타운 또는 누들플랫폼 다음 코스로는 송월동동화마을을 찾아가 보자. 2013년 주거 환경 개선 사업을 진행하면서 세계 명작동화를 테마로 색을 입히고 조형물을 설치하여 동화마을로 꾸몄다. 곳곳에 동화 캐릭터 벽화를 만날 수 있다. 도로시길, 빨간모자길, 전래동화길 등 11개의 테마 길이 조성되어 있다. 커다란 그림 앞에서 사진을 찍으면 동화의 주인공이 된 것 같은 기분이 든다. 알록달록한 색으로 꾸며진 무지개 계단도 좋은 포토 존이다. 평일에는 카페와 식당 등 운영하지 않는 곳들이 많다. 주말에 방문하면 관광지다운 활기찬 분위기를 느낄 수 있다.

한줄평 차이나타운 다음 코스로 가기 좋은 아기자기한 동화마을 인천광역시 중구 송월동 3가 17-1 032-764-7494 24시간 운영 **추천 나이** 영유아~초등학생 **추천 계절** 봄~가을 동화마을 공영주차장(기본 30분 1,000원, 15분 초과 500원, 인천 중구 제물량로 307-1) **주변 명소** 차이나타운, 자유공원

SIGHTSEEING

마이랜드

세계 최대 초대형 바이킹

대관람차와 2층 바이킹 등으로 유명한 인천 월미도에 있는 놀이공원이다. TV나 유튜브에도 종종 등장하여 보는 이를 즐겁게 만든다. 2층 바이킹은 90도 회전으로 스릴을 제대로 보여준다. 타가다디스코는 12가지 차별화된 동작으로 타는 재미와 구경하는 재미를 동시에 느낄 수 있다. 아이와 함께 즐기기 좋은 놀이시설도 있다. 범퍼카와 점프 보트는 아이와 부모가 함께 즐기기 좋다. 어린이 자동차와 점핑 스타, 퍼니 플룸라이드, 범퍼 물 보트, 트램펄린 등은 아이 혼자서도 신나게 놀 수 있는 시설이다. 주말엔 사람이 많아 유모차 사용이 불편할 수 있다.

한줄평 인천의 대표 놀이공원 인천광역시 중구 월미로234번길 7 032-765-2490 월~금 11:00~22:00 토·일 10:30~01:00 ₩ 5,500원~7,000원 **추천 나이** 유아부터 성인까지 **추천 계절** 봄~가을 주변 공영주차장 이용 **주변 명소** 월미바다열차, 월미전망대, 차이나타운, 송월동동화마을 http://www.my-land.kr

SIGHTSEEING

월미바다열차

한줄평 월미도를 순환하는 관광 모노레일 인천광역시 중구 월미로 6(월미바다역) 032-450-7600
4월~10월 금~일·공휴일 10:00~19:00, 화~목 10:00~18:00 **11월~3월** 10:00~18:00(월요일 휴무) ₩ 평일 7,000원 ~11,000원, 주말 8,000원~14,000원, 인천 시민(평일+주말) 5,000원~8,000원 **추천 나이** 1세부터 **추천 계절** 봄~가을
주변 공영주차장 이용 **주변 명소** 차이나타운, 월미도 https://www.wolmiseatrain.or.kr(승차권 인터넷 예매)

국내 최장 도심형 관광 모노레일

월미도를 순환하는 국내 최장 도심형 관광 모노레일이다. 운행 거리 6.1km이며, 평균 시속 9km의 속도로 월미도를 한 바퀴 도는 데 42분 정도 소요된다. 문화관광해설사가 주요 포인트와 명소를 자세히 설명해 주므로 42분이 금방 지나간다. 월미바다역과 월미공원역, 월미문화의거리역, 박물관역 등 4개 역이 있다. 승차권은 인터넷으로 예매할 수도 있고 현장에서 구매할 수도 있다. 인터넷 예매 시 월미바다역에서만 최초 승차가 가능하며, 재승차는 4개 역에서 모두 가능하다. 현장 구매 시 4개 역에서 최초 승차 및 재승차 모두 가능하다. 재승차는 당일 1회만 할 수 있다. 열차에 몸을 실었으면 월미바다열차 8경 감상을 잊지 말고 챙기자. 1경은 사일로 벽화, 2경은 월미산(월미공원), 3경은 월미 문화의 거리, 4경은 서해 낙조, 5경은 등대길, 6경은 인천대교, 7경은 인천항 갑문, 8경은 인천 내항이다. 모두 볼만하지만 사일로 벽화는 좀 더 특별하다. 아파트 22층 높이의 원통형 곡물 저장고 외벽에 그린 벽화로, 2018년 세계에서 가장 큰 야외 벽화로 기네스북에 등재되었다.

SIGHTSEEING

송도센트럴파크

한줄평 우리나라 최초의 해수 공원 인천광역시 연수구 컨벤시아대로 160 032-456-2860
추천 나이 전 연령 **추천 계절** 봄~가을 ₩ 보트·수상택시 요금 이스트 보트하우스 탑승 **패밀리 보트** 43,000원(정원 6명) **구르미 보트** 39,000원(정원 5명) **문 보트**달보트 39,000원(정원 3명) **플라워보트**신데렐라보트 42,000원(정원 4명) **카누**카약 29,000원(정원 2명) 웨스트 보트하우스 탑승 **수상택시** 대인 4,000원, 소인 2,000원(평일엔 매시 정각, 주말엔 매시 정각과 30분에 출발) Ⓟ 송도센트럴파크 주차장1, 송도중앙공원 주차장(30분당 1,000원)

도심 속의 거대한 녹색 공간

국내 최초로 바닷물을 이용해 만든 해수 공원이다. 선셋정원, 감성정원, 초지원, 산책정원, 테라스정원 등으로 구성돼 있다. 서쪽 끝의 선셋정원엔 웨스트 보트하우스, 수변 무대, 어린이 정원, 큐브 조형물 등이 있다. 감성정원엔 관찰 데크와 120개 나라 탈로 만든 지구촌 얼굴 조형물이 있다. 초지원에서는 다양한 공공 미술작품을 감상할 수 있다. 산책정원은 꽃사슴을 만날 수 있는 전통 테마 공간이다. 이스트 보트하우스가 있는 테라스정원은 다양한 행사가 열리는 문화 예술 공간이다. 수변 산책길은 모두 평지라 걷기 좋다. 걷다 보면 송도한옥마을과 멋진 카페, 경원재앰배서더인천호텔을 만날 수 있다. 송도센트럴파크에서는 수상택시, 문 보트, 패밀리 보트 등을 탑승할 수 있다. 수상택시는 웨스트 보트하우스에서, 문 보트나 패밀리 보트는 이스트 보트하우스에서 탈 수 있다. 보트에서 바라보는 석양이 무척 아름답다. 아이와 함께라면 이스트 보트하우스에서 패밀리 보트나 구르미 보트 탑승을 추천한다.

SIGHTSEEING

국립세계문자박물관

한줄평 문자로 만나는 세계의 문화 인천광역시 연수구 센트럴로 217 국립세계문자박물관 032-290-2000
10:00~18:00(월요일, 1월 1일, 추석과 설날 당일 휴무) ₩ 무료 정기 해설 **화~금** 10:30, 14:00, 15:00, 16:00
주말 및 공휴일 10:30, 14:00(모이는 곳-지하 1층 상설 전시실 '바벨탑' 작품 앞) **추천 나이** 유아부터 **추천 계절** 사계절
전용 주차장(1시간 1,000원, 30분 초과 시 500원) **주변 명소** 송도센트럴파크 https://www.mow.or.kr

세상 모든 문자에 관하여

국립세계문자박물관은 인류의 가장 위대한 발명품인 문자에 특화된 전문 박물관이다. 문자 전문 박물관으로는 프랑스 샹폴리옹세계문자박물관, 중국문자박물관에 이어 세계 세 번째로 설립되었다. 문자로 세계의 다양한 문화를 만나고 인류 역사와 소통하는 열린 박물관을 꿈꾼다. 국립세계문자박물관에서는 인류가 남긴 최초의 기록인 동굴벽화부터 고대 이집트 성각문자, 마야 문자, 라틴어, 한자, 한글까지 세계의 문자에 관한 기록을 자세히 전시하고 있다. 매일 특별전시와 상설 전시에 관한 한국어 정기 해설을 정해진 시간에 진행하고 있다. 전시에 관해 자세히 알고 싶다면 참여해 볼만하다. 유아와 어린이 대상으로 다양한 교육 프로그램도 꾸준히 진행하고 있다. 해당 정보는 홈페이지를 통해 확인할 수 있다. 박물관이 송도센트럴파크 바로 옆이라 전시 관람 전후로 아이와 야외 활동 즐기기 좋다.

SIGHTSEEING

테이블에이 동물원

동물 친구들을 만날 수 있는 실내 동물원

송도 복합쇼핑몰 트리플스트리트 D동에 있는 실내 동물원이다. 알파카, 기니피그, 이구아나, 앵무새, 토끼, 거북이, 뱀 등 다양한 동물을 만나 먹이 주기 체험, 동물교감 체험을 할 수 있다. 이용 시간은 2시간이다. 동물교감 체험은 시간이 정해져 있으며, 가까이서 동물을 만져보고 교감할 수 있어서 아이들의 만족도가 높다. 키즈카페처럼 꾸민 놀이시설도 갖추고 있어서 2시간을 알차게 보낼 수 있다. 현금 및 자동이체로 결제하면 '꽝 없는 뽑기'가 증정되는데, 연간 이용권부터 무료 이용권, 음료 및 간식 이용권까지 솔깃한 경품이 가득하다.

한줄평 동물 체험을 할 수 있는 실내동물원 인천광역시 연수구 송도과학로 16번 길 33-4 D동 1층 032-310-9611 11:00~20:00 동물교감체험 **평일** 13:00, 15:00, 17:00 **주말** 12:30, 13:30, 14:30, 16:30, 17:30 ₩ 입장료 18,000원(24개월 미만 무료, 18:00 이후부터 5,000원 할인) 동물 간식 2,000원(앵무새 모이 1,000원) **추천 나이** 1세부터 **추천 계절** 사계절 Ⓟ 트리플스트리트 주차장 **주변 명소** 트리플스트리트, 송도현대프리미엄아울렛

SIGHTSEEING

늘솔길공원양떼목장

산책, 체험, 휴식을 동시에

인천시에서 2014년 7마리 면양을 들여오면서 늘솔길공원 양떼목장이 시작되었다. 지금은 30마리 가까운 면양을 늘솔길공원에서 만나볼 수 있다. 늘솔길공원 양떼목장은 산책, 체험, 휴식 등을 더불어 만끽하기 좋은 곳이다. 귀여운 양을 만날 수 있는 양떼목장 외에 저수지, 메타세쿼이아 숲, 편백 숲, 은행나무 숲, 계수나무 숲, 무장애길, 유아 숲체원 등 숲길을 산책할 수 있는 환경이 잘 조성되어 있어서 아이와 가볍게 나들이 가기 좋은 도심 속 쉼터다. 하늘 높이 쭉쭉 뻗은 나무가 너무 멋지다. **한줄평** 도심 속 양떼목장과 숲 인천광역시 남동구 앵고개로 771 늘솔길공원 032-453-6140 4월~9월 9:30~17:30, 10월~3월 9:30~17:00 ₩ 무료 **추천 나이** 1세부터 **추천 계절** 봄~가을 Ⓟ 늘솔길공원 주차장 **주변 명소** 송도센트럴파크, 송도현대프리미엄아울렛, 소래역사관

SIGHTSEEING

소래역사관

한줄평 소래의 삶과 발자취를 담은 전시관

인천광역시 남동구 아암대로 1605 070-8820-6034 10:00~18:00(입장 마감 17:00, 월요일 휴무, 월요일이 공휴일이면 다음 날 휴무) ₩ 200원~500원 **추천 나이** 유아부터 **추천 계절** 사계절 Ⓟ 전용 주차장(무료) **주변 명소** 소래포구, 소래포구종합어시장, 해오름광장 https://www.namdongcf.or.kr(남동문화재단)

전시 관람부터 체험까지

소래포구에 있다. 소래 지역의 옛 모습을 담은 콘텐츠가 다양하게 전시되어 있다. 전시관은 1층의 소래 염전 ZONE과 소래포구 ZONE, 2층의 소래 갯벌 ZONE과 수인선 ZONE으로 구성되어 있다. 2층을 먼저 관람하고 1층을 관람하도록 동선이 짜여 있다. 2층에서는 먼저 영상실에서 소래의 역사에 관한 만화 영상을 관람하고, 소래역을 재현한 모습을 관람한다. 이후 소래 갯벌 ZONE에서 소래의 지명, 역사, 어업에 관한 전시를 관람하고, 갯벌 생물 알아보기와 탁본 그리기 같은 체험도 할 수 있다. 수인선 ZONE에서는 일제강점기 수인선이 만들어진 이유와 방법에 대해 알 수 있다. 1층으로 내려가면 소래 염전 ZONE에서 소금이 만들어지는 과정을 알아볼 수 있다. 소래포구 ZONE에서는 소래의 어시장 재현 모습을 살펴볼 수 있다. 수인선 협궤열차 전시 공간도 있어 축소 복원한 협궤열차 탑승 체험도 할 수 있다. 소래역사관 바로 옆에 소래포구 종합어시장과 해오름광장이 있어 당일치기 코스로 함께 돌아보기 좋다.

SIGHTSEEING

인천대공원

한줄평 사계절 내내 아름다운 인천 대표 공원
인천광역시 남동구 장수동 산79 032-466-7282 인천대공원 **3~10월** 05:00~23:00 **11~2월** 05:00~22:00
동물원 10:00~17:00 인천수목원 **3~10월** 10:00~18:00 **11~2월** 10:00~17:00 **추천 나이** 1세부터
추천 계절 사계절 Ⓟ 인천대공원 주차장 https://www.incheon.go.kr/park/(체험 예약)

산책, 체험, 아름다운 풍경

인천 남동구 장수동에 있다. 연간 400만 명이 방문하는 인천의 대표 공원이다. 면적이 무려 80만 평이 넘는다. 어린이동물원, 캠핑장, 체육시설, 수목원 등을 갖추고 있다. 인천수목원은 인천대공원 내에 있는 식물원이다. 면적 255,859㎡에 전시관과 여러 개의 온실, 장미원, 습지원, 유아 숲체원 등을 갖추고 있다. 인천수목원에서는 수목원 숲 해설, 유아 숲 체험 등의 프로그램도 운영한다. 홈페이지 예약을 통해서만 참가할 수 있다. 인천대공원은 사계절 내내 즐길 거리 많은 공원이다. 봄에는 벚꽃이 피어나 장관을 이룬다. 여름엔 나무 그늘 밑에서 피크닉을 즐기기 좋고, 가을이면 단풍과 은행나무가 근사한 풍경을 선사한다. 겨울엔 따뜻한 온실과 겨울만의 운치 있는 풍경을 즐기기 좋다. 가볍게 산책할 목적이라면 입구에서 멀지 않은 곳에 있는 대공원 중앙 호수 주변 둘레길을 추천한다. 어린이동물원이 목적지라면 정문에서 거리가 제법 머니 반드시 남문을 찾아가도록 하자.

SIGHTSEEING

파라다이스시티 원더박스

한줄평 5성급 호텔의 비밀스러운 가족형 실내 테마파크
인천광역시 중구 영종해안남로321번길 186 1833-8855 매일 11:00~19:00
₩ 자유이용권 23,000원~28,000원(36개월 이하 무료입장, 호텔 투숙객 30% 할인) 카니발 게임 이용권 1회 4,000원, 3회 9,000원, 6회 17,000원, 9회 25,000원 **추천 나이** 1세부터 **추천 계절** 사계절 Ⓟ 호텔 주차장(4시간 무료)
주변 명소 씨사이드파크, 을왕리해수욕장, 하늘정원 https://www.p-city.com/front/wonderbox/overview

동화 나라, 실내 테마파크

복합 리조트 파라다이스시티에 있는 실내 테마파크이다. 투숙객이 아니더라도 누구나 이용할 수 있다. 밤의 유원지를 콘셉트로 꾸며서 동화 나라에 온 듯 몽환적이고 신비롭다. 1층과 2층에 10개의 어트랙션과 9개의 카니발 게임을 갖추고 있다. 1층에는 티컵, 범퍼카, 스카이레일, 점핑 스타, 관람차 등이 있고, 2층에는 회전목마, 해피 스윙, 매가 믹스, 매직 바이크 등이 있다. 어트랙션에 따라 이용할 수 있는 나이와 키가 다르다. 입장 전 직원이 꼼꼼히 확인해 준다. 메가믹스는 국내 최초로 360도 종·횡 회전하는 놀이기구여서 재미있게 즐길 수 있다. 카니발 게임은 인형 쏘기, 다트 게임 같은 일회성 게임으로 이용 횟수에 따라 별도로 티켓을 구매해야 한다. 배가 고프면 원더박스 안에서 간단한 간식을 먹을 수 있지만, 자유이용권 소지 시 재입장이 가능하므로 밖으로 나가 파라다이스시티 플라자를 이용해도 좋다.

SIGHTSEEING

파라다이스시티호텔

한줄평 워터파크부터 테마파크까지, 아트테인먼트 복합 리조트
인천광역시 중구 영종해안남로321번길 186 1833-8855 **체크인/체크아웃** 15:00/11:00
₩ 씨메르 이용료 **찜질 스파권** 30,000원~40,000원 **아쿠아 스파권** 50,000원~70,000원 **추천 나이** 1세부터
추천 계절 사계절 **추천 시설** 씨메르, 원더박스 테마파크, 키즈존 호텔 주차장 http://www.p-city.com

5성급 호텔에서 호캉스 즐기기

몸과 마음의 휴식은 물론 놀이까지 즐길 수 있는 럭셔리 호텔이자 호캉스 리조트이다. 대표 부대시설로는 유럽형 스파와 한국형 찜질 시설을 결합한 씨메르, 실내 테마파크인 원더박스, 쇼핑 플라자, 아트갤러리, 키즈존, 클럽 등이 있다. 아이와 놀기 좋은 곳으로는 씨메르와 원더박스, 키즈존을 꼽을 수 있다. 씨메르는 스파와 물놀이를 모두 즐길 수 있는 고급스러운 워터파크이다. 찜질만 가능한 찜질 스파, 수영장과 찜질 스파를 모두 이용할 수 있는 아쿠아 스파로 구분된다. 투숙객이 아니어도 이용할 수 있다. 투숙자는 객실 예약 시 씨메르 패키지를 선택하는 게 유리하다. 씨메르는 만 7세 이상만 입장이 가능하다. 원더박스와 키즈존은 누구나 입장할 수 있다. 원더박스는 다양한 어트랙션을 즐길 수 있는 실내 테마파크이다. 키즈존투숙객 전용 시설, 무료은 지구를 콘셉트로 오감을 자극하는 색과 디자인으로 꾸민 부대시설이다. 쇼핑 플라자에는 레스토랑과 카페가 다양해서 아이와 식사하기 좋다. 예약하면 아기 욕조와 침대 가드 등을 무료로 대여하여 이용할 수 있다.

SIGHTSEEING

네스트호텔

한줄평 일출, 일몰, 자연 풍경이 아름다운 5성급 호텔
인천광역시 중구 영종해안남로 19-5 032-743-9000 **체크인/체크아웃** 15:00 / 11:00
₩ 수영장 이용료 12,000원~60,000원 **추천 나이** 1세부터 **추천 계절** 사계절 **추천 시설** 스트란트 수영장, 키즈존, 플라츠 레스토랑 **무료 대여 용품** 아기 욕조 및 아기 침대. 침대 가드 등(사전 예약 필수) https://www.nesthotel.co.kr/

가성비 좋은 자연을 담은 호텔

파라다이스시티와 함께 인천에서 아이와 가기 좋은 호텔로 손꼽힌다. 자연경관이 아름다워 아이와 푹 쉬며 호캉스 즐기기 좋다. 부대시설로 야외놀이터, 모래사장, 키즈존, 라탄 선베드 등을 갖추고 있어서 아이와 놀며 휴식하기 좋다. 사계절 이용할 수 있는 야외 인피니티 스파 수영장스트란트 수영장은 네스트호텔의 자랑거리이다. 365일 날씨에 맞는 온수 풀과 야외 핀란드식 사우나가 함께 운영된다. 메인 풀은 인피니티 풀, 코지 풀독립 풀, 스파 풀로 나뉘어 있고, 수심 0.9m의 키즈 풀도 있다. 먼저 수온 36℃ 이상의 인피니티 풀을 이용하고 수온 42℃ 이상의 스파 풀을 이용하면 한결 편안한 온도로 스파를 즐길 수 있다. 네스트호텔은 객실 가성비가 좋다. 20만 원대에 오션 뷰 스탠더드 디블 룸을 이용할 수 있다. 침대 정면에서 바다를 즐길 수 있는 디럭스 오션 뷰 객실은 일출과 일몰 명소이다. 1층 플라츠 레스토랑에서는 조식 이용이 가능하다. 야외엔 산책길이 있어 쉬엄쉬엄 걷기 좋다.

SIGHTSEEING

더위크앤리조트

한줄평 낙조가 아름다운 을왕리 리조트 인천광역시 중구 용유서로 379 032-745-0088
체크인/체크아웃 15:00/11:00 **아쿠아 벤처 운영시간** 월 10:00~18:00 금·토·일 10:00~20:00
(시즌별 상이, 홈페이지 확인 필수, 화·수·목 휴무) **추천 나이** 1세부터 **추천 계절** 사계절
추천 시설 아쿠아 벤처, 블랙 라이트 미니 골프, 루프톱, 키즈 플레이 룸 https://www.theweekandresort.com/

바다 전망이 아름다운 리조트

대한민국 최초 어반 라이프스타일 부티크 리조트이다. 리조트의 입지가 아주 좋다. 리조트는 영종도의 을왕리 해수욕장과 왕산해수욕장 사이 나지막한 산 위에 있다. 리조트에서 바라보는 바다 전망이 아름답다. 특히 서해 낙조가 매력적이다. 해 질 녘 낙조는 바다까지 내려와 서해를 온통 붉게 물들인다. 아이와 호캉스를 즐길 계획이라면 객실 타입은 '패밀리 라지 오션 뷰'를 추천한다. 침대 방, 온돌방, 거실까지 갖추고 있어서 가족 단위 여행객이 여유롭게 사용하기 좋다. 아이와 즐길만한 부대시설로는 작은 키즈카페인 키즈 플레이 룸, 조명이 독특한 골프 시설인 블랙 라이트 미니 골프, 사우나도 갖추고 있는 워터파크 아쿠아 벤처, 게임 센터 등을 꼽을 수 있다. 이 리조트에서 가장 아름다운 경치를 바라볼 수 있는 곳은 루프톱이다. 탁 트인 바다를 바라보며 맥주 한잔 마시면 하루의 피로가 말끔히 사라진다.

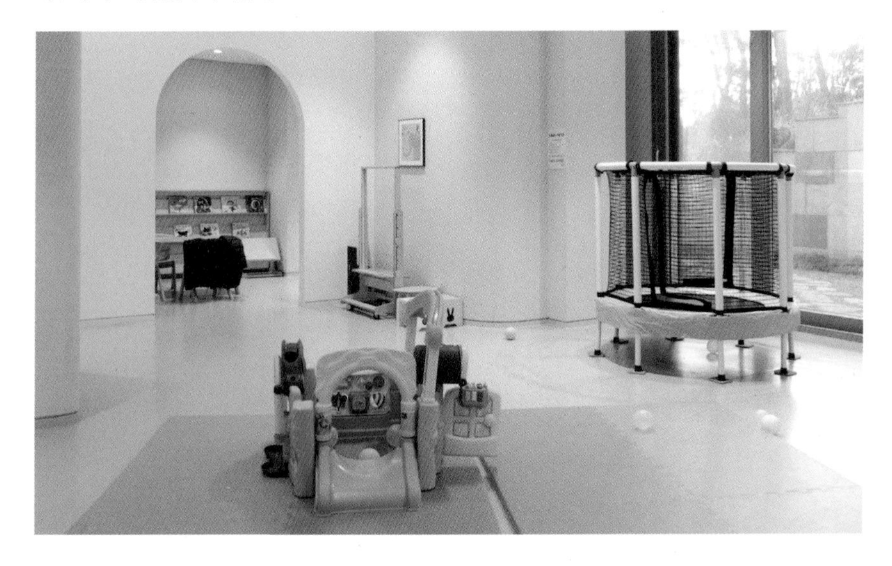

SIGHTSEEING

선재도와 목섬

한줄평 선재도에서 목섬 가는 모랫길이 아름답다.
인천광역시 옹진군 영흥면 선재리 **추천 나이** 유아부터 **추천 계절** 봄~가을
카페 뻘다방 주차장, 선재어촌체험마을 공영주차장
주변 명소 선재어촌체험마을 https://www.badatime.com/j-378.html

모랫길 걸어 목섬으로

선재도는 인천에서 남서쪽으로 37km 거리에 있는 섬으로, 영흥도와 대부도 사이에 있다. 대부도와는 길이 500m의 선재대교와 연결되어 있고, 영흥도와는 길이 1.8km의 영흥대교로 연결되어 있다. 선재도는 하루 두 번 물이 빠질 때 바로 옆의 무인도 목섬과 1km의 황금빛 모랫길로 연결되는 것으로 유명하다. 물이 빠진 후 멀리서 바라보면 다른 곳의 바닷길은 모두 갯벌인데 선재도와 목섬을 잇는 바닷길만 단단한 모랫길이라 신비스럽다. 이 모랫길을 걸어서 혹은 차량을 이용하여 목섬으로 갈 수 있다. 선재도는 목섬 같은 아름다운 섬을 포함하고 있어서 미국의 뉴스 채널 CNN이 '한국의 아름다운 섬 33곳' 중 한 곳으로 선정하기도 했다. 목섬을 방문하는 여행자들이 아쉬워하는 게 주차이다. 목섬이 보이는 곳에 있는 선재도의 카페 뻘다방 주차장이나 선재어촌체험마을 공영주차장을 이용하면 된다. 선재어촌체험마을은 갯벌체험장이 있어서 목섬과 같이 코스로 돌아보기 좋다. 방문 전에 선재도 물때표를 미리 확인하자.

SIGHTSEEING

선재어촌체험 휴양마을

한줄평 낚시와 갯벌 체험이 가능한 어촌 체험 마을
선재어촌체험마을 인천광역시 옹진군 영흥면 선재로 5 **사메기갯벌체험장** 인천광역시 옹진군 영흥면 선재리 528-20
선재어촌체험마을 0507-1303-3116 **사메기갯벌체험장** 032-890-4168 **운영시간** 날짜마다 상이(홈페이지 참고)
₩ 갯벌 체험료 **선재어촌체험마을** 12,000원(3세 미만 무료, 장화 대여료 2,000원) **사메기갯벌체험장** 10,000원(5세 미만 무료, 장화 대여료 2,000원) 낚시 체험료 5,000원~12,000원(낚싯대 대여 5,000원, 장갑 1,000원) **추천 나이** 유아~성인
추천 계절 봄~가을 Ⓟ 매표소 바로 앞 **주변 명소** 목섬 http://선재체험마을.com

갯벌 체험으로 즐거운 추억 만들기

아이와 낚시 및 조개잡이 체험을 하며 추억 만들기 좋다. 선재어촌체험마을은 주말과 공휴일 전용 체험장이다. 평일엔 선재어촌체험마을에서 자동차로 10분 거리에 있는 사메기갯벌체험장을 이용하면 된다. 체험마을에 도착하면 매표소에서 입장권과 장화를 비롯한 체험 도구 대여권을 구매한다. 장화 대여소에 가서 장화와 통, 호미 대여 후 트랙터를 타고 갯벌 체험을 시작한다. 통개인 통 사용 금지, 호미, 트랙터 이용료는 입장료에 포함되어 있다. 아이 장화는 반드시 발에 딱 맞는 사이즈로 신어야 갯벌에 발이 빠졌을 때 어렵지 않게 움직일 수 있다. 조개는 1kg 이상 채취하면 안 된다. 채취한 조개는 세척장에서 씻은 뒤, 체험장에서 판매하는 스티로폼 상자나, 미리 준비한 김치통 또는 아이스박스에 담아가면 된다. 가까운 곳에 하루 두 번 바닷길이 열리는 신비로운 목섬이 있다. 함께 둘러보기 좋다.

SIGHTSEEING

영흥도십리포 해수욕장

해수욕, 갯벌 체험에 해안 산책까지

영흥도는 인천에서 서남쪽으로 32km 떨어져 있다. 이 섬 북쪽 끝에 십리포해수욕장이 있다. 해수욕은 물론 야영장 캠핑과 갯벌 체험까지 가능해서 많은 여행자의 사랑을 받고 있다. 야영장에는 파고라와 보도블록, 원두막 등이 갖춰져 있다. 갯벌이 있는 해수욕장인 데다 아이와 바지락 캐기를 할 수 있어서 매년 5월부터 11월까진 가족 단위 방문객이 많이 찾는다. 십리포 해수욕장은 데크 길로 해안 산책로가 잘 조성되어 있어 유모차 이용하기 편리하다. 꼭 물놀이 및 캠핑, 갯벌 체험을 하지 않더라도, 해안 산책을 즐길 수 있어 더욱 좋다. **한줄평** 갯벌 체험과 캠핑까지 가능한 해수욕장 인천광역시 옹진군 영흥면 내리 734 032-886-6717 ₩ 갯벌 체험료 8,000원(5세 미만 무료, 장화 대여 2,000원) 야영장 이용료 40,000원(홈페이지 예약, 예약자 우선제) ⓘ 갯벌 체험 시기 5월 1일부터 11월 10일까지(매년 상이, 홈페이지 확인) **추천 나이** 유아부터 **추천 계절** 5월~11월 http://www.simnipo.com/

SIGHTSEEING

인천상회

아이와 추억 여행하기

강화군 석모도에 있는 국내에서 유일한 과자 박물관이다. 7~80년대부터 현재까지의 과자 봉지 12,000점, 라면 봉지 400점, 빙과 봉지 1천 점, 빵 봉지 1,200점, 음료수병 2,000점, 소주병 3,000점 등이 전시되어 있다. 인천상회 이이교 박물관장은 대한민국 1등 수집 왕으로 방송에 다수 출현하였다. 방문 시 이이교 관장에게 직접 안내받을 수 있다. 아이들은 현재 편의점이나 마트에서 판매하는 과자의 옛 포장 디자인을 지금의 것과 비교해 보며 즐거워한다. 새우 과자와 오징어 땅콩 과자의 패키지 변천사를 한눈에 담으며 살펴보는 재미가 있다.

한줄평 과자의 향수에 젖어 부모가 더 신나게 구경하는 곳 인천광역시 강화군 삼산면 삼산남로604번길 6-7
032-932-3332 수~일 10:00~20:00, 월 10:00~19:00(화요일 휴무) ₩ 6,000원~8,000원(추억의 쫀드기 1개 포함)
추천 나이 5세부터 **추천 계절** 사계절 https://inchunsanghwee.modoo.at

SIGHTSEEING

옥토끼우주센터

한줄평 우주 과학 체험에 놀이기구가 더해졌다. 인천광역시 강화군 불은면 강화동로 403 032-937-6917
평일 10:00~17:30 **주말·공휴일** 09:30~17:00 ₩ **비성수기(봄·가을·겨울)** 9,000원~17,000원 **성수기(여름)** 11,000원~19,000원 **추천 나이** 5세~성인 **추천 계절** 사계절 Ⓟ 전용 주차장 http://www.oktokki.com

아이들의 창의력을 키우기

국내 최초의 항공 우주 과학 테마파크이다. 과학, 예술, 탐험, 놀이가 결합 된 복합문화공간이기도 하다. 실내 공간인 항공우주과학관과 공룡·수영장·보트 체험장·사계절 썰매장 등을 갖추고 있는 야외 테마 공원으로 구성돼 있다. 수영장과 사계절 썰매장, 보트 체험을 별도의 추가 이용료 없이 입장권 하나로 모두 이용할 수 있어 더욱 좋다. 실내 항공우주과학관에는 다양한 우주 과학 전시물과 우주 체험을 즐길 수 있는 6종의 놀이기구가 있다. 사이버 인스페이스는 중력 저항 훈련을 체험할 수 있는 기구이다. 6인 우주 엘리베이터는 가상의 우수 정거장까지 유성을 보며 이동하는 체험을 할 수 있는 기구이다. 지포스는 중력 가속도 체험 기구이다. 코스모프 호는 로켓 체험을 할 수 있는 기구이다. MMU는 1인승 우주 공간 이동 장치이다. 꼬마 기차는 미래의 지구를 만나는 체험을 할 수 있는 기구이다. 특별한 경험이니 빠트리지 말고 모두 체험해 보자. 우천 시에는 야외 테마 공원을 이용할 수 없다.

인천광역시 맛집과 카페

Restaurant & Cafe

공화춘

한줄평 차이나타운의 대표 맛집 인천광역시 중구 차이나타운로 43
0507-1363-0571 매일 10:00~21:30
주차장 있음(주차 요원 있음) **주변 명소** 차이나타운

짜장면이 이곳에서 탄생했다

공화춘은 차이나타운에서 짜장면 역사를 이끌어온 곳이다. 짜장면을 처음 만들어 판 곳이 바로 공화춘이다. 개업한 해가 1908년이니까 100년이 훌쩍 넘었다. 공화춘은 일제강점기 이래 50~60년대까지 서울과 인천 상류층이 애용하던 최고급 요리점이었다. 하지만 1980년대 운영난으로 문을 닫았다. 공화춘 건물은 한동안 폐허로 있다가 2012년 짜장면박물관으로 다시 태어났다. 현재 공화춘은 이름은 같지만, 예전의 원조 공화춘은 아니다. 2024년 지금의 자리에 예전 공화춘 상호를 사용해 문을 열었다. 차이나타운 입구에서 오르막길을 따라 끝까지 오르면 바로 보이는 커다란 건물이다. 원조 공화춘이 그랬듯 새 공화춘의 대표 메뉴도 짜장면, 더 정확하게는 간짜장이다. 큼직하게 썰어 넣은 볶은 양파와 새우, 고기 등이 입맛을 자극한다. 반쯤 먹고 공깃밥을 주문하여 비벼 먹으면 더 맛있다. 아이들도 잘 먹는다. 원조가 사라진 건 아쉽지만, 그래도 공화춘은 차이나타운에서 가장 유명한 중국 음식점이다.

 RESTAURANT

청실홍실
신포본점

한줄평 오랜 전통의 메밀국수 맛집
인천광역시 중구 우현로35번길 23-1
032-772-7760
11:30~19:30(브레이크타임 15:00~16:30, 매주 월요일 휴무)
신포공영주차장(도보 3분)
주변 명소 신포국제시장, 자유공원, 차이나타운

인천 대표 메밀 맛집

인천 중구 신포시장 근처 신포동에 있다. 1979년에 개업하여 현재까지 50년 가까이 전통을 이어가고 있는 메밀 맛집이다. 2011년엔 인천 시민이 선정한 인천 대표 맛집으로 선정되기도 했다. 대표 메뉴는 모밀국수이 집 메뉴판엔 메밀이 아닌 모밀이라고 표기되어 있다와 모밀비빔국수이다. 두 메뉴 중 어느 것을 시키든 통만두 또는 왕만두와 함께 주문해서 먹으면 밸런스가 좋다. 이 외에 가케우동과 튀김우동, 모밀우동 등도 판매하고 있다. 모밀국수는 포장이 가능한데 20분 이내 먹을 수 없다면 생면으로 포장해 준다. 청실홍실은 기본적으로 쯔유 육수 자체가 맛있다. 다시마와 멸치, 바지락을 주재료로 우려내 만든다. 손님이 끊이지 않고 회전이 빠른 편이라, 주문한 음식은 패스트푸드 속도로 금방 나온다.

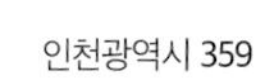

RESTAURANT

시올돈
루원시티점

한줄평 좋은 등급의 돼지고기가 내는 다채로운 돈가스 맛
인천광역시 서구 서곶로 45 루원린스트라우스 앨리스빌상가 1052호
0507-1497-4547
11:00~20:30(브레이크타임 15:00~17:00, 1월 1일 휴무)
앨리스빌 상가 주차장
주변 명소 인천아시아드주경기장

특등급 돼지고기로 만든 돈가스

시올돈은 서울 방배동에 본점을 둔 돈가스 맛집이다. 인천 루원시티점은 루원시티 Gate 2번과 가깝다. 스타벅스 바로 위에 자리하고 있어서 쉽게 찾을 수 있다. 돈가스 메뉴가 주를 이루며 등심카츠나 안심카츠에 미니카레우동이 더해진 세트 메뉴의 인기가 좋다. 시올돈 루원시티점은 아이 동반 가족이나 데이트하다 방문하는 이들이 주로 많이 찾아오지만, 분위기가 '혼밥'하기에도 부담이 없다. 이 집 돈가스에 와사비와 홀그레인 머스타드, 소금을 곁들여 먹으면 훨씬 다채로운 맛을 경험할 수 있다. 안심카츠 고기 색을 보면 살짝 덜 익은 것처럼 붉은빛을 띠는데, 이건 덜 익은 게 아니다. 고기의 색깔은 고기에 함유된 미오글로빈의 함량에 의해 결정되는데, 좋은 등급 고기의 육색은 미오글로빈이 다량 함유되어 옅은 선홍색을 띤다. 결론은 시올돈 돈가스는 좋은 등급의 돼지고기를 사용한다는 의미이다.

RESTAURANT

호카츠

한줄평 색소 없는 건강한 돈가스 맛집
인천광역시 서구 서곶로 788, 128호 032-565-5241
11:00~21:30(브레이크타임 15:30~17:00, 월요일 휴무)
건물 지하 주차장 2시간 무료(메가박스 건물 뒤편, 빌라 골목 따라 쭉 들어가면 지하 주차장 나옴) **주변 명소** 아라뱃길

건강한 돈가스 맛보기

인천의 호카츠는 국내 최초로 직접 개발한 '수제 요구르트 드라이에이징' 숙성방법으로 색소가 없는 건강한 돈가스를 만들고 있다. 아이와 함께하는 가족 단위 방문객이 찾는 빈도가 높은 맛집으로, 바삭함이 오래가는 호등심카츠가 주력 메뉴다. 아이가 치즈를 좋아한다면 100% 자연산 체더치즈와 모차렐라치즈가 섞인 치즈카츠를 추천한다. 돈가스 외에 감자고로케, 새우튀김, 카레, 돈코츠라멘 등 메뉴가 다채롭다.

RESTAURANT

봄이보리밥송도

한줄평 한 상 가득 차린 보리밥 맛집
인천광역시 연수구 신송로 122 송도프라자 2층
0507-1419-0180
매일 11:00~21:00(브레이크타임 15:00~17:00, 월요일 휴무)
건물 지하 주차장 이용 **주변 명소** 송도센트럴파크

별미 비빔밥에 갈치구이, 꼬막무침까지

보리밥이 더해진 한식 맛집이다. 보리밥은 보리와 쌀, 귀리를 넣고 지어 건강한 맛을 낸다. 보리밥에 열무김치와 청국장, 오색 나물을 넣어 비벼 먹는 비빔밥은 또 다른 별미이다. 봄이보리밥의 메뉴들은 다른 보리밥집과 다르게 나물뿐만 아니라 갈치구이나 꼬막무침, 제육볶음 등 함께 먹기 좋은 세트 반찬으로 구성되어 있다. 인원에 따라 메뉴 구성이 조금씩 달라지는 세트 메뉴의 만족도가 높다. 후식은 셀프바에 준비되어 있다. 아이들이 좋아하는 보리 강정, 직접 만든 누룽지로 끓인 보리숭늉, 시원한 식혜까지 맛볼 수 있다.

제일면옥
송도점

한줄평 송도센트럴파크의 함흥냉면 맛집
인천광역시 연수구 컨벤시아대로42번길 12, 202동 107호
032-834-3675
11:00~20:00(브레이크타임 15:00~17:00, 매주 월요일 휴무)
더 프라우 2단지 건물 지하 주차장(2시간 무료)
주변 명소 송도센트럴파크

함흥냉면부터 다양한 한식류까지

송도센트럴파크 인근에 있는 함흥냉면 맛집이다. 냉면이 메인이지만 수육과 갈비탕, 설렁탕 등도 즐길 수 있다. 함흥냉면은 조리 후 시간이 조금만 지나도 면이 뭉쳐서 비벼 먹기 힘들다. 그래서 냉면이 완성되자마자 바로 비벼서 먹기 좋은 상태로 만드는 게 중요하다. 회냉면이나 비빔냉면을 맛있게 먹으려면 따뜻한 육수의 구수한 맛을 먼저 음미하자. 다음엔 냉면에 기호에 맞게 식초와 겨자 등을 넣어준다. 마지막으로 면이 1/3 정도 잠기도록 차가운 육수를 부어 골고루 비며 먹으면 가장 맛있는 함흥냉면을 맛볼 수 있다. 제일면옥 송도점은 군더더기 없이 깔끔한 내부 인테리어를 자랑한다. 테이블 간격도 여유가 있어서 만석이라도 북적임 없이 편안하게 식사할 수 있다. 테이블을 붙이면 다인 좌석도 가능하여 아이 동반 가족의 모임 장소로도 적합하다.

RESTAURANT

밥상편지

한줄평 송도에서 정갈한 생선구이 한상차림 맛보기
인천광역시 연수구 하모니로 124
0507-1309-8854
월·수~금 11:30~21:00, 토·일 11:30~21:15
(브레이크타임 15:00~17:00, 화요일 휴무)
건물 지하 주차장 **주변 명소** 송도센트럴파크

엄마가 차린 밥상 같은

송도 맛집 밥상편지는 엄마가 가족을 생각하며 식사를 준비하는 마음을 담은 가족형 감성 한식당이다. 2022년부터 2024년까지 연속으로 블루리본 서베이에 등록되었다. 이 집은 강화 쌀로 가마솥에 밥이 짓는다. 밥만 먹어도 맛있다. 밥상편지의 대표 메뉴는 흑마늘소갈비찜이다. 은이버섯이 올라간 흑마늘 보양 소갈비찜인데, 푸짐하게 한 상 가득 맛보고 싶다면 흑마늘소갈비찜이 포함된 2인 또는 3인 스페셜 차림을 주문하면 된다. 아이와 함께라면 한상차림 메뉴가 적합하다. 불고기와 고등어, 미나리전, 꼬막무침 등 다채로운 음식이 한 상 가득 차려진다. 이 집은 의외로 베이비 코너가 따로 준비되어 있어 아이와 방문하기 좋은 식당이다. 이 코너에는 아이 전용 식기 소독기와 아이 이유식 전용 전자레인지 등이 준비되어 있어서 아이가 있는 가족 단위 손님에게 너무 좋다. 송도센트럴파크 나들이 후 깔끔한 한식을 맛보고 싶은 분들에게 추천한다.

남동공단떡볶이

한줄평 인천 3대 떡볶이 맛집
인천광역시 남동구 남동서로 226
032-821-5566
07:00~19:00(토요일 15:00까지, 매주 일요일 휴무)
가게 상가 앞(대기가 많을 땐 혼잡할 수 있음)
주변 명소 인천대공원(차로 25분)

평일 오전 시간부터 대기하는

색이 바랜 옛 간판에서부터 맛집 분위기가 진하게 풍긴다. 가게 이름처럼 남동공단의 어느 한 건물 1층에 자리하고 있다. 평일 오전 시간부터 대기가 걸릴 정도로 많은 사람이 찾아온다. 최근엔 TV 맛집 프로그램에서 인천 노포 10대 맛집으로 선정되기도 했다. 메뉴는 떡볶이와 김밥, 어묵, 라면, 순대, 라볶이, 쫄면, 냉면 등 다양하다. 이 중에서 떡볶이와 쫄면, 김밥이 맛있기로 유명하다. 모든 음식 가격이 저렴한 편에 속해서 여러 개 주문해서 먹기 좋다. 떡볶이 비주얼은 학창 시절 추억을 소환하는 오리지널 떡볶이이다. 국물 떡볶이를 좋아하는 분들에게 추천하고 싶다. 이른 오전 7시부터 영업을 시작하여 19시에 마감하지만, 맛집답게 식자재 부족으로 일찍 문 닫는 경우가 있으니 너무 늦지 않게 방문하는 걸 추천한다. 수인분당선 남동인더스파크역 2번 출구에서 가깝다.

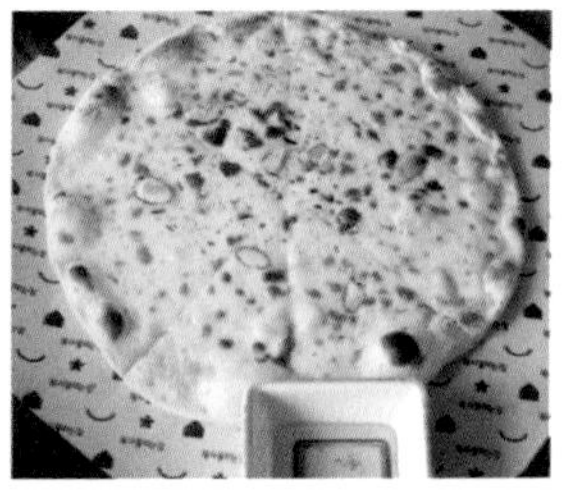

복사꽃피는집
인천점

한줄평 아이를 위한 음식이 가득한 주꾸미 맛집
인천광역시 남동구 호구포로 595-24 032-471-4401
11:00~21:30(브레이크타임 15:30~16:30)
전용 주차장 **주변 명소** 인천대공원

구월동 주꾸미 맛집

가족 모임 하기 좋은 곳으로 유명한 구월동 주꾸미 맛집이다. 매콤한 직화 주꾸미가 대표 메뉴이다. 등갈비, 갈비찜, 버섯불고기전골, 주꾸미에 치즈와 파스타가 더해진 '쭈치파' 메뉴도 인기가 많다. 매운 주꾸미 맛집이지만 아이들이 좋아하는 고르곤졸라 피자와 어린이 치즈돈가스, 어린이 스파게티, 주먹밥까지 아이들이 먹을만한 메뉴도 다채로워 좋다. 식후엔 테이크아웃 커피와 음료를 무료로 제공해 준다. 수도권 지점으로 김포점, 동탄레이크꼬모점, 화성융건릉점, 영종도점 등이 있다. 주차장이 넓고, 테이블 간격이 여유로워 좋다.

RESTAURANT

황해해물칼국수

한줄평 줄 서서 먹는 영종도 해물칼국수 맛집
1호점 인천광역시 중구 용유로21번길 3 032-746-3017 토·일 09:00~19:00(월~금 휴무) 1호점 혹은 2호점 주차장 **주변 명소** 마시안 해변
2호점 인천광역시 중구 마시란로 37 032-752-3017 매일 9:00~19:00

소문난 해물칼국수

영종도의 해물칼국수 맛집이다. 1호점은 주말 및 공휴일만 영업하며, 도보 1분 거리에 있는 2호점은 휴일 없이 매일 영업 중이다. 워낙 소문난 맛집이다 보니 1호점과 2호점 모두 주말 대기는 기본이다. 식사 중 추가 주문이 안 되니 한 번에 제대로 주문하는 걸 잊지 말자. 메뉴는 해물칼국수와 산낙지, 전복으로 간단하다. 푸짐한 식사를 원한다면 해물칼국수에 산낙지를 더해서 먹어보자. 해물칼국수에는 새우와 가리비, 대파, 떡, 황태까지 푸짐하게 들어있다. 주변 다른 집 칼국수보다 황태가 많이 들어있어 국물이 시원하다. 매운맛이 아니라 아이들도 맛있게 먹을 수 있다.

RESTAURANT

오가네국수

한줄평 꼬마김밥도 맛볼 수 있는 국수 맛집
인천광역시 강화군 강화읍 갑룡길 37, 102호 032-933-7155
월~금 07:30~19:30, 토 07:30~18:30(일요일 휴무)
가게 앞 **주변 명소** 강화전쟁박물관

작은 국수 가게지만 양은 푸짐하다

강화 시내 초입 강화병원 인근에 있는 작은 국수 가게이다. 가게 바로 앞에 주차할 수 있다. 잔치국수와 비빔국수, 어묵국수가 대표 음식이지만, 꼬마김밥과 수제 손만두 등도 맛볼 수 있다. 계절 메뉴로 콩국수와 만둣국, 닭곰탕 등 간단히 먹기 좋은 음식들도 판매한다. 국수가 메인이다 보니 다른 메뉴보다 신경을 더 쓴 흔적이 보인다. 특히 아낌없이 들어간 푸짐한 재료와 양을 보면 만족스러울 수밖에 없다. 아이들이 좋아하는 메뉴들이라 강화 여행에 나선 가족 단위 손님들이 많이 찾는다.

RESTAURANT

홀시스수제버거 피자치킨

한줄평 강화도의 신선한 재료로 만든 버거와 피자 맛집
인천광역시 강화군 불은면 중앙로 540 0507-1492-8978
매일 10:00~23:00
전용 주차장 **주변 명소** 옥토끼우주센터(차로 12분)

수제버거와 피자 맛집

강화도 지역의 신선한 재료로 만든 수제버거와 피자가 유명한 신상 맛집이다. 매장 앞 주차 공간이 넓다. 버거와 피자 맛집치고는 매장 실내 공간 또한 굉장히 넓은 편이다. 아이와 방문하는 가족 여행객들이 많아서 아기 의자도 넉넉하게 준비되어 있다. 인테리어가 트렌디해 실내 전체가 사진찍기 좋은 포토 존으로도 손색이 없다. 추천 메뉴로는 강화 대표 특산물인 속 노랑 고구마로 만든 고구마피자와 치벅박스 등이 있다. 치벅박스는 치킨버거와 감자튀김, 치킨, 음료까지 한 번에 즐길 수 있는 세트 메뉴로 한 번에 여러 가지 음식을 조금씩 맛보기를 원할 때 좋다.

RESTAURANT

산당

한줄평 방랑식객 임지호 셰프의 정갈한 한식 맛집
인천광역시 강화군 내가면 해안서로 987
032-933-5520
화~금 11:00~16:30, 토·일 11:00~20:30(매주 월요일 휴무)
전용 주차장 **주변 명소** 김포함상공원

자연을 담은 한정식을 원한다면

인천 강화군 석모대교 건너 국수산과 외포항 사이 아름다운 바닷가에 있는 한정식집이다. 방랑 식객으로 유명했던 자연 요리 연구가 임지호 셰프의 식당이기도 하다. 임지호 셰프는 2021년 별세하였지만, 산당은 여전히 그가 운영했던 방식 그대로 훌륭한 맛을 이어가고 있다. 식당 야외 공간에서는 한적한 정원에 온 것처럼 편안한 분위기를 느낄 수 있다. 식당 안으로 들어서면 고풍스러운 분위기가 방문객을 맞이해준다. 대표 메뉴로는 산당정식, 떡갈비정식, 장어정식 등이 있다. 가장 인기가 많은 메뉴는 산당정식으로, 자연 요리를 추구하던 임지호 셰프의 정갈한 마음을 담은 반찬에서 신선한 자연의 맛을 만끽할 수 있다. 반찬이 풍성하게 나오므로 여러 반찬을 곁들여 건강한 식사를 즐기기 좋다. 여럿이 간다면 다양한 요리를 골고루 맛보게, 산당정식과 떡갈비정식을 섞어서 주문하길 추천한다.

CAFE & BAKERY

루데이지

- **한줄평** 개항누리길 골목의 아담한 감성 카페
- 인천광역시 중구 제물량로206번길 14-1
- 070-8287-2859
- 화~금 09:00~18:00, 토·일 12:00~20:00(매주 월요일 휴무)
- 해동통상 노상공영주차장(도보 1~2분), 인천중구청 주차장(도보 4분)
- **주변 명소** 자유공원, 차이나타운

특색있는 감성 카페

신포동 개항누리길에 있다. 파리의 골목길에서 영감을 받아 신포동의 60년 된 오래된 건물을 리모델링하여 카페로 만들었다. 2층으로 구성되어 있다. 오래된 나무 천장과 외벽의 벽돌을 그대로 노출하여 빈티지 느낌을 잘 살렸다. 아담한 규모지만 공간 하나하나가 특색있어서 감성 카페로 소문이 났다. 인기가 많은 메뉴로는 쫀득한 크림과 에스프레소가 어우러진 시그니처 커피 루 슈페너, 프렌치토스트, 에그타르트와 스콘이 더해진 에그스콘, 소금빵 아이스크림, 말차플루토 등이 있다. 루데이지만의 특징이 있다면 포토 영수증이라 불리는 흑백사진을 무료로 촬영할 수 있다는 점이다. 카페 한쪽 벽면에는 작은 흑백사진이 빼곡히 전시되어 있는데, 손님들이 인증 샷으로 남겨둔 것이다. 루데이지 손님은 누구나 무료로 촬영 가능하니 기념사진 한 장 남겨보자.

코스모40

한줄평 옛 공장에 들어선 문화 공간이자 베이커리 카페
인천광역시 서구 장고개로 231번길 9
0507-1317-8862 월~금 10:00~20:00, 토·일 10:00~21:00
전용 주차장(하차 시 영수증의 바코드 찍으면 2시간 무료)
주변 명소 차이나타운(차로 20분 거리)

공장이 베이커리 카페로

단지 맛있는 커피와 베이커리를 제공하는 평범한 카페보다 독특한 콘셉트를 자랑하는 카페를 찾는다면 코스모40이 제격이다. 코스모40은 서구 가좌동의 베이커리 카페이다. 1970년대부터 2016년까지 공장으로 운영되었던 공간을 운치 있는 카페로 재탄생시켰다. 마치 공장 안에서 커피를 마시는 듯한 이색적인 분위기를 즐길 수 있다. 카페로 재탄생하였지만, 지하실, 기계실, 기계 장비 등 공장의 옛 흔적을 고스란히 남겨두었다. 여기에 현대 건축이 더해져 신구의 조화가 잘 이루어져 있다. 독특한 샹들리에가 걸려 있고, 넝쿨 식물이 공장 기둥을 감고 자라고 있다. 카페 공간은 2~4층까지이다. 각층 마다 공간구조가 다른데, 4층에선 아래층을 바라보며 커피를 마실 수 있도록 설계했다. 2층엔 탁구대가 있어서 아이와 가볍게 놀기 좋다. 아이들은 계단으로 이동할 때 보호자와 동반하여 안전하게 이동하도록 하자.

CAFE & BAKERY

샹끄발레르

한줄평 소금빵으로 유명한 송도의 베이커리
인천광역시 연수구 컨벤시아대로130번길 14
031-831-2274
매일 09:00~21:00
지하 주차장(30분 무료) **주변 명소** 송도센트럴파크

건강한 빵을 원한다면

송도 센트럴파크 부근에 있는 소금빵으로 유명한 베이커리이다. 천연발효, 수제 잼, 수제소스, 100% 우유 생크림을 사용하며 통밀과 호밀까지 직접 제분하기 때문에, 방부제 없고 영양소 가득한 수제 빵을 맛볼 수 있다. 샹끄발레르의 주력인 소금빵은 다른 베이커리 소금빵과 달리 소금이 많이 뿌려져 있다. 게다가 겉은 바게트 식감이고 속은 부드럽고 버터 향이 가득하다. 소금빵은 하루 여덟 번10시 반, 12시~6시까지는 매시 정각 나온다. 시간이 정해져 있으니 빵 나오는 시간에 맞추어 여유 있게 방문하자. 소금빵 외에 크림이 한가득 들어있는 슈크림도 추천한다.

CAFE & BAKERY

피그존도넛
라마다호텔송도본점

한줄평 아이와 놀기 좋은 원색의 도넛 카페
인천광역시 연수구 능허대로267번길 29 라마다송도호텔 1층
010-9072-8337 매일 09:00~21:30
라마다송도호텔 주차장(1만 원 구매 시 1시간 무료, 최대 2시간 무료)
주변 명소 송도센트럴파크

키즈카페처럼 예쁜 인테리어

인천 라마다송도호텔에 있는 도넛 카페이다. 카페에 들어서기 전 야외 공간이 아이들의 이목을 끈다. 거대한 도넛, 슬라이드 미끄럼틀, 형형색색 화려한 모형 자동차들이 가득하다. 카페 실내로 들어오면 컬러 인테리어가 시선을 끈다. 벽, 바닥, 천장, 의자와 테이블까지 원색의 향연이 펼쳐진다. 벽엔 팝아트를 연상시키는 벽화가 가득하다. '피그존'이라는 상호에 걸맞게 귀여운 돼지 캐릭터들도 보인다. 독특하게도 실내용 자동차 장난감과 회전목마 형태의 꿀벌 놀이시설 등이 있는데 모두 무료 이용이 가능하며 아이들에게 인기가 많다.

CAFE & BAKERY

포레스트아웃팅스 송도점

한줄평 송도에 있는 초대형 식물원 콘셉트 카페
인천광역시 연수구 청량로 145
0507-1377-3750 매일 10:00~22:00
지하 주차장 **주변 명소** 인천상륙작전기념관, 인천시립박물관

포토 존이 많은 카페

연수구 옥련동 인천시립박물관 건너편에 있는 대형 카페이다. 포레스트아웃팅스 송도점은 식물원 & 플라워 카페로, 시즌별로 인테리어를 화려하게 바꾸는 게 특징이다. 겨울은 크리스마스, 봄은 꽃, 여름은 바닷속 풍경으로 소품 콘셉트를 바꾼다. 게다가 카페 곳곳이 포토 존이다. 여러 포토 존 중에서 중앙 계단으로 올라가 카페 전체를 배경으로 사진 찍는 곳이 가장 인기가 많다. 인공 연못 위로 이어진 다리도 인기 포토 존 중 하나이다. 높은 천장을 장식한 동그란 조명과 초록 식물의 조화가 아름답다. 카페 중앙 공간이 뻥 뚫려있어서 개방감이 좋다. 가슴이 탁 트이는 느낌이 든다. 파스타나 피자, 샐러드 등의 브런치 메뉴를 비롯하여 30여 가지가 넘는 빵과 다양한 음료 등을 즐길 수 있다. 편히 쉴 수 있는 다인석 테이블이 많아서 아이를 동반한 가족 단위 방문객과 단체 손님이 많은 편이다. 잠시 편히 쉬며 힐링의 시간을 갖고 싶다면 이곳을 추천한다.

CAFE & BAKERY

메이드림 Made林

- **한줄평** 영종도의 옛 교회가 카페로 변신했다.
- 인천광역시 중구 용유서로479번길 42 0507-1351-1904
- 매일 10:00~21:30(라스트 오더 20:00)
- 전용 주차장(카페 이용 시 무료 주차 2시간)
- **주변 명소** 파라다이스시티호텔, 원더박스

옛 교회가 카페로

영종도의 옛 교회를 베이커리 카페로 만들었다. 교회 건물은 모두 3개인데 2개는 전시관으로 사용하고 있으며, 오렌지빛 벽돌에 스테인드글라스가 있는 건물이 카페이다. 카페 공간은 빛과 어둠, 물과 하늘, 땅의 생성, 태고의 정원 등 자연을 테마로 멋지게 꾸몄다. 카페 건물 지하는 동굴을 연상시키며 석기 시대 느낌이 든다. 1층은 주문받는 곳이다. 2층은 짙은 녹음으로 꾸며져 있어서 저절로 기분이 좋아진다. 3층은 물이 찰랑대고 스테인드글라스를 통해 빛이 들어와 분위기가 조금 신비롭다. 전체적으로 실내 공간이 어두워 유모차 사용은 어려우며, 너무 어린 영유아와의 방문은 추천하지 않는다.

CAFE & BAKERY

마시안제빵소

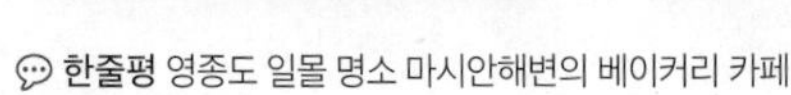

- **한줄평** 영종도 일몰 명소 마시안해변의 베이커리 카페
- 인천광역시 중구 마시란로 155
- 032-746-3977 10:30~21:00
- 전용 주차장(주차 요원 있음) **주변 명소** 마시안해변

맛있는 빵과 커피 그리고 오션 뷰

마시안해변은 인천 영종도의 일몰 명소 중 하나이다. 마시안제빵소는 이 해변 중간에 잡은 베이커리 카페이다. 먹음직스러운 빵들을 판매하고 있는데, 그중에서도 연탄 모양으로 만든 연탄식빵의 인기가 많다. 연탄식빵을 사려면 웨이팅이 길어 번호표를 받아야 한다. 번호표는 오전 10:10평일·주말·공휴일과 13:40주말·공휴일부터 나눠주며 연탄식빵은 11:00평일·주말·공휴일, 14:30주말·공휴일부터 배부받을 수 있다. 2층은 루프톱 테라스가 있어서 일몰을 감상하기 좋다. 날씨만 춥지 않다면 제빵소와 연결된 마시안해변 또는 야외 테이블에서의 일몰 관람을 추천한다.

CAFE & BAKERY

스타파이브카페

💬 **한줄평** 영종도의 카페이자 복합문화공간

📍 인천광역시 중구 공항서로 133-1 📞 0507-1409-1150

🕓 월~금 10:30~19:30 토·일 10:00~21:00

Ⓟ 전용 주차장 📷 **주변 명소** 마시안해변, 파라다이스시티호텔, 원더박스

베이커리 카페이자 복합문화공간

영종도의 대형 베이커리 카페이자 갤러리 카페이다. 빵과 커피 주문이 가능한 1층, 갤러리와 편안한 좌석들이 있는 2층, 야외 전망대인 3층으로 구성되어 있다. 1층 중앙 계단을 통해 2층으로 올라갈 수 있으며, 2층은 'ㄷ'자 형태로 중앙이 뻥 뚫려있어서 1층을 훤히 내려다볼 수 있다. 시그니처 빵으로는 마늘바게트와 소금빵, 새우바게트 등이 있다. 스타파이브는 카페이자 복합문화공간으로, 카페 곳곳이 전시관이기도 공연장이라 다양한 공연과 전시가 열리기도 한다. 3층 전망대에서는 인천공항 활주로가 보여 에어플레인 뷰를 즐길 수 있다.

CAFE & BAKERY

폴프랭크카페 영종점

💬 **한줄평** 포토 존이 가득한 폴프랭크 캐릭터 카페

📍 인천광역시 중구 영종진광장로 102 📞 0507-1408-1744

🕓 월~금 11:00~21:00, 토·일 10:00~21:00

Ⓟ 전용 주차장 📷 **주변 명소** 구읍뱃터

아이가 좋아하는 캐릭터 카페

귀여운 폴프랭크 캐릭터로 꾸며진 포토 존 카페이자 바닷가에 있는 오션 뷰 카페이다. 1~3층 그리고 루프톱까지 있는 단독 대형 카페로, 1층엔 베이커리와 음료 주문을 받는 카운터와 테이블 좌석이 있다. 2층부터 루프톱까지는 포토 존과 함께 아기자기한 콘셉트로 꾸며진 테이블 좌석이 있다. 커피와 빵을 주문해서 편하게 쉬며 먹기엔 1층이 좋고, 여유 있게 사진 찍으며 둘러보기엔 2~3층이 좋다. 포토 존이 많다 보니 아이와 함께 온 가족 동반 손님이나 연인과 방문한 손님이 주를 이룬다. 전용 주차장 이외에 노상 주차 시, 주차단속이 잦으니 주의하자.

CAFE & BAKERY

랑데자뷰 영종구읍뱃터

한줄평 제주 감성의 오션 뷰 카페
인천광역시 중구 은하수로 1 오션 뷰 8층 801, 802, 803호
031-710-0950 매일 10:00~22:00
오션 뷰 건물 지하 주차장(협소), 임시 공영주차장(무료, 영종동 1952-1, 도보 4분)
주변 명소 구읍뱃터

통유리 오션 뷰 카페

랑데자뷰는 도심 속 제주 콘셉트의 프랜차이즈 카페이다. 지점들이 수도권과 광역시 위주로 고루 분포되어 있다. 그중 인천의 영종 구읍뱃터점이 특별한 이유는 카페 내부의 삼면이 모두 통유리로 되어있기 때문이다. 어디서나 바다가 보이는 오션 뷰를 자랑한다. 인테리어는 제주 감성을 담고 있어 제주 여행 온 느낌을 한층 끌어 올려준다. 대표 메뉴로는 바닐라 우유 베이스에 에스프레소가 들어간 랑데자뷰, 진한 홍차 베이스에 우유를 넣은 밀크티, 자몽청이 들어간 자몽주스, 자연 과육이 풍부하게 들어간 패션후르츠주스 등이 있다.

CAFE & BAKERY

뻘다방

한줄평 발리 분위기 물씬 풍기는 선재도의 카페
인천광역시 옹진군 영흥면 선재로 55
0507-1319-8300 월~목·일 10:00~20:30, 금·토 10:00~21:30
뻘다방 입구 건너편 전용 주차장(2시간 무료) 주변 명소 선재도, 목섬

커피 마시고 모래놀이도 하고

선재도 해변에 있는 카페이다. 외관을 이국적인 발리 분위기로 꾸며 놓아 많은 사랑을 받고 있다. 해변에 위치하여 아이와 함께 해변 산책, 모래놀이 등을 즐긴 뒤 이용하기 편하다. 아이들은 특히 해변 모래놀이를 좋아한다. 야외의 아웃테리어뿐만 아니라 실내도 예쁘게 꾸며 놓아 사진찍기 좋다. 식사류는 없으며 커피와 베이커리를 판매하는데, 레알망고가 맛있기로 소문이 나 있다. 인근의 목섬은 물때에 따라 물이 빠지면 걸어갈 수 있으니 같이 돌아보기 좋다.

카페트라몬토

한줄평 서해를 바라보며 족욕 체험 할 수 있는 힐링 카페
인천광역시 강화군 화도면 해안남로 2680-16
070-7778-2165
11:00~19:00 (토요일 ~21:00까지)
₩ 족욕 체험 1인 6,000원(이용 시간 20분)
Ⓟ 전용 주차장 **주변 명소** 마니산, 동막해수욕장

오션 뷰 족욕 체험 카페

강화도의 남서쪽 끄트머리, 화도면 내리의 해안도로 옆에 있는 2층 카페이다. 마니산에서 내려온 산줄기가 꼬리를 내리는 언덕에 자리를 잡았는데, 입지가 아주 끝내준다. 작은 언덕을 올라 뒤를 돌아보면 바다와 그 너머로 석모도가 안길 듯 와락 다가온다. 강화도에서도 풍경이 좋은 카페로 이름 나 인기가 많다. 바다 전망이 이 카페의 첫 번째 매력이라면, 두 번째 매력은 커피를 마시며 족욕 체험을 할 수 있다는 점이다. 게다가 바다와 석모도까지 한눈에 담으며 족욕을 할 수 있다. 세 번째 매력은 모래 놀이장이다. 호주 무균 모래로 꾸며서 세균 걱정 없이 아이를 놀게 할 수 있다. 메뉴는 커피와 티, 에이드, 와플, 케이크, 칵테일까지 다양하다. 시그니처 커피는 풍미 가득한 아몬드 향 크림 라테인 '트라몬토라떼'이다. 칵테일은 리모네마티니를 추천한다.

CAFE & BAKERY

도레도레강화점 & 마호가니강화점

한줄평 데이지와 수국 정원이 아름다운 SNS 핫플 카페
인천광역시 강화군 화도면 해안남로1844번길 19
도레도레 032-937-1415 마호가니 032-937-9002
도레도레 월·금 10:00~17:00 토·일 09:00~19:00(화~목 휴무) 마호가니 월~금 10:00~20:00 토·일 09:00~21:00(우천 시 조기 마감 전화 문의 요망) Ⓟ 전용 주차장 **주변 명소** 마니산

봄엔 데이지, 여름엔 수국

도레도레 강화점과 마호가니 강화점은 ㈜도레도레에서 운영하는 동일 브랜드 카페이다. 둘은 같은 위치에 자리하고 있다. 차이점이 있다면 도레도레는 예스키즈 존이고, 마호가니는 노키즈 존이라는 것이다. 마호가니는 13세 이상만 매장에 출입할 수 있다. 하지만 도레도레가 영업을 안 할 때는 2층 구조인 마호가니의 1층은 예스키즈 존으로 바뀐다. 도레도레 강화점은 야외 테라스와 걷기 좋은 정원을 갖춘 자연 속의 케이크 카페다. 맛있는 케이크와 커피를 즐기며 자연을 만끽하기 좋다. 실내는 엔틱하면서 빈티지한 인테리어로 꾸몄다. 야외엔 아이와 쉬기 좋은 테라스와 정원 산책로를 갖추고 있다. 봄이면 아름답게 피어나는 샤스타데이지를 구경하기 위해 많은 사람이 몰리는 인기 카페이다. 여름에 피어나는 수국도 이곳의 특별함을 더해준다. 샤스타데이지가 가득 피어난 야외 정원은 두 카페의 공용공간으로 누구나 둘러볼 수 있으니 참고하자.

CAFE & BAKERY

삼국지도원결의

한줄평 삼국지 마니아를 위한 이색 카페
인천광역시 강화군 화도면 해안남로 1203-16
0507-1345-2193
월~금·일 10:00~20:00, 토 10:00~21:00
전용 주차장
주변 명소 동막해수욕장

의복 체험이 가능한 삼국지 콘셉트 카페

동막해수욕장에서 차로 5분 거리에 있다. 상호에서 짐작할 수 있듯이 삼국지 콘셉트로 꾸며진 카페다. 야외엔 유비, 관우, 장비가 의형제를 맺었던 도원결의 상황을 떠올리게 만드는 동상에 복숭아나무까지 완벽하게 재현해 두었다. 주문을 받는 카페 건물과 삼국지 전시장 건물로 나뉘어 있으며, 반려동물 동반이 가능하다. 카페 공간에서는 커피와 디저트를 먹으며 삼국지와 관련된 각종 장식을 구경할 수 있다. 삼국지 전시장은 카페 바로 옆 별관 건물에 꾸며져 있는데, 박물관이라고 해도 될 정도로 삼국지에 대한 다양한 것들이 전시되어 있다. 삼국지의 주요 인물 동상, 무수히 많은 서적, 삼국지 시대에 입었을 법한 의상들이 가득하다. 실제로 무료 의복 체험도 가능하니 아이와 함께 멋진 사진을 남겨보자.

PART 9
권말 부록

여행 준비 완벽 가이드

여행 준비물 체크 리스트
호캉스 예약 실속 팁
알아두면 유용한 여행 앱과 웹사이트
수도권 종합병원 응급실 정보

여행 준비물 체크 리스트

아이와 여행을 다니다 보면 부모보다 아이 준비물을 먼저 신경 쓰게 된다. 다 챙겼다고 생각하지만 하나씩 빠트리는 실수를 경험해 본 적이 있을 것이다. 실수를 줄이기 위해 체크리스트를 통해 준비물을 확인하자!

품목	비고
여벌 옷	상하의, 양말, 잠옷, 속옷, 모자 등
상비약	소화제, 해열제, 연고, 밴드 등
유아용품	기저귀, 유모차, 아기띠, 아기 샴푸, 아기 로션, 담요, 수건, 가운 등
수유용품	젖병, 젖병 솔, 물병, 보온병, 액상 분유, 이유식, 턱받이, 휴대용 변기, 수유 가리개, 쪽쪽이 등
위생용품	마스크, 체온계, 면봉, 지퍼백, 비닐봉지, 물티슈
건강용품	비타민 등 영양제, 모기약, 벌레 기피제
세면도구	1박 이상 여행 시
놀잇감	색칠 놀이, 퍼즐, 스티커, 색종이, 책, 헤드셋, 태블릿 등
놀이 용품	수영복, 수영모자, 튜브, 돗자리, 모래놀이 도구, 아기 샌들, 아기 운동화
간식	과자, 음료, 물, 비타민
카메라	
휴대전화	
휴대전화 충전기	
보조 배터리	
신분증	유아의 생년월일 확인할 수 있는 등본 및 가족관계증명서 포함
기타	지갑, 신용카드, 면도기, 어른 화장품, 자외선 차단제, 면봉, 우산, 우의, 선글라스, 슬리퍼

호캉스 예약 실속 팁

step 1 여행 목적에 따라 호텔 고르기

여행 목적에 따라 호텔을 선택하자. 호캉스를 즐길 계획이라면 아이와 놀기 좋은 편의시설과 부대시설, 키즈 프로그램을 갖춘 키즈 프렌들리 호텔을 선택하는 게 좋다. 반대로, 여행지에서 야외 활동을 주로 할 것이라면, 관광지와 접근성이 좋은 호텔을 선택하자.

step 2 호텔 예약하기

호텔 예약 플랫폼은 여럿이다. 이 중에서 본인에게 맞는 것 하나 정해서 포인트를 꾸준히 적립하길 추천한다. 가끔 호텔 공식 홈페이지에서 예약해야만 혜택을 받을 수 있는 키즈 패키지나 프로모션을 진행하기도 한다. 이때를 대비해 호텔 홈페이지를 먼저 확인한 후 예약 플랫폼에서 가격을 비교해 보자.

step 3 유아용품 대여 가능 여부 체크

보통 4성급 이상 호텔에서는 무료로 유아용품 대여 서비스를 제공하고 있다. 호텔 예약을 완료했다면 가능하면 빨리 호텔에 전화하여 무료 대여 물품 가능 여부를 확인해야 한다. 선착순 마감이라 투숙 날짜가 다가올수록 대여하기 힘들 수 있다. 미리미리 챙기자. (욕실 키 높이 스테퍼, 가습기, 침대 안전 가드, 아기 침대, 유아용 변기 커버 등)

step 4 호텔 편의용품Amenity, 어메니티 제공 여부 체크

최근 친환경 캠페인 진행으로 1회용품을 제공하지 않는 호텔들이 늘어나는 추세다. 칫솔, 치약, 면도기와 같은 1회 용품 구비 및 제공 여부를 확인한 후, 제공하지 않는다면 미리 준비하는 걸 추천한다.

알아두면 유용한 여행 앱과 웹사이트

여행 정보 앱

애기야가자
아이와 갈 만한 곳 2만여 곳이 담긴 여행 정보

키즈플레이스
영상 후기까지 더해진 여행 플레이스 정보

놀이의발견
레저 및 체험형 스폿 정보와 할인 예매 상품 제공

데이트립
국내외 핫플을 한눈에 확인할 수 있는 트렌디한 앱

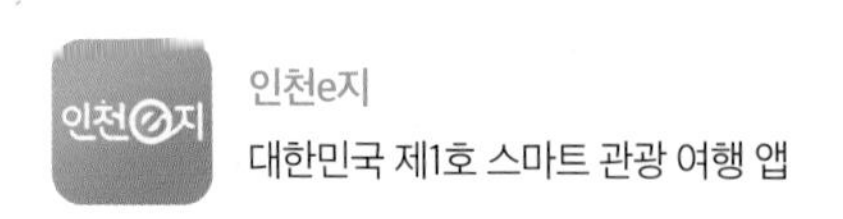

인천e지
대한민국 제1호 스마트 관광 여행 앱

여행 정보 웹사이트

대한민국구석구석 https://korean.visitkorea.or.kr
한국관광공사가 운영하는 국내 여행 정보 서비스
서울사랑 https://love.seoul.go.kr/
매달 서울의 최신 정보를 얻을 수 있는 서울 월간 매거진
경기관광 https://ggtour.or.kr
경기도 31개 시군의 다양한 여행 정보 사이트
인천투어 https://itour.incheon.go.kr/
인천 여행의 모든 정보가 담긴 인천시 여행 공식 사이트

수도권 종합병원 응급실 정보

서울특별시 종합병원

삼성서울병원 응급실 서울특별시 강남구 일원로 81 02-3410-0129
서울아산병원 응급의료센터 서울특별시 송파구 올림픽로43길 88 02-3010-3333
가톨릭대학교 서울성모병원 응급의료센터 서울특별시 서초구 반포동 123 1588-1511
고려대학교 구로병원 권역응급의료센터 서울특별시 구로구 구로동로 148 02-2626 1550
세브란스병원 응급진료센터 서울특별시 서대문구 연세로 50 02-2227-7777
경희대학교병원 응급의료센터 서울특별시 동대문구 경희대로 23 02-958-8114
한일병원 응급실 서울특별시 도봉구 우이천로 308 02-901-3119

경기도 종합병원

가톨릭대학교 성빈센트병원 경기도 수원시 팔달구 중부대로 93 1577-8588
아주대학교병원 응급의료센터 경기도 수원시 영통구 월드컵로 206 1688-6114
화홍병원 지역응급의료센터 경기도 수원시 권선구 호매실로 90번길 98 031-8021-6805
분당제생병원 응급실 경기도 성남시 분당구 서현로180번길 20 031-779-0119
분당서울대학교병원 응급의료센터 경기도 성남시 분당구 구미로173번길 82 분당서울대학교병원 신관 2동 031-787-3036
CHA의과대학교 분당여성차병원 소아전문 응급의료센터 경기도 성남시 분당구 야탑로 59 031-780-3939
인제대학교 일산백병원 응급의료센터 경기도 고양시 일산서구 주화로 170 031-910-7114
CHA의과대학교 일산차병원 응급실 경기도 고양시 일산동구 중앙로 1205 031-782-8585
한림대학교성심병원 권역응급의료센터 경기도 안양시 동안구 관평로170번길 22 031-380-4129
굿모닝병원 응급실 경기도 평택시 중앙로 338 031-5182-7585

평택성모병원 응급실 경기도 평택시 평택로 284 평택성모병원 070-5012-3443

용인세브란스병원 응급진료센터 경기도 용인시 기흥구 동백죽전대로 363 031-5189-8015

강남병원 경기도 용인시 기흥구 중부대로 411 031-300-0114

시화병원 응급의료센터 경기도 시흥시 군자천로 381 031-1811-7000

신천연합병원 경기도 시흥시 복지로 57 031-310-6300

순천향대학교 부속 부천병원 응급의료센터 경기도 부천시 조마루로 170 1899-5700

메디인병원 응급실 경기도 파주시 금릉역로 190 031-943-1192

김포우리병원 응급의료센터 경기도 김포시 감암로 11 031-999-1119

오산한국병원 응급실 경기도 오산시 밀머리로1번길 16 031-378-5119

한양대학교 구리병원 응급실 경기도 구리시 경춘로 153 031-560-2051

효산의료재단 지샘병원 응급의료센터 경기도 군포시 군포로 591 031-389-3119

한도병원 응급실 경기도 안산시 단원구 선부광장로 103 031-8040-1119

의정부백병원 경기도 의정부시 금신로 322 031-856-8111

양주예쓰병원 경기도 양주시 회정로 103 031-825-5000

경기도의료원 포천병원 경기도 포천시 포천로 1648 031-539-9114

인천광역시 종합병원

가천대 길병원 응급의료센터 인천광역시 남동구 남동대로 783 032-460-3011

가톨릭관동대학교 국제성모병원 응급의료센터 인천광역시 서구 심곡로100번길 25 032-1600-6119

가톨릭대학교 인천성모병원 응급의료센터 인천광역시 부평구 동수로 56 032-280-5119

한림병원 응급실 인천광역시 계양구 장제로 722 032-540-9119

INDEX
찾아보기

ㅈ

ㅊ

ㅋ

ㅌ

ㅍ

ㅎ